数と式編

1 正の数・負の数

1
正の数・負の数

2
文字と式

3
整数の性質

4
式の計算

5
多項式

6
平方根

STEP01 要点まとめ　本冊010ページ

1　01　-0.8　　　02　-0.75

03　$-\dfrac{4}{5}$　　　04　$-\dfrac{3}{4}$

2　05　$-$　　　06　-14

3　07　$-$　　　08　-4

4　09　$+$　　　10　$-$

11　-7

5　12　$+$　　　13　42　（$+42$）

6　14　$-$　　　15　-28

7　16　$+$　　　17　7　（$+7$）

8　18　$-$　　　19　-8

9　20　4　　　21　-15

22　-28　　　23　3

24　-25

10　25　-2　　　26　$+3$

27　-1　　　28　-5

29　-5　　　30　-1

31　1　　　32　-1

33　54

解説 ▼

5　$(-14)\times(-3)=+(14\times3)=+42=42$ のように，計算結果が正の数の場合は，$+$ を省いて答えてもよい。
（もちろん $+42$ のままでも正解である。）

9　$(-2)^2$ と -2^2 の違いに注意する。
$(-2)^2$ は $(-2)\times(-2)$ のことで，計算すると 4 になり，-2^2 は $-(2\times2)$ のことで，計算すると -4 になる。

10　このような方法で平均を求めるとき，基準にした量（この場合は 55kg）を仮の平均という。

STEP02 基本問題　本冊012ページ

1　(1)　A…-6, B…-3.5, C…$+1.5$, D…$+7.5$
(2)　A…6, B…3.5, C…1.5, D…7.5

解説 ▼

(1)　点 A は原点から左へ 6 の距離にある点だから -6。
点 B は原点から左へ 3.5 の距離にある点だから -3.5。点 C は原点から右へ 1.5 の距離にある点だから $+1.5$。点 D は原点から右へ 7.5 の距離にある点

だから $+7.5$。

(2)　A…-6 の絶対値は，-6 の符号「$-$」をとって，6
B…-3.5 の絶対値は，-3.5 の符号「$-$」をとって，3.5
C…$+1.5$ の絶対値は，$+1.5$ の符号「$+$」をとって，1.5
D…$+7.5$ の絶対値は，$+7.5$ の符号「$+$」をとって，7.5

2　(1)　① $-5<-2<0$

② $-\dfrac{2}{3}<-\dfrac{1}{2}<-\dfrac{1}{4}$

(2)　$-\dfrac{6}{7}$, $-\dfrac{4}{5}$, 0, $+0.9$, $+\dfrac{10}{9}$

解説 ▼

(1)　① 負の数どうしでは，絶対値が大きいほど小さいから，$-5<-2$
負の数は 0 より小さいから，$-5<-2<0$
② 分数を小数になおして大小を比べる。

$-\dfrac{1}{2}=-0.5$, $-\dfrac{1}{4}=-0.25$, $-\dfrac{2}{3}=-0.66\cdots$,

負の数どうしでは，絶対値が大きいほど小さいから，
$-0.66\cdots<-0.5<-0.25$

したがって，$-\dfrac{2}{3}<-\dfrac{1}{2}<-\dfrac{1}{4}$

(2)　はじめに正の数どうしで大小を比べる。

$+\dfrac{10}{9}=+1.1\cdots$ だから，$+0.9<+\dfrac{10}{9}$

次に，負の数どうしで大小を比べる。

$-\dfrac{4}{5}=-0.8$, $-\dfrac{6}{7}=-0.85\cdots$ だから，$-\dfrac{6}{7}<-\dfrac{4}{5}$

（負の数）$<0<$（正の数）だから，

$-\dfrac{6}{7}<-\dfrac{4}{5}<0<+0.9<+\dfrac{10}{9}$

3　(1)　$+14$　　　(2)　$+7$

(3)　-2.6　　　(4)　$-\dfrac{47}{30}$

(5)　-3　　　(6)　$-\dfrac{1}{4}$

解説 ▼

(1)　同符号の 2 数の和は，絶対値の和に共通の符号をつける。$(+6)+(+8)=+(6+8)=+14$

(2)　-2 をひくことは，符号を変えて，$+2$ を加えることと同じである。
$5-(-2)=5+(+2)=+(5+2)=+7$

(3)　異符号の 2 数の和は，絶対値の差に，絶対値の大きいほうの符号をつける。

$(+2.3)+(-4.9)=-(4.9-2.3)=-2.6$

(4) $-\dfrac{2}{5}+\left(-\dfrac{7}{6}\right)=-\dfrac{12}{30}+\left(-\dfrac{35}{30}\right)=-\left(\dfrac{12}{30}+\dfrac{35}{30}\right)$

$=-\dfrac{47}{30}$

(5) まず，かっこのない式になおす。

$4-2+(-5)=4-2-5=4-7=-3$

(6) $\dfrac{1}{6}-\left(+\dfrac{2}{3}\right)-\left(-\dfrac{1}{4}\right)=\dfrac{1}{6}-\dfrac{2}{3}+\dfrac{1}{4}=\dfrac{2}{12}-\dfrac{8}{12}+\dfrac{3}{12}$

$=\dfrac{2}{12}+\dfrac{3}{12}-\dfrac{8}{12}=-\dfrac{3}{12}=-\dfrac{1}{4}$

4 **(1)** $+18$　　　　**(2)** -24

(3) $-\dfrac{9}{2}$　　　　**(4)** $+70$

(5) -6　　　　**(6)** $+144$

解説 ▼

(1) 同符号の 2 数の積は，絶対値の積に正の符号＋をつける。$(+9)\times(+2)=+(9\times2)=+18$

(2) 異符号の 2 数の積は，絶対値の積に負の符号－をつける。$4\times(-6)=-(4\times6)=-24$

(3) $-15\times\dfrac{3}{10}=-\left(15\times\dfrac{3}{10}\right)=-\dfrac{9}{2}$

(4) 負の数は -2 と -5 の 2 個だから，答えの符号は ＋。$(-2)\times(+7)\times(-5)=+(2\times7\times5)=+70$

(5) 累乗の部分を先に計算する。

$2^3\times\left(-\dfrac{3}{4}\right)=8\times\left(-\dfrac{3}{4}\right)=-\left(8\times\dfrac{3}{4}\right)=-6$

(6) $-4^2\times(-3^2)=-16\times(-9)=+(16\times9)$

$=+144$

5 **(1)** $+6$　　　　**(2)** -4

(3) $-\dfrac{1}{30}$　　　　**(4)** $-\dfrac{1}{6}$

(5) $+15$　　　　**(6)** $+\dfrac{20}{3}$

解説 ▼

(1) 同符号の 2 数の商は，絶対値の商に正の符号＋をつける。$(-54)\div(-9)=+(54\div9)=+6$

(2) 異符号の 2 数の商は，絶対値の商に負の符号－をつける。$(-12)\div3=-(12\div3)=-4$

(3) -9 の逆数 $-\dfrac{1}{9}$ をかける乗法になおして計算する。

$\dfrac{3}{10}\div(-9)=\dfrac{3}{10}\times\left(-\dfrac{1}{9}\right)=-\left(\dfrac{3}{10}\times\dfrac{1}{9}\right)=-\dfrac{1}{30}$

(4) $\dfrac{3}{4}\div\left(-\dfrac{9}{2}\right)=\dfrac{3}{4}\times\left(-\dfrac{2}{9}\right)=-\left(\dfrac{3}{4}\times\dfrac{2}{9}\right)=-\dfrac{1}{6}$

(5) 累乗の部分を先に計算する。

$-3^2\div\left(-\dfrac{3}{5}\right)=-9\times\left(-\dfrac{5}{3}\right)=+\left(9\times\dfrac{5}{3}\right)=+15$

(6) $\dfrac{5}{12}\div\left(-\dfrac{1}{4}\right)^2=\dfrac{5}{12}\div\dfrac{1}{16}=+\left(\dfrac{5}{12}\times16\right)=+\dfrac{20}{3}$

6 **(1)** 2　　　　**(2)** 8

(3) 15　　　　**(4)** 5

(5) $\dfrac{1}{3}$　　　　**(6)** $-\dfrac{3}{2}$

(7) -6　　　　**(8)** 14

(9) $\dfrac{33}{2}$　　　　**(10)** -24

（これ以降は符号「＋」は省略する。）

解説 ▼

(1) 乗法→加法の順に計算する。

$8+3\times(-2)=8+(-6)=8-6=2$

(2) 除法→減法の順に計算する。

$6-4\div(-2)=6-(-2)=6+2=8$

(3) かっこの中→乗法の順に計算する。

$-5\times(3-6)=-5\times(-3)=15$

(4) 累乗→減法の順に計算する。

$3^2-2^2=9-4=5$

(5) 乗法→加法の順に計算する。

$(-12)\times\dfrac{1}{9}+\dfrac{5}{3}=-\dfrac{4}{3}+\dfrac{5}{3}=\dfrac{1}{3}$

(6) かっこの中→除法の順に計算する。

$\left(\dfrac{3}{4}-2\right)\div\dfrac{5}{6}=\left(\dfrac{3}{4}-\dfrac{8}{4}\right)\div\dfrac{5}{6}=\left(-\dfrac{5}{4}\right)\div\dfrac{5}{6}$

$=\left(-\dfrac{5}{4}\right)\times\dfrac{6}{5}=-\dfrac{6}{4}=-\dfrac{3}{2}$

(7) 累乗→除法→加法の順に計算する。

$3+3^4\div(-9)=3+81\div(-9)=3+(-9)$

$=3-9=-6$

(8) 累乗→乗法→減法の順に計算する。

$2-\left(-\dfrac{3}{4}\right)\times(-4)^2=2-\left(-\dfrac{3}{4}\right)\times16$

$=2-(-12)=2+12=14$

(9) かっこの中→乗法の順に計算する。

$\{9-(27-29)\}\times1.5=(9-27+29)\times\dfrac{3}{2}$

$=11\times\dfrac{3}{2}=\dfrac{33}{2}$

(10) かっこの中・累乗→乗除の順に計算する。

$-4^2\times\left(\dfrac{5}{2}-\dfrac{2}{3}\right)\div\dfrac{11}{9}=-16\times\left(\dfrac{15}{6}-\dfrac{4}{6}\right)\div\dfrac{11}{9}$

$=-16\times\dfrac{11}{6}\div\dfrac{11}{9}=-16\times\dfrac{11}{6}\times\dfrac{9}{11}$

$=-\left(16\times\dfrac{11}{6}\times\dfrac{9}{11}\right)=-24$

7 (1) 4

(2) ① 20人　　　② 42人

解説 ▼

(1) 求める数は,

$3.6×10-(3+4+7+2+1+6+0+5+4)$

$=36-32=4$

(2) ① お客の人数が最も多い日は金曜日, 最も少ない日は火曜日で, 人数の差は,

$(+13)-(-7)=13+7=20(人)$

② 基準の量 40 人との差の合計を求めると,

$(+5)+(-7)+(+2)+(-3)+(+13)$

$=5-7+2-3+13=10(人)$

差の合計を, 日数 5 でわって, 差の平均を求めると, $10÷5=2(人)$

基準の量 40 人に, 差の平均をたして, 平均は,

$40+2=42(人)$

STEP03 実戦問題

本冊014ページ

1 (1) 5個　　　　　　(2) $-4℃$

(3) 10　　　　　　　(4) イ

解説 ▼

(1) $-\dfrac{7}{3}=-2.33\cdots,\ \dfrac{9}{4}=2.25$ だから, $-\dfrac{7}{3}$ と $\dfrac{9}{4}$ の間にある整数は, $-2,\ -1,\ 0,\ 1,\ 2$ の 5 個である。

(2) 最低気温は,

(最高気温)-(最高気温と最低気温の温度差)

$=15-19=-4(℃)$

(3) どの 2 つの差も絶対値が 3 以上になる 3 つの整数の組は,

$(1, 4, 7),\ (1, 4, 8),\ (1, 4, 9),$

$(1, 5, 8),\ (1, 5, 9),\ (1, 6, 9),$

$(2, 5, 8),\ (2, 5, 9),\ (2, 6, 9),\ (3, 6, 9)$

の 10 通りある。

(4) $a,\ a-b$ は正の数で, $b,\ b-a$ は負の数である。また, $a+b$ は b より大きく, a より小さいから, 大きい順に並べると, $a-b,\ a,\ a+b,\ b,\ b-a$

$$\overline{\quad \underset{b-a}{\,} \quad \underset{b}{\,} \quad \underset{(a+b)}{\,}\underset{0}{\,} \quad \underset{a+b}{\,} \underset{a}{\,} \underset{a-b}{\,} \quad}$$

よって, 大きい順に並べたとき, 4 番目に大きい数は, b

2 (1) -3　　　　　　(2) $\dfrac{4}{9}$

(3) $-\dfrac{4}{3}$　　　　　(4) $-\dfrac{9}{20}$

(5) $\dfrac{1}{3}$　　　　　　(6) 1

解説 ▼

(1) $(-6^2)÷12=(-36)÷12=-(36÷12)$

$=-3$

(2) $\left(-\dfrac{2}{3}\right)^2=\left(-\dfrac{2}{3}\right)×\left(-\dfrac{2}{3}\right)=+\left(\dfrac{2}{3}×\dfrac{2}{3}\right)=\dfrac{4}{9}$

(3) $-6÷3^2×2=-6÷9×2=-6×\dfrac{1}{9}×2$

$=-\left(6×\dfrac{1}{9}×2\right)=-\dfrac{4}{3}$

(4) $\dfrac{5}{12}÷\left(-\dfrac{25}{3}\right)×(-3)^2=\dfrac{5}{12}×\left(-\dfrac{3}{25}\right)×9$

$=-\left(\dfrac{5}{12}×\dfrac{3}{25}×9\right)=-\dfrac{9}{20}$

(5) $4÷(-3)^2×(-6)÷(-8)$

$=4÷9×(-6)×\left(-\dfrac{1}{8}\right)=4×\dfrac{1}{9}×(-6)×\left(-\dfrac{1}{8}\right)$

$=+\left(4×\dfrac{1}{9}×6×\dfrac{1}{8}\right)=\dfrac{1}{3}$

(6) $-\dfrac{1}{3^2}÷(-2^2)×(-6)^2$

$=-\dfrac{1}{9}÷(-4)×36=-\dfrac{1}{9}×\left(-\dfrac{1}{4}\right)×36$

$=+\left(\dfrac{1}{9}×\dfrac{1}{4}×36\right)=1$

3 (1) 12　　　　　　(2) $\dfrac{1}{3}$

(3) -11　　　　　(4) 10

(5) -10　　　　　(6) $-\dfrac{15}{2}$

解説 ▼

(1) 乗法→減法の順に計算する。

$(-3)×4-(-6)×4$

$=-12-(-24)=-12+24=12$

(2) 除法→加減の順に計算する。

$-\dfrac{1}{3}+\dfrac{11}{12}-\dfrac{1}{18}÷\dfrac{2}{9}=-\dfrac{1}{3}+\dfrac{11}{12}-\dfrac{1}{18}×\dfrac{9}{2}$

$=-\dfrac{1}{3}+\dfrac{11}{12}-\dfrac{1}{4}=-\dfrac{4}{12}+\dfrac{11}{12}-\dfrac{3}{12}=\dfrac{4}{12}=\dfrac{1}{3}$

(3) 累乗→除法→減法の順に計算する。

$(-2)^3÷4-3^2=(-8)×\dfrac{1}{4}-9$

$=(-2)-9=-11$

(4) 累乗→乗法→減法の順に計算する。

$7-\left(-\dfrac{3}{4}\right)×(-2)^2=7-\left(-\dfrac{3}{4}\right)×4=7-(-3)$

$=7+3=10$

(5) 累乗→乗除→加法の順に計算する。

$$(-4)^2 \div 2 + (-12) \times \frac{3}{2} = 16 \times \frac{1}{2} + (-12) \times \frac{3}{2}$$

$$= 8 + (-18) = 8 - 18 = -10$$

(6) かっこの中・累乗→除法→加法の順に計算する。

$$-3^2 + \left(\frac{1}{2} - \frac{1}{3}\right) \div \left(-\frac{1}{3}\right)^2 = -9 + \left(\frac{1}{2} - \frac{1}{3}\right) \div \frac{1}{9}$$

$$= -9 + \left(\frac{1}{2} - \frac{1}{3}\right) \times 9 = -9 + \left(\frac{3}{6} - \frac{2}{6}\right) \times 9$$

$$= -9 + \frac{1}{6} \times 9 = -9 + \frac{3}{2} = -\frac{18}{2} + \frac{3}{2} = -\frac{15}{2}$$

4 (1) -1　　　　　　(2) $\dfrac{26}{51}$

　　(3) $-\dfrac{23}{32}$　　　　(4) $-\dfrac{1}{3}$

　　(5) 1　　　　　　(6) $-\dfrac{7}{5}$

解説 ▼

(1) $\{4^2 + (-3)^2\} \div (-7 - 2^3) \times \dfrac{3}{5}$

$$= (16 + 9) \div (-7 - 8) \times \frac{3}{5} = 25 \div (-15) \times \frac{3}{5}$$

$$= 25 \times \left(-\frac{1}{15}\right) \times \frac{3}{5} = -\left(25 \times \frac{1}{15} \times \frac{3}{5}\right) = -1$$

(2) $\left(\dfrac{3}{17} + \dfrac{4}{3}\right) \div \left\{\dfrac{5}{2} + 0.6 \div \left(1.5 - \dfrac{1}{5}\right)\right\}$

$$= \left(\frac{3}{17} + \frac{4}{3}\right) \div \left\{\frac{5}{2} + \frac{6}{10} \div \left(\frac{15}{10} - \frac{1}{5}\right)\right\}$$

$$= \left(\frac{3}{17} + \frac{4}{3}\right) \div \left\{\frac{5}{2} + \frac{6}{10} \div \left(\frac{15}{10} - \frac{2}{10}\right)\right\}$$

$$= \left(\frac{3}{17} + \frac{4}{3}\right) \div \left(\frac{5}{2} + \frac{6}{10} \div \frac{13}{10}\right)$$

$$= \left(\frac{3}{17} + \frac{4}{3}\right) \div \left(\frac{5}{2} + \frac{6}{10} \times \frac{10}{13}\right) = \left(\frac{3}{17} + \frac{4}{3}\right) \div \left(\frac{5}{2} + \frac{6}{13}\right)$$

$$= \left(\frac{9}{51} + \frac{68}{51}\right) \div \left(\frac{65}{26} + \frac{12}{26}\right) = \frac{77}{51} \div \frac{77}{26} = \frac{77}{51} \times \frac{26}{77} = \frac{26}{51}$$

(3) $-\dfrac{5}{8} + \left(-\dfrac{1}{3}\right)^3 \times \left(\dfrac{9}{4}\right)^2 + \dfrac{3}{32}$

$$= -\frac{5}{8} + \left(-\frac{1}{27}\right) \times \frac{81}{16} + \frac{3}{32} = -\frac{5}{8} + \left(-\frac{3}{16}\right) + \frac{3}{32}$$

$$= -\frac{5}{8} - \frac{3}{16} + \frac{3}{32} = -\frac{20}{32} - \frac{6}{32} + \frac{3}{32} = -\frac{23}{32}$$

(4) $\left(\dfrac{1}{18} - \dfrac{5}{12}\right)^2 \div \dfrac{13}{6^2} - \left(\dfrac{5}{6}\right)^2 = \left(\dfrac{2}{36} - \dfrac{15}{36}\right)^2 \div \dfrac{13}{6^2} - \left(\dfrac{5}{6}\right)^2$

$$= \left(-\frac{13}{36}\right)^2 \div \frac{13}{6^2} - \left(\frac{5}{6}\right)^2 = \frac{13^2}{36^2} \times \frac{36}{13} - \left(\frac{5}{6}\right)^2 = \frac{13}{36} - \frac{25}{36}$$

$$= -\frac{12}{36} = -\frac{1}{3}$$

(5) $\left\{\dfrac{1}{2} \div 0.25 - \left(-\dfrac{3}{4}\right)^2\right\} \times \left(1 - \dfrac{7}{23}\right)$

$$= \left\{\frac{1}{2} \div \frac{1}{4} - \left(-\frac{3}{4}\right)^2\right\} \times \left(1 - \frac{7}{23}\right)$$

$$= \left\{\frac{1}{2} \times 4 - \left(-\frac{3}{4}\right)^2\right\} \times \left(1 - \frac{7}{23}\right)$$

$$= \left(2 - \frac{9}{16}\right) \times \left(1 - \frac{7}{23}\right) = \left(\frac{32}{16} - \frac{9}{16}\right) \times \left(\frac{23}{23} - \frac{7}{23}\right)$$

$$= \frac{23}{16} \times \frac{16}{23} = 1$$

(6) $\{2^3 \div (-5)^3\} \times \{5^2 \div (-2)^2\} + \left(\dfrac{5}{2} - \dfrac{2}{5}\right) \div \left(\dfrac{2}{5} - \dfrac{5}{2}\right)$

$$= \{8 \div (-125)\} \times (25 \div 4) + \left(\frac{25}{10} - \frac{4}{10}\right) \div \left(\frac{4}{10} - \frac{25}{10}\right)$$

$$= \left\{8 \times \left(-\frac{1}{125}\right)\right\} \times \left(25 \times \frac{1}{4}\right) + \frac{21}{10} \div \left(-\frac{21}{10}\right)$$

$$= \left(-\frac{8}{125}\right) \times \frac{25}{4} + \frac{21}{10} \times \left(-\frac{10}{21}\right) = -\frac{2}{5} + (-1)$$

$$= -\frac{2}{5} - 1 = -\frac{2}{5} - \frac{5}{5} = -\frac{7}{5}$$

5 (1) $\dfrac{1}{15}$　　　　　　(2) **イ**

　　(3) **最も大きい自然数…100,**
　　　　1 からみた位置…左上

　　(4) **71 点**

解説 ▼

(1) $\dfrac{1}{42} + \dfrac{1}{56} + \dfrac{1}{72} + \dfrac{1}{90} = \dfrac{1}{6 \times 7} + \dfrac{1}{7 \times 8} + \dfrac{1}{8 \times 9} + \dfrac{1}{9 \times 10}$

$$= \left(\frac{1}{6} - \frac{1}{7}\right) + \left(\frac{1}{7} - \frac{1}{8}\right) + \left(\frac{1}{8} - \frac{1}{9}\right) + \left(\frac{1}{9} - \frac{1}{10}\right)$$

$$= \frac{1}{6} - \frac{1}{10} = \frac{5}{30} - \frac{3}{30} = \frac{2}{30} = \frac{1}{15}$$

(2) $a = 2$, $b = 3$ とすると,
$a + b = 2 + 3 = 5$ （自然数である）
$a - b = 2 - 3 = -1$ （自然数でない）
$ab = 2 \times 3 = 6$ （自然数である）
$2a + b = 2 \times 2 + 3 = 7$ （自然数である）
よって, 計算結果が自然数になるとかぎらないものはイ

(3) 縦, 横に並んでいる自然数の個数がどちらも 10 個のとき, 最も大きい数は $10^2 = 100$ で, $4(= 2^2)$ は 1 からみて左側の位置, $16(= 4^2)$, $36(= 6^2)$, …は 1 からみて左上の位置にあるから, $100(= 10^2)$ も左上の位置にある。

(4) 1 回目の得点を基準としたときの 3 回目の得点を□点とすると,
$0 + 3 + (3 + □) + (-2 + □) + (-5 + □) = 1 \times 5$ より,
$3 \times □ = 6$, $□ = 2$

よって，5回目の得点は，
74+3+2−5−3=71(点)

2 文字と式

STEP01 要点まとめ
本冊016ページ

1 01 -3　　　　　02 x
03 y　　　　　04 $-3xy$

2 05 -5　　　　　06 -5
07 -5　　　　　08 20

3 09 a　　　　　10 b
11 $60a+90b$

4 12 0.3　　　　　13 0.7
14 0.7　　　　　15 $0.7x$

5 16 2　　　　　17 6
18 $2x-1$

6 19 -4　　　　　20 $-24x$

7 21 $3x$　　　　　22 $6x$
23 10　　　　　24 6
25 10　　　　　26 $9x-28$

8 27 $5x$　　　　　28 $2x$
29 $3x-3$　　　　　30 -1
31 -6

9 32 a　　　　　33 b
34 $20a+b$

10 35 60　　　　　36 $\dfrac{x}{60}$

解説 ▼

4 12, 13, 14, 15 はそれぞれ，$\dfrac{3}{10}, \dfrac{7}{10}, \dfrac{7}{10}, \dfrac{7}{10}x$ の
ように，小数を分数で表してもよい。

STEP02 基本問題
本冊018ページ

1 (1) $-2a^3$　　　　(2) $\dfrac{x-y}{3}$

(3) $-3x-\dfrac{y}{2}$　　　(4) $x^2-0.1y^2$

解説 ▼

(1) 文字と数の積では，数を文字の前に書く。
同じ文字の積は，累乗の指数を使って書く。
(2) $x-y$ 全体にかっこがついていることに注意する。

$\dfrac{x}{3}-y$ などと答えないように。$(x-y)\times\dfrac{1}{3}$ から考え
てもよい。
(3) (2)と異なり，$x-y$ にかっこがついていないことに注
意する。$-\dfrac{3(x-y)}{2}$ と答えないように。
(4) 小数の 0.1 の 1 は，省けないことに注意する。
$x^2-0.y^2$ と答えないように。

2 (1) 8　　　　　　(2) -18

(3) $\dfrac{58}{9}$

解説 ▼

(1) $6a-4=6\times a-4$ だから，$6\times 2-4=12-4=8$
(2) $-2x^2=-2\times x\times x$ だから，
$-2\times(-3)\times(-3)=-(2\times 3\times 3)=-18$
(3) $x^2-9x=x\times x-9\times x$ だから，
$\left(-\dfrac{2}{3}\right)\times\left(-\dfrac{2}{3}\right)-9\times\left(-\dfrac{2}{3}\right)=\dfrac{4}{9}+6=\dfrac{58}{9}$

3 (1) $10a+b$　　　　(2) $\dfrac{500}{x}$ mL

(3) $\dfrac{7}{100}a$ g　$(0.07a$ g$)$　(4) $y-210x$ m

解説 ▼

(1) $10\times$(十の位の数)$+$(一の位の数)にあてはめると，
$10\times a+b=10a+b$
(2) (1人分の量)$=$(全部の量)$\div$(人数)にあてはめると，
$500\div x=\dfrac{500}{x}$(mL)
(3) (食塩の重さ)$=$(食塩水の重さ)$\times$(濃度)にあてはめ
ると，$a\times\dfrac{7}{100}=\dfrac{7}{100}a$(g)
(4) 毎分 210m の自転車で x 分間走ったときの道のりは，
$210\times x=210x$(m)
家から図書館までの道のりは ym だから，残りの道
のりは，$y-210x$(m)

4 (1) $\dfrac{1}{4}x$　$\left(\dfrac{x}{4}\right)$　　(2) 0

(3) $-5x+3$　　　　(4) $-a-1$

(5) $2x+6$　　　　　(6) $y+7$

解説 ▼

(1) $\dfrac{3}{4}x-\dfrac{1}{2}x=\dfrac{3}{4}x-\dfrac{2}{4}x=\left(\dfrac{3}{4}-\dfrac{2}{4}\right)x=\dfrac{1}{4}x$
(2) $7x-2x-5x=(7-2-5)x=0$
(3) $-4x+8-x-5=-4x-x+8-5=(-4-1)x+3$

1 正の数・負の数
2 文字と式
3 整数の性質
4 式の計算
5 多項式
6 平方根

$=-5x+3$

(4) $(6a-5)+(-7a+4)=6a-5-7a+4$

$=6a-7a-5+4=-a-1$

(5) $(3x+2)-(x-4)=3x+2-x+4$

$=3x-x+2+4=2x+6$

(6) $(9-4y)-(-5y+2)=9-4y+5y-2$

$=-4y+5y+9-2=y+7$

5 (1) $-18a$　　　　　(2) $-27x$

(3) $-5x+10$　　　　(4) $-4a+2$

(5) $9a+2$　　　　　(6) $2x+5$

(7) $\dfrac{10x-33}{12}$　$\left(\dfrac{5}{6}x-\dfrac{11}{4}\right)$　(8) $\dfrac{x}{6}$

解説 ▼

(1) $6a\times(-3)=6\times(-3)\times a=-18a$

(2) $18x\div\left(-\dfrac{2}{3}\right)=18x\times\left(-\dfrac{3}{2}\right)=18\times\left(-\dfrac{3}{2}\right)\times x$

$=-27x$

(3) $-5(x-2)=-5\times x+(-5)\times(-2)=-5x+10$

(4) $(28a-14)\div(-7)=(28a-14)\times\left(-\dfrac{1}{7}\right)$

$=28a\times\left(-\dfrac{1}{7}\right)+(-14)\times\left(-\dfrac{1}{7}\right)=-4a+2$

(5) $2(a+5)+(7a-8)=2\times a+2\times5+7a-8$

$=2a+10+7a-8=9a+2$

(6) $4(2x-1)-3(2x-3)$

$=4\times2x+4\times(-1)-3\times2x-3\times(-3)$

$=8x-4-6x+9=2x+5$

(7) $\dfrac{2x-7}{4}+\dfrac{x-3}{3}=\dfrac{3(2x-7)+4(x-3)}{12}$

$=\dfrac{6x-21+4x-12}{12}=\dfrac{10x-33}{12}$

(8) $\dfrac{5x+3}{3}-\dfrac{3x+2}{2}=\dfrac{2(5x+3)-3(3x+2)}{6}$

$=\dfrac{10x+6-9x-6}{6}=\dfrac{x}{6}$

6 (1) $a=5b+3$　　　　(2) $200-3a<b$

(3) $S=xy$　　　　　(4) $4a<9$

解説 ▼

(1) （全部の数）＝（1人に配る数）×（人数）＋（余り）にあて
はめると，

$a=5\times b+3$，$a=5b+3$

(2) 200Lの浴槽から毎分 aL の割合で3分間水をぬいた
後の水の量は，$200-a\times3=200-3a$(L)

この水の量が bL より少ないことから，$200-3a<b$

(3) （平行四辺形の面積）＝（底辺）×（高さ）にあてはめて，

$S=x\times y$，$S=xy$

(4) 時速 4km で a 時間歩いたときの道のりは，

$4\times a=4a$(km)

これが 9km 未満であることから，$4a<9$

7 (1) $\dfrac{57}{4}x-\dfrac{75}{4}$　　　　(2) 0

解説 ▼

(1) $3A-B=3(5x-6)-\left(x-\dfrac{x-3}{4}\right)$

$=15x-18-x+\dfrac{x-3}{4}$

$=15x-18-x+\dfrac{1}{4}x-\dfrac{3}{4}=\dfrac{57}{4}x-\dfrac{75}{4}$

(2) $\dfrac{2}{3}(12-9x)-\dfrac{2}{5}(10x+25)=8-6x-4x-10$

$=-10x-2$

この式に $x=-\dfrac{1}{5}$ を代入して，

$-10\times\left(-\dfrac{1}{5}\right)-2=2-2=0$

8 $20n+5\ \text{cm}^2$

解説 ▼

正方形の紙を n 枚重ねたときの図形の横の長さは，

$5\times n-1\times(n-1)=5n-n+1=4n+1$(cm)

よって，求める面積は，

$5\times(4n+1)=20n+5$(cm^2)

STEP03 実戦問題　　　　　本冊020ページ

1 (1) 15　　　　　(2) 81

(3) 6

解説 ▼

(1) $a^2-2a=a\times a-2\times a$ だから，

$(-3)\times(-3)-2\times(-3)=9+6=15$

(2) $(y+2x)^2=(y+2x)\times(y+2x)$ で，

$y+2x=-5+2\times7=9$ だから，$9\times9=81$

(3) $a^2-2b=a\times a-2\times b$ だから，

$2\times2-2\times(-1)=4+2=6$

2 (1) $20x+16y$ 点　　　(2) $300+3a$ g

(3) 中学生 4 人と大人 2 人の美術館の入館料の合計

解説 ▼

(1) 男子 20 人の平均点が x 点だから，男子の合計点は，

$20\times x=20x$(点)

女子 16 人の平均点が y 点だから，女子の合計点は，

$16 \times y = 16y$(点)

したがって，クラスの合計点は，$20x + 16y$（点）

(2) 300g の a%増しの重さは，

$$300 \times \left(1 + \frac{a}{100}\right) = 300 \times \frac{100+a}{100} = 3(100+a)$$

$$= 300 + 3a \text{(g)}$$

(3) $4x + 2y = 4 \times x + 2 \times y$

$= 4 \times$（中学生 1 人の入館料）$+ 2 \times$（大人 1 人の入館料）

これは，中学生 4 人と大人 2 人の美術館の入館料の合計を表す。

3 **(1)** $\dfrac{5}{12}a$　　　　　**(2)** $\dfrac{10x-7}{3}$

(3) $1.3x - 3$　　　**(4)** $-5a + 2b + 3$

(5) $-\dfrac{1}{2}x - \dfrac{11}{6}$　　**(6)** $\dfrac{11x-4}{12}$

解説 ▼

(1) $\dfrac{1}{4}a - \dfrac{5}{6}a + a = \left(\dfrac{1}{4} - \dfrac{5}{6} + 1\right)a = \dfrac{5}{12}a$

(2) $\dfrac{7x+2}{3} + x - 3 = \dfrac{7x+2+3(x-3)}{3}$

$$= \dfrac{7x+2+3x-9}{3} = \dfrac{10x-7}{3}$$

(3) $(0.4x+3) + (0.9x-6) = 0.4x+3+0.9x-6 = 1.3x-3$

(4) $(15a-6b-9) \div (-3)$

$$= (15a-6b-9) \times \left(-\dfrac{1}{3}\right)$$

$$= 15a \times \left(-\dfrac{1}{3}\right) - 6b \times \left(-\dfrac{1}{3}\right) - 9 \times \left(-\dfrac{1}{3}\right)$$

$$= -5a + 2b + 3$$

(5) $\dfrac{1}{2}(3x-6) - \dfrac{1}{6}(12x-7)$

$$= \dfrac{1}{2} \times 3x + \dfrac{1}{2} \times (-6) - \dfrac{1}{6} \times 12x - \dfrac{1}{6} \times (-7)$$

$$= \dfrac{3}{2}x - 3 - 2x + \dfrac{7}{6} = -\dfrac{1}{2}x - \dfrac{11}{6}$$

(6) $\dfrac{3x+2}{4} - \dfrac{5x-7}{2} + \dfrac{8x-13}{3}$

$$= \dfrac{3(3x+2) - 6(5x-7) + 4(8x-13)}{12}$$

$$= \dfrac{9x+6-30x+42+32x-52}{12} = \dfrac{11x-4}{12}$$

4 **(1)** $75 + 20a \leqq 500$　　**(2)** $x \geqq 15a$

(3) $\dfrac{a}{2} > 15b$

解説 ▼

(1) 75kg の人 1 人と 1 個 20kg の荷物 a 個を合わせた

重さは，$75 + 20 \times a = 75 + 20a$(kg)

この重さがエレベーターの重量の制限 500kg 以下だから，$75 + 20a \leqq 500$

(2) 15cm のリボン a 本分の長さは，$15 \times a = 15a$(cm)

この長さがリボンの長さ $x$cm に等しいか，それより短いから，$x \geqq 15a$

(3) 毎日 15 ページずつ b 日間読んだページ数は，

$15 \times b = 15b$（ページ）

このページ数が全体のページ数の半分 $\dfrac{a}{2}$ ページより

少ないから，$\dfrac{a}{2} > 15b$

5 **(1)** 9 個

(2) ① 25 個　　　　② n^2 個

③ ア…44，イ…82

解説 ▼

(1) □1 を作るとき 1 個，□2 を作るとき 3 個，□3 を作るとき 5 個，…のように，番号が 1 つ増えるごとに積み木の数は 2 個ずつ増えるから，□5 を作るとき $1 + 2 \times 4 = 9$(個)

(2) ① 1段 を作るとき 1 個，2段 を作るとき $1+3=4$(個)，

3段 を作るとき $4+5=9$(個)，4段 を作るとき

$9+7=16$(個)だから，5段 を作るとき $16+9=25$(個)

② ①より，1段 を作るとき 1^2 個，2段 を作るとき

2^2(個)，3段 を作るとき 3^2(個)，4段 を作るとき

4^2 個，…と考えると，n段 を作るとき n^2 個。

③ $44^2 = 1936$，$45^2 = 2025$ だから，44段 を作るとき，積み木は 1936 個必要。積み木は全部で 2018 個あるから，最大 44 段まで積み上げることができ，$2018 - 1936 = 82$(個)余る。

3 整数の性質

STEP01 要点まとめ

本冊022ページ

1	01	24	02	24
	03	2	04	2
	05	24	06	2
	07	22		
2	08	2	09	3
	10	3		
3	11	7	12	2
	13	30		
4	14	5	15	5
	16	5	17	5

	18	5		19	10
5	20	3		21	4
	22	3		23	15
6	24	3		25	3
	26	3		27	180
7	28	7		29	3
	30	8		31	8

解説 ▼

1 1以上99以下の4の倍数の中に, 1以上9以下の4の倍数が含まれているので, 1以上9以下の4の倍数の個数をのぞくことを忘れないように注意する。

3 1008＝$2^4×3^2×7$ だから, 1008の約数の個数は, 2^4 の約数, 3^2 の約数, 7の約数それぞれの個数の積で求められる。2^4 の約数は1, 2, 2^2, 2^3, 2^4 の4＋1(個)ある。同様に, 3^2 の約数は2＋1(個), 7の約数は1＋1(個)ある。

STEP02 基本問題

本冊024ページ

1 (1) 225個　　　(2) 75個
　　(3) 150個

解説 ▼

(1) 1以上999以下の4の倍数の個数から, 1以上99以下の4の倍数の個数をひいて求める。
999÷4＝249余り3, 99÷4＝24余り3より, 1以上999以下の4の倍数の個数は249個。1以上99以下の4の倍数の個数は24個。したがって, 求める個数は, 249－24＝225(個)

(2) (1)と同様に, 999÷12＝83余り3, 99÷12＝8余り3より, 1以上999以下の12の倍数の個数は83個。1以上99以下の12の倍数の個数は8個。したがって, 求める個数は, 83－8＝75(個)

(3) 12の倍数は4の倍数に含まれるから, 求める個数は, 225－75＝150(個)

2 (1) 24＝$2^3×3$　　(2) 90＝$2×3^2×5$
　　(3) 100＝$2^2×5^2$　　(4) 540＝$2^2×3^3×5$

解説 ▼

(1)
```
2)24
2)12
2) 6
   3
```
よって, 24＝$2^3×3$

(2)
```
2)90
3)45
3)15
   5
```
よって, 90＝$2×3^2×5$

(3)
```
2)100
2) 50
5) 25
    5
```
よって, 100＝$2^2×5^2$

(4)
```
2)540
2)270
3)135
3) 45
3) 15
    5
```
よって, 540＝$2^2×3^3×5$

3 (1) 3　　　　　　(2) n＝3, 18
　　(3) 15

解説 ▼

(1) 75を素因数分解すると, 75＝$3×5^2$
したがって, これに3をかけると,
$(3×5^2)×3＝3^2×5^2＝(3×5)^2＝15^2$
すなわち, 15の2乗になる。
したがって, かける数は3

(2) 460－20n＝20(23－n)＝$2^2×5×(23－n)$だから,
460－20n の値がある自然数の2乗となるのは,
23－n＝5×(自然数)^2 となるときである。
23－n＝$5×1^2$ のとき, n＝18
23－n＝$5×2^2$ のとき, n＝3
(23－n＝$5×3^2$ となる自然数 n はない。)
したがって, n＝3, 18

(3) 135を素因数分解すると, 135＝$3^3×5$
したがって, これを3×5でわると,
$(3^3×5)÷(3×5)＝3^2$
すなわち, 3の2乗になる。
したがって, わる数は15

4 (1) 14　　　　　　(2) 18
　　(3) 30　　　　　　(4) 12

解説 ▼

(1)
```
2)28  70
7)14  35
   2   5
```
最大公約数は, 2×7＝14

(2)
```
2)144  162
3) 72   81
3) 24   27
    8    9
```
最大公約数は, $2×3^2＝18$

(3)
```
2)90  120  210
3)45   60  105
5)15   20   35
   3    4    7
```
最大公約数は, 2×3×5＝30

(4)
```
        2×2×2×3      ×5
        2×2  ×3×3×3    ×7
```
最大公約数は, 2×2　×3＝12

5 (1) 18, 36　　　　(2) 9, 27

解説 ▼

(1) 89, 125 のどちらをわっても 17 余る数は,
89−17=72, 125−17=108 の両方をわってわり切れ
る数である。すなわち, 72, 108 の公約数のうち,
17 より大きい数を求めればよい。
72, 108 を素因数分解すると,

```
2)72  108
2)36   54
3)18   27
3) 6    9
   2    3
```

よって, 最大公約数は, $2^2×3^2=36$
36 の約数は 1, 2, 3, 4, 6, 9, 12, 18, 36
この中から余りの 17 より大きい数は 18, 36

(2) 58 をわって 4 余る数と 88 をわって 7 余る数は,
58−4=54, 88−7=81 の両方をわってわり切れる数
である。すなわち, 54, 81 の公約数のうち, 2 つの
数の, より大きい余りである 7 より大きい数を求め
ればよい。
54, 81 を素因数分解すると,

```
3)54  81
3)18  27
3) 6   9
   2   3
```

よって, 最大公約数は $3^3=27$
27 の約数は 1, 3, 9, 27
この中から余りの 7 より大きい数は 9, 27

6 (1) 90　　　　　(2) 144
　　(3) 3360　　　　(4) 6930

解説 ▼

(1)
```
3)18  45
3) 6  15
   2   5
```
最小公倍数は, 3×3×2×5=90

(2)
```
2)36  48
2)18  24
3) 9  12
   3   4
```
最小公倍数は, 2×2×3×3×4=144

(3) 32, 42, 60 を素因数分解すると,

```
2)32    2)42    2)60
2)16    3)21    2)30
2) 8       7    3)15
2) 4              5
   2
```

$32=2^5$, $42=2×3×7$, $60=2^2×3×5$ より,
最小公倍数は, $2^5×3×5×7=3360$

(4)
```
      2×3×3×5
      3×3   ×7×11
最小公倍数は, 2×3×3×5×7×11=6930
```

7 (1) 33, 63, 93　　　(2) 37, 73
　　(3) 24, 72

解説 ▼

(1) 10 でわっても 15 でわってもわり切れる数は, 10, 15
の公倍数である。したがって, 10, 15 の公倍数に 3
をたした 2 けたの数を求めればよい。10, 15 の最小
公倍数は 30 だから,
30×1+3=33, 30×2+3=63, 30×3+3=93

(2) 1 余らない数, すなわち 4 でわっても 6 でわっても 9
でわってもわり切れる数は, 4, 6, 9 の公倍数である。
したがって, 4, 6, 9 の公倍数に 1 をたした 2 けた
の数を求めればよい。4, 6, 9 の最小公倍数は 36 だ
から, 36×1+1=37, 36×2+1=73

(3) $360=2^3×3^2×5$ で, 6, 8 の最小公倍数は
$24=2^3×3$ だから, 360 の約数のうち, 24 の公倍数
である 2 けたの自然数は, $(2^3×3)×1=24$,
$(2^3×3)×3=72$

8 (1) $a=24$　　　(2) 630cm

解説 ▼

(1) できるだけ大きいタイルにするから, a は 120, 144
の最大公約数である。$120=2^3×3×5$, $144=2^4×3^2$
だから, $a=2^3×3=24$

(2) できるだけ小さい正方形を作るから, 最も小さい正
方形の 1 辺の長さを表す数は, 42, 90 の最小公倍
数である。
$42=2×3×7$, $90=2×3^2×5$ だから,
$2×3^2×5×7=630$(cm)

STEP03 実戦問題　　　本冊026ページ

1 (1) 7　　　　　　(2) $2016=2^5×3^2×7$
　　(3) 1, 3, 5, 9, 15, 25, 45, 75, 225
　　(4) 30 個　　　　(5) 24, 30
　　(6) 1, 21, 81, 441

解説 ▼

(1) $3^1=3$, $3^2=9$, $3^3=27$, $3^4=81$, $3^5=243$, …となるから,
一の位の数は, 3, 9, 7, 1 の順でくり返される。
2019÷4=504 余り 3 で, 4×504=2016 だから, 3^{2017}
の一の位の数は 3, 3^{2018} の一の位の数は 9 となる。
したがって, 3^{2019} の一の位の数は 7 となる。

(2)
$$
\begin{array}{r}
2\,)\,\underline{2016} \\
2\,)\,\underline{1008} \\
2\,)\,\underline{504} \\
2\,)\,\underline{252} \\
2\,)\,\underline{126} \\
3\,)\,\underline{63} \\
3\,)\,\underline{21} \\
7
\end{array}
$$
したがって，$2016=2^5\times3^2\times7$

(3) $225=3^2\times5^2$ だから，225 の約数は，

1

素因数…3，5

素因数 2 つの積…$3^2=9$，$3\times5=15$，$5^2=25$

素因数 3 つの積…$3^2\times5=45$，$3\times5^2=75$

素因数 4 つの積…$3^2\times5^2=225$

したがって，225 の約数は，1，3，5，9，15，25，45，75，225

(4) $1872=2^4\times3^2\times13$ だから，1872 の約数は，2^4 の約数と 3^2 の約数と 13 の約数の積である。

2^4 の約数は，1，2，2^2，2^3，2^4 の 4+1(個)

3^2 の約数は，1，3，3^2 の 2+1(個)

13 の約数は，1，13 の 1+1(個)

したがって，1872 の約数の個数は，
$(4+1)\times(2+1)\times(1+1)=30$(個)

(5) 16 から 30 までの整数の約数の個数をそれぞれ調べると，

$16=2^4$…5 個

17…2 個

$18=2\times3^2$…$2\times3=6$(個)

19…2 個

$20=2^2\times5$…$3\times2=6$(個)

$21=3\times7$…$2\times2=4$(個)

$22=2\times11$…$2\times2=4$(個)

23…2 個

$24=2^3\times3$…$4\times2=8$(個)

$25=5^2$…3 個

$26=2\times13$…$2\times2=4$(個)

$27=3^3$…4 個

$28=2^2\times7$…$3\times2=6$(個)

29…2 個

$30=2\times3\times5$…$2\times2\times2=8$(個)

以上より，求める数は 24，30

(6) 2 を素因数にもつ約数は一の位が偶数，5 を素因数にもつ約数は一の位が 0 または 5 となるから，2，5 を素因数にもたない約数について，一の位が 1 となるものは，
1，$3\times7=21$，$3^4=81$，$3^2\times7^2=441$

2 (1) $n=1$，2，7

(2) （求め方）$\dfrac{n+110}{13}=m$，$\dfrac{240-n}{7}=\ell\,(m,\ \ell$ は自然数$)$とおくと，$n=13m-110$，$n=240-7\ell$

これより，$13m-110=240-7\ell$

$13m=350-7\ell$，$13m=7(50-\ell)$，$m=\dfrac{7(50-\ell)}{13}$

m は自然数だから，$50-\ell$ は 13 の倍数である。

$50-\ell=13$ のとき，$\ell=37$ で，$m=7$，$n=-19$ で n は自然数とならないから適さない。

$50-\ell=26$ のとき，$\ell=24$ で，$m=14$，$n=72$ となり適する。

$50-\ell=39$ のとき，$\ell=11$ で，$m=21$，$n=163$ となり適する。

$50-\ell=52$ のとき，ℓ は自然数とならないから適さない。

以下，$50-\ell$ を大きくしても ℓ が自然数となることはない。

よって，求める n の値は，$n=72$，163

答 $n=72$，163

(3) $n=672$

(1) $\dfrac{60}{2n+1}$ が整数となるのは，$2n+1$ が 60 の約数となるときで，$2n+1$ は奇数だから，60 の約数のうち奇数は 1，3，5，15 で，そのうち，n が自然数となるものを求めると，$n=1$，2，7

(3) $\dfrac{2016}{n}=\dfrac{2^5\times3^2\times7}{n}$ が素数となるから，$\dfrac{2^5\times3^2\times7}{n}=2$，または $\dfrac{2^5\times3^2\times7}{n}=3$，または $\dfrac{2^5\times3^2\times7}{n}=7$ となる。

$28=2^2\times7$ より，$n=2^4\times3^2\times7$ または，$n=2^5\times3\times7$ のとき，$\dfrac{n}{28}$ は整数となる。すなわち，$n=1008$，672

よって，もっとも小さい自然数 n の値は，$n=672$

3 (1) $a=36$ (2) $A=189$

(3) ア…17，イ…72

(1) a と 48 の最大公約数が 12 だから，$a=12M(M$ は正の奇数$)$とおく。また，$48=12\times4$ だから，最小公倍数について，$12M\times4=144$ より，$M=3$
したがって，$a=12\times3=36$

(2) A と B の最大公約数が 27 だから，$A=27M$，$B=27N$（ただし，M，N は最大公約数が 1 である自然数）とおくと，M，N の最小公倍数は，$27MN=1134$ より，$MN=42$

$A>B$ より，$M>N$ で，$A-B$ が最小となる M，N は，$M=7$，$N=6$ のときで，このとき，$A=27\times7=189$，$B=27\times6=162$ である。

(3) 7 でわると 3 余る自然数は，
10，⑰，24，31，38，㊺，…

4 でわると 1 余る自然数は，

5, 9, 13, ⑰, 21, 25, 29, 33, 37, 41, ㊺, …

この 2 つの数に共通な数をぬき出すと,

17, 45, 73, …

のようになり,いちばん小さい数は 17 で,28 ずつ大きくなっている。

よって,(2019−17)÷28=71 余り 14。したがって,2019 以下に 71+1=72(個)ある。

72 個目の数は,17+28×71=2005 で,確かに 2019 以下の自然数で最も大きい数になっている。

参考

答えの確かめをするには,実際に 72 個目の数を求め,それが 2019 以下の自然数で最も大きい数になっていることを調べればよい。

4 (1) 12 (2) 24 個
(3) 13

解説 ▼

(1) 1 から 50 までの自然数のうち,5 の倍数の個数は,50÷5=10(個),$5^2(=25)$の倍数の個数は,50÷25=2(個)。$1×2×3×⋯×50$ の素因数 5 の個数は,10+2=12(個)。したがって,5^n における n の最大の値は 12

(2) 10 で何回わり切れるかを考える。10=2×5 だから,末尾に並ぶ 0 の個数は,素因数 2,5 の個数で決まる。1 から 100 までの自然数のうち,5 の倍数の個数は,100÷5=20(個),$5^2(=25)$の倍数の個数は,100÷25=4(個)。$1×2×3×⋯×100$ の素因数 5 の個数は 20+4=24(個)。素因数 2 の個数は素因数 5 の個数より多いから,末尾に連続して並ぶ 0 の個数は素因数 5 の個数で決まる。したがって,末尾に連続して並ぶ 0 の個数は 24 個である。

(3) 10 ! は素因数 5 を 2 個もつから,末尾 2 けたは 00 となる。よって,11 ! から 20 ! までの末尾 2 けたも 00 となる。1 !,2 !,3 !,…,9 ! の末尾 2 けたを計算すると,01,02,06,24,20,20,40,20,80 だから,末尾 2 けたの数の和を求めて,1+2+6+24+20+20+40+20+80=213 より,末尾 2 けたの数は 13

5 (1) 0 (2) 8 個
(3) 22 個

解説 ▼

(1) ⟨2017⟩=2×0×1×7=0

(2) 7 は素数だから,7=1×7 のとき,x=17,71
7=1^2×7 のとき,x=117,171,711
7=1^3×7 のとき,x=1117,1171,1711(x は 2017 以下だから,x=7111 の場合はない。)

以上より,⟨x⟩=7 となる x の個数は 8 個である。

(3) 6=1×6 のとき,x=16,61
6=1^2×6 のとき,x=116,161,611
6=1^3×6 のとき,x=1116,1161,1611(x は 2017 以下だから,x=6111 の場合はない。)
6=2×3 のとき,x=23,32
6=1×2×3 のとき,x=123,132,213,231,312,321
6=1^2×2×3 のとき,x=1123,1132,1213,1231,1312,1321

以上より,⟨x⟩=6 となる x の個数は 22 個である。

4 式の計算

STEP01 要点まとめ
本冊028ページ

1	01	$-2x$	02	-5	03	$-2x$
2	04	a	05	b	06	c
	07	6	08	6		
3	09	3	10	2	11	3
	12	2	13	$2x+4y$		
4	14	2	15	4	16	2
	17	4	18	$5x+7y$		
5	19	x	20	-6	21	$-6x+30y$
6	22	$\frac{1}{3}$	23	$-9x$	24	$4x^2-3x$
7	25	-1	26	y	27	$4x^2y$
8	28	$6y$	29	$6y$	30	$-4x$
9	31	y	32	$8xy$	33	-1
	34	2	35	6		
10	36	$-3x$	37	3		
11	38	n	39	$5n$		
	40	$m+n$	41	整数		

STEP02 基本問題
本冊030ページ

1 (1) ① 多項式 ② 単項式 ③ 多項式
④ 単項式

(2) x^2, $-\dfrac{x}{5}$, $-\dfrac{2}{3}$

(3) ① 1 ② 2 ③ 2 ④ 3

解説 ▼

(1) 乗法だけからできている式を単項式,単項式の和の形で表された式を多項式という。
① $a+4$ ➡ 単項式の和の形だから,多項式

1 正の数・負の数

2 文字と式

3 整数の性質

4 式の計算

5 多項式

6 平方根

② $-x^2=-1\times x\times x$ ➡乗法だけからできているから，単項式

③ $-a^2b+3ab-2b^2$ ➡単項式の和の形だから，多項式

④ $0.1x=0.1\times x$ ➡乗法だけからできているから，単項式

(2) 単項式の和の形で表すと，

$x^2-\dfrac{x}{5}-\dfrac{2}{3}=x^2+\left(-\dfrac{x}{5}\right)+\left(-\dfrac{2}{3}\right)$だから，項は，

x^2, $-\dfrac{x}{5}$, $-\dfrac{2}{3}$

(3) 単項式の次数は，かけ合わされている文字の個数，多項式の次数は，各項の次数のうちで，もっとも大きいものである。

① $-a=-1\times a$ ➡かけ合わされている文字の個数は1個だから，次数は1

② $6x^2=6\times x\times x$ ➡かけ合わされている文字の個数は2個だから，次数は2

③ $\underset{\text{2次}}{a^2}-\underset{\text{1次}}{7a}+10$ ➡次数がもっとも大きいのはa^2で，次数は2

④ $\underset{\text{2次}}{x^2}-\underset{\text{3次}}{2xy^2}$ ➡次数がもっとも大きいのは$-2xy^2$で，次数は3

2 (1) $2x+4y$ (2) $7a^2-6a$

(3) $-4xy+10x$ (4) $-\dfrac{3}{5}a+\dfrac{4}{3}b$

解説 ▼

(1) $6x-3y-4x+7y=6x-4x-3y+7y$
$=(6-4)x+(-3+7)y$
$=2x+4y$

(2) $3a^2-a+4a^2-5a=3a^2+4a^2-a-5a$
$=(3+4)a^2+(-1-5)a$
$=7a^2-6a$

(3) $5xy+2x-9xy+8x=5xy-9xy+2x+8x$
$=(5-9)xy+(2+8)x$
$=-4xy+10x$

(4) $\dfrac{2}{5}a-\dfrac{1}{3}b-a+\dfrac{5}{3}b=\dfrac{2}{5}a-a-\dfrac{1}{3}b+\dfrac{5}{3}b$

$=\left(\dfrac{2}{5}-1\right)a+\left(-\dfrac{1}{3}+\dfrac{5}{3}\right)b$

$=-\dfrac{3}{5}a+\dfrac{4}{3}b$

3 (1) $4a-b$ (2) $5a$

(3) $2x+9y$ (4) $4b-6$

(5) $-6x+12y$ (6) $-4x^2+3x+2$

解説 ▼

(1) $(3a-7b)+(a+6b)=3a-7b+a+6b$

$=4a-b$

(2) $(8a-2b)-(3a-2b)=8a-2b-3a+2b$
$=5a$

(3) $7x+y-(5x-8y)=7x+y-5x+8y$
$=2x+9y$

(4)

$\begin{array}{r} a+3b-2 \\ -)\,a-\ \ b+4 \end{array}$ ➡ $\begin{array}{r} a+3b-2 \\ +)-a+\ \ b-4 \\ \hline 4b-6 \end{array}$

(5) $-6(x-2y)=-6\times x+(-6)\times(-2y)=-6x+12y$

(6) $(16x^2-12x-8)\div(-4)=(16x^2-12x-8)\times\left(-\dfrac{1}{4}\right)$

$=16x^2\times\left(-\dfrac{1}{4}\right)+(-12x)\times\left(-\dfrac{1}{4}\right)+(-8)\times\left(-\dfrac{1}{4}\right)$

$=-4x^2+3x+2$

4 (1) $9a+2b$ (2) $-17x+7y$

(3) $50x-14y$ (4) $a+14b$

(5) $5x-2y$ (6) $\dfrac{5x-y}{6}$

(7) $\dfrac{a+11b}{24}$ (8) $\dfrac{6x-2y}{3}$

解説 ▼

(1) $4(2a+b)+(a-2b)=4\times2a+4\times b+a-2b$
$=8a+4b+a-2b=9a+2b$

(2) $-(2x-y)+3(-5x+2y)=-2x+y+3\times(-5x)+3\times2y$
$=-2x+y-15x+6y=-17x+7y$

(3) $2(7x-4y)+6(6x-y)$
$=2\times7x+2\times(-4y)+6\times6x+6\times(-y)$
$=14x-8y+36x-6y=50x-14y$

(4) $3(3a+4b)-2(4a-b)$
$=3\times3a+3\times4b+(-2)\times4a+(-2)\times(-b)$
$=9a+12b-8a+2b=a+14b$

(5) $(7x+y)-4\left(\dfrac{1}{2}x+\dfrac{3}{4}y\right)$

$=7x+y+(-4)\times\dfrac{1}{2}x+(-4)\times\dfrac{3}{4}y$

$=7x+y-2x-3y=5x-2y$

(6) $\dfrac{x+y}{6}+\dfrac{2x-y}{3}=\dfrac{x+y}{6}+\dfrac{2(2x-y)}{6}$

$=\dfrac{x+y+2(2x-y)}{6}=\dfrac{x+y+4x-2y}{6}=\dfrac{5x-y}{6}$

(7) $\dfrac{a+2b}{6}-\dfrac{a-b}{8}=\dfrac{4(a+2b)}{24}-\dfrac{3(a-b)}{24}$

$=\dfrac{4(a+2b)-3(a-b)}{24}=\dfrac{4a+8b-3a+3b}{24}=\dfrac{a+11b}{24}$

(8) $\dfrac{x+y}{2}+\dfrac{3x-y}{6}+x-y$

$=\dfrac{3(x+y)}{6}+\dfrac{3x-y}{6}+\dfrac{6(x-y)}{6}$

$$=\frac{3(x+y)+3x-y+6(x-y)}{6}$$

$$=\frac{3x+3y+3x-y+6x-6y}{6}=\frac{12x-4y}{6}=\frac{6x-2y}{3}$$

参考 📱

(**6**)は$\dfrac{5}{6}x-\dfrac{1}{6}y$, (**7**)は$\dfrac{1}{24}a+\dfrac{11}{24}b$, (**8**)は$2x-\dfrac{2}{3}y$ と

答えても正解。

5 (**1**) $-6a^2b$ (**2**) $25a^2$

 (**3**) $-5b$ (**4**) $-4x$

 (**5**) $-\dfrac{64y}{3}$ (**6**) $-\dfrac{5y}{4}$

 (**7**) $-6a^3b$ (**8**) $-8a$

 (**9**) $\dfrac{32x^2}{y}$ (**10**) $\dfrac{3}{4y}$

解説 ▼

(**1**) $3a\times(-2ab)=3\times a\times(-2)\times a\times b$
$=3\times(-2)\times a\times a\times b=-6a^2b$

(**2**) $(-5a)^2=(-5a)\times(-5a)$
$=(-5)\times(-5)\times a\times a=25a^2$

(**3**) $10ab\div(-2a)=10ab\times\left(-\dfrac{1}{2a}\right)=10\times a\times b\times\left(-\dfrac{1}{2}\right)\times\dfrac{1}{a}$

$=10\times\left(-\dfrac{1}{2}\right)\times a\times b\times\dfrac{1}{a}=-5b$

(**4**) $-12x^3\div 3x^2=-12x^3\times\dfrac{1}{3x^2}=-\dfrac{12x^3}{3x^2}$

$=-\dfrac{12\times x\times x\times x}{3\times x\times x}=-4x$

(**5**) $-16xy\div\dfrac{3}{4}x=-16xy\times\dfrac{4}{3x}=-\dfrac{16xy\times 4}{3x}$

$=-\dfrac{16\times x\times y\times 4}{3\times x}=-\dfrac{64y}{3}$

(**6**) $\dfrac{5}{6}xy^2\div\left(-\dfrac{2}{3}xy\right)=\dfrac{5}{6}xy^2\times\left(-\dfrac{3}{2xy}\right)=-\dfrac{5xy^2\times 3}{6\times 2xy}$

$=-\dfrac{5\times x\times y\times y\times 3}{6\times 2\times x\times y}=-\dfrac{5y}{4}$

(**7**) $3a^2b\times 4ab\div(-2b)=3a^2b\times 4ab\times\left(-\dfrac{1}{2b}\right)$

$=-\dfrac{3a^2b\times 4ab}{2b}=-\dfrac{3\times a\times a\times b\times 4\times a\times b}{2\times b}=-6a^3b$

(**8**) $16a^2b\div(-10ab^2)\times 5b=16a^2b\times\left(-\dfrac{1}{10ab^2}\right)\times 5b$

$=-\dfrac{16a^2b\times 5b}{10ab^2}=-\dfrac{16\times a\times a\times b\times 5\times b}{10\times a\times b\times b}=-8a$

(**9**) $18x^2y\times(-4x)^2\div(3xy)^2=18x^2y\times 16x^2\div 9x^2y^2$

$=18x^2y\times 16x^2\times\dfrac{1}{9x^2y^2}=\dfrac{18x^2y\times 16x^2}{9x^2y^2}$

$=\dfrac{18\times x\times x\times y\times 16\times x\times x}{9\times x\times x\times y\times y}=\dfrac{32x^2}{y}$

(**10**) $-\dfrac{x^3}{18}\times(-2y)^2\div\left(-\dfrac{2}{3}xy\right)^3=-\dfrac{x^3}{18}\times 4y^2\div\left(-\dfrac{8}{27}x^3y^3\right)$

$=-\dfrac{x^3}{18}\times 4y^2\times\left(-\dfrac{27}{8x^3y^3}\right)=\dfrac{x^3\times 4y^2\times 27}{18\times 8x^3y^3}$

$=\dfrac{x\times x\times x\times 4\times y\times y\times 27}{18\times 8\times x\times x\times x\times y\times y\times y}=\dfrac{3}{4y}$

6 (**1**) -4 (**2**) 36

解説 ▼

(**1**) $3(x-5y)-2(4x-7y)=3x-15y-8x+14y$
$=-5x-y$

 この式に, $x=\dfrac{1}{5}$, $y=3$ を代入すると,

 $-5x-y=-5\times\dfrac{1}{5}-3=-4$

(**2**) $(-ab)^3\div ab^2=-a^3b^3\times\dfrac{1}{ab^2}=-\dfrac{a^3b^3}{ab^2}=-a^2b$

 この式に, $a=3$, $b=-4$ を代入すると,
 $-3^2\times(-4)=36$

7 (**1**) $b=\dfrac{2-5a}{9}$ (**2**) $x=5y+7$

 (**3**) $c=\dfrac{4V}{ab}$ (**4**) $a=\dfrac{\ell-2\pi r}{2}$

解説 ▼

(**1**) $5a+9b=2$, $9b=2-5a$, $b=\dfrac{2-5a}{9}$

(**2**) $y=\dfrac{x-7}{5}$, $\dfrac{x-7}{5}=y$, $x-7=5y$, $x=5y+7$

(**3**) $V=\dfrac{abc}{4}$, $\dfrac{abc}{4}=V$, $abc=4V$, $c=\dfrac{4V}{ab}$

(**4**) $\ell=2a+2\pi r$, $2a+2\pi r=\ell$, $2a=\ell-2\pi r$,

 $a=\dfrac{\ell-2\pi r}{2}$

8 (**1**) ウ

 (**2**) 連続する5つの整数のうち, まん中の数をn
 とすると, 連続する5つの整数は小さい順に,
 $n-2$, $n-1$, n, $n+1$, $n+2$ と表される。こ
 れらの数の和は,
  $(n-2)+(n-1)+n+(n+1)+(n+2)$
 $=n-2+n-1+n+n+1+n+2=5n$
 n は整数だから, $5n$ は5の倍数である。した
 がって, 連続する5つの整数の和は5の倍数

になる。

⑶ 4けたの自然数の千の位の数を a，下3けたが表す数を N とする。

下3けたが 125 の倍数ならば，

$N=125n$（n は整数）と表される。

ここで，

$1000a+N=1000a+125n$

$=125(8a+n)$

$8a+n$ は整数だから，$125(8a+n)$ は 125 の倍数である。したがって，4けたの自然数について，下3けたが 125 の倍数ならば，その自然数は 125 の倍数になる。

解説 ▼

⑴ 奇数は偶数に 1 を加えた数である。また，n を整数としたとき，$2n$ は必ず偶数だから，奇数は $2n+1$ と表される。

STEP03 実戦問題
本冊032ページ

1 ⑴ $3a$

⑵ $-9x+2y$

⑶ $\dfrac{1}{3}a+2b$

⑷ $11x-13y$

⑸ $\dfrac{8x+11y}{24}$

⑹ $\dfrac{29x^2-52x}{28}$

⑺ $\dfrac{3x-4y}{3}$

⑻ $x+3y+1$

解説 ▼

⑴ $2(2a-b)+(-a+2b)=4a-2b-a+2b=3a$

⑵ $4(-x+3y)-5(x+2y)=-4x+12y-5x-10y$

$=-9x+2y$

⑶ $\dfrac{2}{3}(5a-3b)-3a+4b=\dfrac{10}{3}a-2b-3a+4b$

$=\dfrac{10}{3}a-\dfrac{9}{3}a-2b+4b=\dfrac{1}{3}a+2b$

⑷ $3(2x-y)-5(-x+2y)=6x-3y+5x-10y$

$=11x-13y$

⑸ $\dfrac{5x+2y}{6}+\dfrac{-4x+y}{8}=\dfrac{4(5x+2y)}{24}+\dfrac{3(-4x+y)}{24}$

$=\dfrac{4(5x+2y)+3(-4x+y)}{24}=\dfrac{20x+8y-12x+3y}{24}$

$=\dfrac{8x+11y}{24}$

⑹ $\dfrac{3x^2-4x}{4}-\dfrac{-2x^2+6x}{7}=\dfrac{7(3x^2-4x)}{28}-\dfrac{4(-2x^2+6x)}{28}$

$=\dfrac{7(3x^2-4x)-4(-2x^2+6x)}{28}=\dfrac{21x^2-28x+8x^2-24x}{28}$

$=\dfrac{29x^2-52x}{28}$

⑺ $\dfrac{x+y}{2}-\dfrac{3x-y}{6}+x-2y$

$=\dfrac{3(x+y)}{6}-\dfrac{3x-y}{6}+\dfrac{6(x-2y)}{6}$

$=\dfrac{3(x+y)-(3x-y)+6(x-2y)}{6}$

$=\dfrac{3x+3y-3x+y+6x-12y}{6}=\dfrac{6x-8y}{6}=\dfrac{3x-4y}{3}$

⑻ $\dfrac{5x-3}{3}-\dfrac{4x-9y}{6}+\dfrac{3y+4}{2}$

$=\dfrac{2(5x-3)}{6}-\dfrac{4x-9y}{6}+\dfrac{3(3y+4)}{6}$

$=\dfrac{2(5x-3)-(4x-9y)+3(3y+4)}{6}$

$=\dfrac{10x-6-4x+9y+9y+12}{6}$

$=\dfrac{6x+18y+6}{6}=x+3y+1$

2 ⑴ $-8y^2$

⑵ $2xy^4$

⑶ $-\dfrac{16xy^2}{5}$

⑷ $-ab$

⑸ $-\dfrac{8}{9}$

⑹ $4x^3y^5$

⑺ $81x^5y^2$

⑻ $-\dfrac{2b^9c^6}{3}$

解説 ▼

⑴ $(-4x^2y)\div x^2\times 2y=(-4x^2y)\times\dfrac{1}{x^2}\times 2y$

$=-\dfrac{4x^2y\times 2y}{x^2}=-8y^2$

⑵ $(-xy)^2\times 10xy^2\div 5x^2=x^2y^2\times 10xy^2\times\dfrac{1}{5x^2}$

$=\dfrac{x^2y^2\times 10xy^2}{5x^2}=2xy^4$

⑶ $\dfrac{1}{3}x^2y\div\dfrac{5}{8}x\times(-6y)=\dfrac{1}{3}x^2y\times\dfrac{8}{5x}\times(-6y)$

$=-\dfrac{x^2y\times 8\times 6y}{3\times 5x}=-\dfrac{16xy^2}{5}$

⑷ $6a^4b^2\div(-2ab)^3\times\dfrac{4}{3}b^2=6a^4b^2\div(-8a^3b^3)\times\dfrac{4}{3}b^2$

$=6a^4b^2\times\left(-\dfrac{1}{8a^3b^3}\right)\times\dfrac{4}{3}b^2=-\dfrac{6a^4b^2\times 4b^2}{8a^3b^3\times 3}=-ab$

⑸ $-2b^2\div\left(-\dfrac{3}{2}ab\right)^2\times a^2=-2b^2\div\dfrac{9}{4}a^2b^2\times a^2$

$=-2b^2\times\dfrac{4}{9a^2b^2}\times a^2=-\dfrac{2b^2\times 4\times a^2}{9a^2b^2}=-\dfrac{8}{9}$

⑹ $\left(\dfrac{5}{2}xy^2\right)^3\div\dfrac{5}{8}x^2y^3\times\left(\dfrac{2}{5}xy\right)^2$

$$=\frac{5^3}{2^3}x^3y^6\times\frac{8}{5x^2y^3}\times\frac{2^2}{5^2}x^2y^2$$

$$=\frac{5^3x^3y^6\times2^3\times2^2x^2y^2}{2^3\times5x^2y^3\times5^2}=4x^3y^5$$

(7) $\left(-\dfrac{2}{3}x^3y\right)^3\div\left(-\dfrac{1}{6}x^2y^3\right)^2\times\left(-\dfrac{3}{2}y\right)^5$

$$=-\frac{2^3}{3^3}x^9y^3\div\frac{1}{2^2\times3^2}x^4y^6\times\left(-\frac{3^5}{2^5}y^5\right)$$

$$=-\frac{2^3}{3^3}x^9y^3\times\frac{2^2\times3^2}{x^4y^6}\times\left(-\frac{3^5}{2^5}y^5\right)$$

$$=\frac{2^3x^9y^3\times2^2\times3^2\times3^5y^5}{3^3\times x^4y^6\times2^5}=81x^5y^2$$

(8) $\left(\dfrac{bc^2}{2a^2}\right)^4\times\left(-\dfrac{2a^2b}{3}\right)^3\div\left(\dfrac{c}{6ab}\right)^2$

$$=\frac{b^4c^8}{2^4a^8}\times\left(-\frac{2^3a^6b^3}{3^3}\right)\div\frac{c^2}{2^2\times3^2a^2b^2}$$

$$=\frac{b^4c^8}{2^4a^8}\times\left(-\frac{2^3a^6b^3}{3^3}\right)\times\frac{2^2\times3^2a^2b^2}{c^2}$$

$$=-\frac{b^4c^8\times2^3a^6b^3\times2^2\times3^2a^2b^2}{2^4a^8\times3^3\times c^2}$$

$$=-\frac{2b^9c^6}{3}$$

3 (1) -24　　(2) 180

(3) $\dfrac{5}{27}$

解説▼

(1) $4(7x-6y)-10(2x-3y)=28x-24y-20x+30y$
$=8x+6y$
　　この式に, $x=-9$, $y=8$ を代入すると,
　　$8x+6y=8\times(-9)+6\times8=-24$

(2) $-(2ab)^4\times3a^3b\div(-2a^2b)^3$
$=(-2^4a^4b^4)\times3a^3b\div(-2^3a^6b^3)$
$=(-2^4a^4b^4)\times3a^3b\times\left(-\dfrac{1}{2^3a^6b^3}\right)=\dfrac{2^4a^4b^4\times3a^3b}{2^3a^6b^3}=6ab^2$
　　この式に, $ab^2=30$ を代入すると,
　　$6ab^2=6\times30=180$

参考

式を簡単にして, ab^2 の形の式にならない場合, 計算間違いを疑うとよい。

(3) $\left(-\dfrac{x^2y^3}{3}\right)^3\div\left(\dfrac{x^3y^6}{2}\right)\div(-x^2y)^2$

$$=\left(-\frac{x^6y^9}{27}\right)\times\left(\frac{2}{x^3y^6}\right)\div x^4y^2$$

$$=\left(-\frac{x^6y^9}{27}\right)\times\left(\frac{2}{x^3y^6}\right)\times\frac{1}{x^4y^2}$$

$$=-\frac{x^6y^9\times2}{27\times x^3y^6\times x^4y^2}=-\frac{2y}{27x}$$

この式に, $x=-2$, $y=5$ を代入すると,

$$-\frac{2y}{27x}=-\frac{2\times5}{27\times(-2)}=\frac{5}{27}$$

4 (1) $y=\dfrac{x}{9}$　　(2) $c=\dfrac{-2a+3b}{4}$

(3) $b=\dfrac{2S}{h}-a$　　(4) $x=\dfrac{1+3y}{2y}$

(5) $x=-\dfrac{yz}{y+z}$　　(6) $c=\dfrac{(a+b)d}{a-b}$

解説▼

(1) $12x-3y=5(2x+3y)$, $12x-3y=10x+15y$,
$2x=18y$, $18y=2x$, $y=\dfrac{x}{9}$

(2) $a=\dfrac{3b-4c}{2}$, $\dfrac{3b-4c}{2}=a$, $3b-4c=2a$, $-4c=2a-3b$,
$c=\dfrac{2a-3b}{-4}$, $c=\dfrac{-2a+3b}{4}$

(3) $S=\dfrac{1}{2}h(a+b)$, $\dfrac{1}{2}h(a+b)=S$, $h(a+b)=2S$,
$a+b=\dfrac{2S}{h}$, $b=\dfrac{2S}{h}-a$

(4) $y=\dfrac{1}{2x-3}$, $2x-3=\dfrac{1}{y}$, $2x=\dfrac{1}{y}+3$,
$2x=\dfrac{1+3y}{y}$, $x=\dfrac{1+3y}{2y}$

(5) $\dfrac{1}{x}+\dfrac{1}{y}+\dfrac{1}{z}=0$, $\dfrac{1}{x}=-\dfrac{1}{y}-\dfrac{1}{z}$, $\dfrac{1}{x}=-\dfrac{z+y}{yz}$,
$x=-\dfrac{yz}{y+z}$

(6) $\dfrac{a(c-d)}{c+d}+\dfrac{b(c+d)}{c-d}=a+b$
両辺に $(c+d)(c-d)=c^2-cd+cd-d^2=c^2-d^2$ をかけると,
$a(c-d)(c-d)+b(c+d)(c+d)=(a+b)(c^2-d^2)$
$a(c^2-cd-cd+d^2)+b(c^2+cd+cd+d^2)=(a+b)(c^2-d^2)$
$a(c^2-2cd+d^2)+b(c^2+2cd+d^2)=(a+b)c^2-(a+b)d^2$
$(a+b)c^2-2cd(a-b)+(a+b)d^2=(a+b)c^2-(a+b)d^2$
$-2cd(a-b)=-2(a+b)d^2$
$c=\dfrac{(a+b)d}{a-b}$

5 (1) $\dfrac{3}{y^3}$　　(2) $b=\dfrac{30}{a}$

(3) $b=\dfrac{a-c}{7}$

1 正の数・負の数 2 文字と式 3 整数の性質 4 式の計算 5 多項式 6 平方根

解説 ▼

(1) $-7x^2 \times \left(-\dfrac{1}{3xy^2}\right) \div \boxed{} = \dfrac{7}{9}xy$,

$\boxed{} = -7x^2 \times \left(-\dfrac{1}{3xy^2}\right) \div \dfrac{7}{9}xy$

$= -7x^2 \times \left(-\dfrac{1}{3xy^2}\right) \times \dfrac{9}{7xy} = \dfrac{7x^2 \times 9}{3xy^2 \times 7xy} = \dfrac{3}{y^3}$

(2) $a \times b \times \dfrac{1}{2} = 15$, $ab = 30$, $b = \dfrac{30}{a}$

(3) $a = 7 \times b + c, a = 7b + c, 7b + c = a, 7b = a - c, b = \dfrac{a-c}{7}$

6 (1) $a = \dfrac{\ell - \pi b}{2}$

(2) 第1レーンの1周分の距離は，

$\{2a + \pi(b + 0.4)\}\,\mathrm{m}$

第4レーンの1周分の距離は，

$\{2a + \pi(b + 6.4)\}\,\mathrm{m}$

第1レーンと第4レーンの1周分の距離の差は，

$\{2a + \pi(b + 6.4)\} - \{2a + \pi(b + 0.4)\} = 6\pi\,(\mathrm{m})$

よって，第4レーンは第1レーンより，スタートラインの位置を$6\pi\mathrm{m}$前に調整するとよい。

解説 ▼

(1) $\ell = 2a + \pi b$, $2a + \pi b = \ell$, $2a = \ell - \pi b$, $a = \dfrac{\ell - \pi b}{2}$

ミス注意 !

(2)では，4レーン分あるからといって，6.4を8.4としないように注意する。

---

5 多項式

STEP01 要点まとめ　　本冊034ページ

1 01 $-2x$ 　　　 02 6

03 $-3x^3 + 6x^2 - 18x$

2 04 $2xy$ 　　　 05 $2xy$

06 $4x - 3y$

3 07 $2x$ 　　　 08 $3x$

09 7 　　　 10 -1

11 $6x^2 + 11x - 7$

4 12 3 　　　 13 -3

14 $x^2 - 11x + 24$

5 15 9 　　　 16 $x^2 + 18x + 81$

6 17 8 　　　 18 $x^2 - 16x + 64$

7 19 $x^2 - 49$

---

8 20 -4 　　　 21 4

9 22 6 　　　 23 $(x-6)^2$

10 24 $(x+15)(x-15)$

11 25 1000 　　　 26 5

27 1010025

12 28 $2n$ 　　　 29 $2m$

30 $2mn + m + n$ 　　　 31 **整数**

解説 ▼

2 $(8x^2y - 6xy^2) \div 2xy$

$= \dfrac{8x^2y - 6xy^2}{2xy}$

$= \dfrac{8x^2y}{2xy} - \dfrac{6xy^2}{2xy}$

$= 4x - 3y$

のように，わる式を分母とする分数になおして計算してもよい。

9 $x^2 + 2ax + a^2 = (x+a)^2$ との違いに注意する。

11 100や1000などの一方がきりのよい数になるように数を2つに分けるとよい。

STEP02 基本問題　　本冊036ページ

1 (1) $2x^2 - 3xy$ 　　　(2) $-8x + 5$

(3) $-4x^2 + 8xy$ 　　　(4) $-5x + 40y$

解説 ▼

(1) $x(2x - 3y) = x \times 2x + x \times (-3y) = 2x^2 - 3xy$

(2) $(24x^2y - 15xy) \div (-3xy) = (24x^2y - 15xy) \times \left(-\dfrac{1}{3xy}\right)$

$= 24x^2y \times \left(-\dfrac{1}{3xy}\right) - 15xy \times \left(-\dfrac{1}{3xy}\right) = -8x + 5$

(3) $(x - 2y) \times (-4x) = x \times (-4x) - 2y \times (-4x)$

$= -4x^2 + 8xy$

(4) $(4x^2y - 32xy^2) \div \left(-\dfrac{4}{5}xy\right)$

$= (4x^2y - 32xy^2) \times \left(-\dfrac{5}{4xy}\right)$

$= 4x^2y \times \left(-\dfrac{5}{4xy}\right) - 32xy^2 \times \left(-\dfrac{5}{4xy}\right) = -5x + 40y$

2 (1) $6x^2 - 5x - 56$ 　　　(2) $4x^2 - 7xy - 2y^2$

(3) $3x^2 + 5xy - 2y^2 - 8x + 5y - 3$

(4) $x^2 - y^2 + xz - yz$

解説 ▼

(1) $(2x - 7)(3x + 8) = 2x \times 3x + 2x \times 8 - 7 \times 3x - 7 \times 8$

$= 6x^2 + 16x - 21x - 56$

$= 6x^2 - 5x - 56$

(2) $(x-2y)(4x+y)=x\times 4x+x\times y-2y\times 4x-2y\times y$
$=4x^2+xy-8xy-2y^2$
$=4x^2-7xy-2y^2$

(3) $(x+2y-3)(3x-y+1)$
$=x\times 3x+x\times(-y)+x\times 1+2y\times 3x+2y\times(-y)$
$\qquad\qquad +2y\times 1-3\times 3x-3\times(-y)-3\times 1$
$=3x^2-xy+x+6xy-2y^2+2y-9x+3y-3$
$=3x^2+5xy-2y^2-8x+5y-3$

(4) $(x+y+z)(x-y)$
$=x\times x+x\times(-y)+y\times x+y\times(-y)+z\times x+z\times(-y)$
$=x^2-xy+xy-y^2+zx-zy=x^2-y^2+xz-yz$

3 **(1)** $x^2+2x-48$ **(2)** $x^2-5x-14$
    (3) $x^2+10x+25$ **(4)** $a^2-12ab+36b^2$

    (5) x^2-81 **(6)** $\dfrac{m^2}{4}-\dfrac{n^2}{9}$

解説 ▼

(1) $(x+8)(x-6)=x^2+(8-6)x+8\times(-6)=x^2+2x-48$
(2) $(x+2)(x-7)=x^2+(2-7)x+2\times(-7)$
$=x^2-5x-14$
(3) $(x+5)^2=x^2+2\times 5\times x+5^2=x^2+10x+25$
(4) $(a-6b)^2=a^2-2\times 6b\times a+(6b)^2=a^2-12ab+36b^2$
(5) $(x-9)(x+9)=x^2-9^2=x^2-81$
(6) $\left(\dfrac{m}{2}+\dfrac{n}{3}\right)\left(\dfrac{m}{2}-\dfrac{n}{3}\right)=\left(\dfrac{m}{2}\right)^2-\left(\dfrac{n}{3}\right)^2=\dfrac{m^2}{4}-\dfrac{n^2}{9}$

4 **(1)** $a^2+2ab+b^2-5a-5b+6$
    (2) $4x^2-y^2+12y-36$
    (3) $x^2-2xy+y^2-2xz+2yz+z^2$
    (4) $9a^2+6ab+b^2-12a-4b+4$

解説 ▼

(1) $a+b=M$ とおくと，
$(a+b-2)(a+b-3)=(M-2)(M-3)=M^2-5M+6$
M を $a+b$ にもどすと，
$M^2-5M+6=(a+b)^2-5(a+b)+6$
$=a^2+2ab+b^2-5a-5b+6$
(2) $(2x-y+6)(2x+y-6)=\{2x-(y-6)\}\{2x+(y-6)\}$
$y-6=M$ とおくと，
$\{2x-(y-6)\}\{2x+(y-6)\}=(2x-M)(2x+M)$
$=(2x)^2-M^2=4x^2-M^2$
M を $y-6$ にもどすと，
$4x^2-M^2=4x^2-(y-6)^2=4x^2-(y^2-12y+36)$
$=4x^2-y^2+12y-36$
(3) $x-y=M$ とおくと，
$(x-y-z)^2=(M-z)^2=M^2-2zM+z^2$
M を $x-y$ にもどすと，
$M^2-2zM+z^2=(x-y)^2-2z(x-y)+z^2$
$=x^2-2xy+y^2-2xz+2yz+z^2$

(4) $3a+b=M$ とおくと，
$(3a+b-2)^2=(M-2)^2=M^2-4M+4$
M を $3a+b$ にもどすと，
$M^2-4M+4=(3a+b)^2-4(3a+b)+4$
$=9a^2+6ab+b^2-12a-4b+4$

5 **(1)** $3x^2$ **(2)** $5a-6$
    (3) $2x+13$ **(4)** x^2
    (5) $5x^2+8x-33$ **(6)** $2xy+9y^2$

解説 ▼

(1) $x(3x-2)+2x=3x^2-2x+2x=3x^2$
(2) $(a+2)(a-1)-(a-2)^2=(a^2+a-2)-(a^2-4a+4)$
$=a^2+a-2-a^2+4a-4=5a-6$
(3) $(x-1)^2-(x+2)(x-6)=(x^2-2x+1)-(x^2-4x-12)$
$=x^2-2x+1-x^2+4x+12=2x+13$
(4) $(2x-3)(x+2)-(x-2)(x+3)$
$=(2x^2+4x-3x-6)-(x^2+x-6)$
$=2x^2+x-6-x^2-x+6=x^2$
(5) $(2x-7)(2x+7)+(x+4)^2=(4x^2-49)+(x^2+8x+16)$
$=4x^2-49+x^2+8x+16=5x^2+8x-33$
(6) $x(x+2y)-(x+3y)(x-3y)=x^2+2xy-(x^2-9y^2)$
$=x^2+2xy-x^2+9y^2=2xy+9y^2$

6 **(1)** $ac(ab-2)$ **(2)** $5xy(y-3x)$
    (3) $2ab(3a-2b+4)$ **(4)** $3a(a^2+7a-6)$

解説 ▼

(1) 共通因数 ac をくくりだすと，$a^2bc-2ac=ac(ab-2)$
(2) 共通因数 $5xy$ をくくりだすと，
$5xy^2-15x^2y=5xy(y-3x)$
(3) 共通因数 $2ab$ をくくりだすと，
$6a^2b-4ab^2+8ab=2ab(3a-2b+4)$
(4) 共通因数 $3a$ をくくりだすと，
$3a^3+21a^2-18a=3a(a^2+7a-6)$

くわしく 🔍

a^2+7a-6 がさらに因数分解できないかの確認も忘れずに。

7 **(1)** $(x+2)(x+4)$ **(2)** $(x+5)(x-6)$
    (3) $(x-4)(x+9)$ **(4)** $(x+3)^2$
    (5) $(x-6)^2$ **(6)** $(x+4)(x-4)$

解説 ▼

(1) 積が 8，和が 6 となる 2 つの数は 2 と 4 だから，
$x^2+6x+8=x^2+(2+4)x+2\times 4=(x+2)(x+4)$
(2) 積が -30，和が -1 となる 2 つの数は 5 と -6 だから，
$x^2-x-30=x^2+(5-6)x+5\times(-6)=(x+5)(x-6)$

(3) 積が -36，和が 5 となる 2 つの数は -4 と 9 だから，
$x^2+5x-36=x^2+(-4+9)x+(-4)\times 9=(x-4)(x+9)$

(4) $x^2+6x+9=x^2+2\times 3\times x+3^2=(x+3)^2$

(5) $x^2-12x+36=x^2-2\times 6\times x+6^2=(x-6)^2$

(6) $x^2-16=x^2-4^2=(x+4)(x-4)$

8 (1) $(a+1)(b-3)$　(2) $(a+b+4)(a+b-4)$

(3) $6(x+3)(x-3)$　(4) $(x+2)(x+9)$

(5) $(a+2b-1)(a+2b+2)$

(6) $(x-1)^2(x+2)(x-4)$

解説 ▼

(1) $ab-3a+b-3=a(b-3)+b-3=(a+1)(b-3)$

(2) $a+b=M$ とおくと，
$(a+b)^2-16=M^2-4^2=(M+4)(M-4)$
M を $a+b$ にもどすと，
$(M+4)(M-4)=\{(a+b)+4\}\{(a+b)-4\}$
$=(a+b+4)(a+b-4)$

(3) $6x^2-54=6(x^2-9)=6(x+3)(x-3)$

(4) $x+5=M$ とおくと，
$(x+5)^2+(x+5)-12=M^2+M-12=(M-3)(M+4)$
M を $x+5$ にもどすと，
$(M-3)(M+4)=\{(x+5)-3\}\{(x+5)+4\}$
$=(x+2)(x+9)$

(5) $a+2b=M$ とおくと，
$(a+2b)^2+a+2b-2=M^2+M-2=(M-1)(M+2)$
M を $a+2b$ にもどすと，
$(M-1)(M+2)=\{(a+2b)-1\}\{(a+2b)+2\}$
$=(a+2b-1)(a+2b+2)$

(6) $x^2-2x=M$ とおくと，
$(x^2-2x)^2-7(x^2-2x)-8=M^2-7M-8$
$=(M+1)(M-8)$
M を x^2-2x にもどすと，
$(M+1)(M-8)=\{(x^2-2x)+1\}\{(x^2-2x)-8\}$
$=(x^2-2x+1)(x^2-2x-8)=(x-1)^2(x+2)(x-4)$

9 (1) 因数分解を用いて計算すると，
$103^2-97^2=(103+97)(103-97)$
$=200\times 6=1200$
答 1200

(2) n を整数とすると，連続する 2 つの奇数は，小さい順に $2n-1$，$2n+1$ と表される。ここで，
$(2n-1)(2n+1)+2(2n+1)$
$=4n^2-1+4n+2=4n^2+4n+1=(2n+1)^2$
$2n+1$ は大きいほうの奇数だから，$(2n+1)^2$ は大きいほうの奇数の 2 乗である。したがって，連続する 2 つの奇数の積に，大きいほうの奇数を 2 倍した数を加えると，その和は，大きいほうの奇数の 2 乗になる。

(3) トラックのまん中を通る半円の弧の半径は，

$\left(\dfrac{p}{2}+\dfrac{a}{2}\right)$m だから，

$\ell=2\pi\left(\dfrac{p}{2}+\dfrac{a}{2}\right)\times\dfrac{1}{2}\times 2+q\times 2$
$=\pi(p+a)+2q$
よって，$a\ell=a\{\pi(p+a)+2q\}$
$=\pi a(p+a)+2aq\cdots\cdots$①
また，トラック全体の面積は，
$S=\pi\left(\dfrac{p}{2}+a\right)^2\times\dfrac{1}{2}\times 2-\pi\left(\dfrac{p}{2}\right)^2\times\dfrac{1}{2}\times 2+a\times q\times 2$
$=\pi a(p+a)+2aq\cdots\cdots$②
①，②より，$S=a\ell$

STEP 03**実戦問題**　　本冊038ページ

1 (1) $12x^2-4x^3$　(2) $-14x+21y$

(3) $-\dfrac{1}{12}x-\dfrac{17}{12}y$　(4) $-32x^5y-2$

解説 ▼

(1) $(-2x^2)^2\left(\dfrac{3}{x^2}-\dfrac{1}{x}\right)=4x^4\left(\dfrac{3}{x^2}-\dfrac{1}{x}\right)=4x^4\times\dfrac{3}{x^2}-4x^4\times\dfrac{1}{x}$
$=12x^2-4x^3$

(2) $(8x^2y-12xy^2)\div\left(-\dfrac{4}{7}xy\right)=(8x^2y-12xy^2)\times\left(-\dfrac{7}{4xy}\right)$
$=8x^2y\times\left(-\dfrac{7}{4xy}\right)-12xy^2\times\left(-\dfrac{7}{4xy}\right)=-14x+21y$

(3) $(-3x^2y+xy^2)\div 4xy-\dfrac{5y-2x}{3}$
$=(-3x^2y+xy^2)\times\dfrac{1}{4xy}-\dfrac{5y-2x}{3}$
$=(-3x^2y)\times\dfrac{1}{4xy}+xy^2\times\dfrac{1}{4xy}-\dfrac{5y-2x}{3}$
$=-\dfrac{3}{4}x+\dfrac{1}{4}y-\dfrac{5}{3}y+\dfrac{2}{3}x=-\dfrac{9}{12}x+\dfrac{8}{12}x+\dfrac{3}{12}y-\dfrac{20}{12}y$
$=-\dfrac{1}{12}x-\dfrac{17}{12}y$

(4) $\dfrac{(-4x^2y)^3-4xy^2}{2xy^2}=\dfrac{(-2^2x^2y)^3-2^2xy^2}{2xy^2}$
$=\dfrac{-2^6x^6y^3-2^2xy^2}{2xy^2}=\dfrac{-2^6x^6y^3}{2xy^2}+\dfrac{-2^2xy^2}{2xy^2}$
$=-2^5x^5y-2=-32x^5y-2$

2 (1) $3x^2+1$　(2) $15x^2-26y^2+10xy$

(3) $x^4+4x^3-2x^2-12x-16$

(4) x^4-17x^2+16

(5) $a^2-2ac+c^2-b^2$　(6) $4xy-4xz$

解説 ▼

(1) $(3x-1)^2+6x(1-x)=9x^2-6x+1+6x-6x^2$

$=3x^2+1$

(2)　$(4x+y)(4x-y)-(x-5y)^2$
$=(16x^2-y^2)-(x^2-10xy+25y^2)$
$=16x^2-y^2-x^2+10xy-25y^2=15x^2-26y^2+10xy$

(3)　$x^2+2x=M$ とおくと,
　　　$(x^2+2x-8)(x^2+2x+2)=(M-8)(M+2)$
　　　$=M^2-6M-16$
　　　M を x^2+2x にもどすと,
　　　$M^2-6M-16=(x^2+2x)^2-6(x^2+2x)-16$
　　　　　　　　　$=(x^4+4x^3+4x^2)-(6x^2+12x)-16$
　　　　　　　　　$=x^4+4x^3+4x^2-6x^2-12x-16$
　　　　　　　　　$=x^4+4x^3-2x^2-12x-16$

(4)　$(x+1)(x-1)(x+4)(x-4)=(x^2-1)(x^2-16)$
　　　$=x^4-17x^2+16$

(5)　$(a+b-c)(a-b-c)=(a-c+b)(a-c-b)$
　　　$=\{(a-c)+b\}\{(a-c)-b\}$
　　　$a-c=M$ とおくと,
　　　$\{(a-c)+b\}\{(a-c)-b\}=(M+b)(M-b)=M^2-b^2$
　　　M を $a-c$ にもどすと,
　　　$M^2-b^2=(a-c)^2-b^2=(a^2-2ac+c^2)-b^2$
　　　　　　　　　$=a^2-2ac+c^2-b^2$

(6)　$(x+y-z)^2-(x-y+z)^2=\{x+(y-z)\}^2-\{x-(y-z)\}^2$
　　　$y-z=M$ とおくと,
　　　$\{x+(y-z)\}^2-\{x-(y-z)\}^2=(x+M)^2-(x-M)^2$
　　　$=(x^2+2Mx+M^2)-(x^2-2Mx+M^2)$
　　　$=x^2+2Mx+M^2-x^2+2Mx-M^2$
　　　$=4Mx=4xM$
　　　M を $y-z$ にもどすと, $4xM=4x(y-z)=4xy-4xz$

3　(1)　-64　　　　　　(2)　2010
　　　(3)　7

解説 ▼

(1)　$(x^2-9x+2)(x^2+7x-3)$ を展開したとき, x^2 の項のみ計算すると,
　　　$x^2\times(-3),\ (-9x)\times7x,\ 2\times x^2$
　　　だから, x^2 の項の係数は $-3-63+2=-64$

(2)　2019 を x とおくと,
　　　$2022\times2016-2019\times2018$
　　　$=(x+3)(x-3)-x(x-1)$
　　　$=(x^2-9)-(x^2-x)$
　　　$=x^2-9-x^2+x$
　　　$=-9+x$
　　　x を 2019 にもどすと,
　　　$-9+x=-9+2019=2010$

(3)　$x+\dfrac{1}{x}=-3$ の両辺を 2 乗すると, $\left(x+\dfrac{1}{x}\right)^2=9$
　　　$x^2+2\times\dfrac{1}{x}\times x+\dfrac{1}{x^2}=9,\ \ x^2+2+\dfrac{1}{x^2}=9$

よって, $x^2+\dfrac{1}{x^2}=9-2=7$

4　(1)　$(x-12)(x+9)$　　(2)　$(x-y+z)(3x-y-z)$
　　　(3)　$(x-3)(x+4)$　　　(4)　$(x+y+1)(x+y-5)$
　　　(5)　$x(x-16y)(x+3y)$
　　　(6)　$(x^2+4x+19)(x-5)(x+9)$

解説 ▼

(1)　$(6-x)^2+9(x-6)-90=\{-(x-6)\}^2+9(x-6)-90$
　　$=(x-6)^2+9(x-6)-90$
　　　$x-6=M$ とおくと,
　　　$(x-6)^2+9(x-6)-90=M^2+9M-90$
　　$=(M-6)(M+15)$
　　　M を $x-6$ にもどすと,
　　　$(M-6)(M+15)=(x-6-6)(x-6+15)=(x-12)(x+9)$

(2)　$2x-y$ を M, $z-x$ を N とおくと,
　　　$(2x-y)^2-(z-x)^2=M^2-N^2=(M+N)(M-N)$
　　　M を $2x-y$, N を $z-x$ にもどすと,
　　　$(M+N)(M-N)$
　　$=\{(2x-y)+(z-x)\}\{(2x-y)-(z-x)\}$
　　$=(2x-y+z-x)(2x-y-z+x)=(x-y+z)(3x-y-z)$

(3)　$x(x-2)+3(x-4)=x^2-2x+3x-12=x^2+x-12$
　　$=(x-3)(x+4)$

(4)　$x+y=M$ とおくと,
　　　$(x+y)(x+y-4)-5=M(M-4)-5=M^2-4M-5$
　　$=(M+1)(M-5)$
　　　M を $x+y$ にもどすと,
　　　$(M+1)(M-5)=(x+y+1)(x+y-5)$

(5)　$x^3-13x^2y-48xy^2=x(x^2-13xy-48y^2)$
　　　積が $-48y^2$, 和が $-13y$ となる 2 つの式は $-16y$ と $3y$ だから.
　　　$x(x^2-13xy-48y^2)=x(x-16y)(x+3y)$

(6)　$(x-3)(x-1)(x+5)(x+7)$ において, 4 つの式の積を $(x-3)\times(x+7),\ (x-1)\times(x+5)$ と組み合わせると, x^2+4x が 2 度現れる。この式を文字でおき展開する。
　　　$(x-3)(x-1)(x+5)(x+7)-960$
　　$=(x-3)(x+7)(x-1)(x+5)-960$
　　$=\{(x-3)(x+7)\}\{(x-1)(x+5)\}-960$
　　$=(x^2+4x-21)(x^2+4x-5)-960$
　　　$x^2+4x=M$ とおくと,
　　　$(x^2+4x-21)(x^2+4x-5)-960$
　　$=(M-21)(M-5)-960=M^2-26M+105-960$
　　$=M^2-26M-855=(M+19)(M-45)$
　　　M を x^2+4x にもどすと,
　　　$(M+19)(M-45)=(x^2+4x+19)(x^2+4x-45)$
　　$=(x^2+4x+19)(x-5)(x+9)$

5　(1)　$(ab-1+a)(ab-1-a)$
　　　(2)　$(x+y+1)(x-y-3)$

(3) $(3a-c)(2a+5b)(2a-5b)$

(4) $(x+2y+1)(x+2y-3)$

(5) $(ab-a+b)(a+b)(a-b)$

(1) $a^2b^2-a^2-2ab+1=(a^2b^2-2ab+1)-a^2$

$=\{(ab)^2-2ab+1\}-a^2$

$=(ab-1)^2-a^2$

$ab-1$ を M とおくと，

$(ab-1)^2-a^2=M^2-a^2=(M+a)(M-a)$

M を $ab-1$ にもどすと，

$(M+a)(M-a)=(ab-1+a)(ab-1-a)$

(2) $x^2-2x-3-y^2-4y=(x^2-2x)-(y^2+4y)-3$

$=(x^2-2x+1-1)-(y^2+4y+4-4)-3$

$=(x^2-2x+1)-(y^2+4y+4)-3-1+4$

$=(x^2-2x+1)-(y^2+4y+4)=(x-1)^2-(y+2)^2$

$x-1$ を M，$y+2$ を N おくと，

$(x-1)^2-(y+2)^2=M^2-N^2=(M+N)(M-N)$

M を $x-1$，N を $y+2$ にもどすと，

$(M+N)(M-N)=\{(x-1)+(y+2)\}\{(x-1)-(y+2)\}$

$=(x-1+y+2)(x-1-y-2)=(x+y+1)(x-y-3)$

(3) $12a^3-4a^2c-75ab^2+25b^2c$

$=12a^3-75ab^2-4a^2c+25b^2c$

$=3a(4a^2-25b^2)-c(4a^2-25b^2)$

$=(3a-c)(4a^2-25b^2)=(3a-c)(2a+5b)(2a-5b)$

(4) $x^2+4xy+4y^2-2x-4y-3$

$=(x^2+4xy+4y^2)-2(x+2y)-3$

$=(x+2y)^2-2(x+2y)-3$

$x+2y=M$ とおくと，

$(x+2y)^2-2(x+2y)-3=M^2-2M-3$

$=(M+1)(M-3)$

M を $x+2y$ にもどすと，

$(M+1)(M-3)=(x+2y+1)(x+2y-3)$

(5) $a^3b-ab^3-a^3+ab^2+a^2b-b^3$

$=ab(a^2-b^2)-a(a^2-b^2)+b(a^2-b^2)$

$=(ab-a+b)(a^2-b^2)$

$=(ab-a+b)(a+b)(a-b)$

6 (1) 5　　　　(2) −6

(3) 17　　　　(4) $\dfrac{5}{2}$

(1) $a+b=-3$ の両辺を2乗すると，$(a+b)^2=9$

$a^2+2ab+b^2=9$

この式に $ab=2$ を代入して，$a^2+2\times2+b^2=9$

$a^2+4+b^2=9$，$a^2+b^2=9-4=5$

(2) $a^2b+ab^2=ab(a+b)=2\times(-3)=-6$

(3) $a^2+6ab+b^2=a^2+2ab+b^2+4ab=(a+b)^2+4ab$

$=(-3)^2+4\times2=9+8=17$

---

(4) $\dfrac{b}{a}+\dfrac{a}{b}=\dfrac{b^2+a^2}{ab}=\dfrac{5}{2}$

7 11

a を4でわると1余り，b を6でわると2余るから，m，n を整数とすると，$a=4m+1$，$b=6n+2$ と表される。

$3a^2+2b^2=3(4m+1)^2+2(6n+2)^2$

$=3(16m^2+8m+1)+2(36n^2+24n+4)$

$=48m^2+24m+3+72n^2+48n+8$

$=24(2m^2+m+3n^2+2n)+11$

$2m^2+m+3n^2+2n$ は整数だから，

$24(2m^2+m+3n^2+2n)+11$ を24でわったときの余りは11である。

8 (1) $a=x-10$

(2) ① $a=x-10$，$b=x-8$，$c=x+8$，$d=x+10$
と表されるから，

$M=(x-8)(x+10)-(x-10)(x+8)$

$=(x^2+2x-80)-(x^2-2x-80)$

$=x^2+2x-80-x^2+2x+80$

$=4x$

x は自然数だから，$4x$ は4の倍数である。したがって，M の値は4の倍数になる。

② **ア…1，イ…6，ウ…14（ア，イは順不同）**

(1) a は左上の数，x はまん中の数で，a は x より10小さいから，$a=x-10$

(2) ① (1)と同様に，b，c，d をそれぞれ x の式で表し，$M=bd-ac$ に代入して計算する。

② x の一の位の数が1，2，3，4，5，6，7，8，9，0のとき，M の値の一の位の数は，4，8，2，6，0，4，8，2，6，0となる。したがって，M の値の一の位の数が4になるのは，x の一の位の数が1，6のときである。

次に，x は2段目から11段目までにあり，(1)より，x のとりうる値で最小のものは11，最大のものは98であることに注意すると，x の一の位の数が1のとき，x のとりうる値は，11，21，31，41，51，61，71，81，91の9通り。x の一の位の数が6のとき，x のとりうる値は，16，26，36，46，56，66，76，86，96の9通り。ただし，各段の両端は x となり得ない。右端の値は9の倍数，左端の値は9の倍数に1を加えた数なので，36，46，81，91は除外する。よって，求める M の値の個数は，全部で $9+9-4=14$（通り）ある。

6 平方根

STEP01 要点まとめ

本冊040ページ

1 01 25　　　02 25
　　03 -5

2 04 $\sqrt{9}$　　05 9
　　06 $<$　　07 $<$

3 08 7　　09 7
　　10 7　　11 7
　　12 14　　13 7

4 14 有理数　　15 無理数

5 16 7　　17 $\sqrt{42}$

6 18 5　　19 8
　　20 $2\sqrt{2}$

7 21 $\sqrt{2}$　　22 $\sqrt{2}$
　　23 $\dfrac{5\sqrt{2}}{2}$

8 24 6　　25 $8\sqrt{7}$

9 26 3　　27 4
　　28 5　　29 $-\sqrt{3}$

10 30 6　　31 $\sqrt{3}$
　　32 3　　33 6
　　34 $9-6\sqrt{2}$

11 35 y　　36 y
　　37 $\sqrt{5}+\sqrt{2}$　　38 $-2\sqrt{2}$
　　39 $-4\sqrt{10}$

解説 ▼

1 25 の平方根 5，-5 はまとめて ± 5 と表せる。

2 次のように，調べる 2 数をそれぞれ 2 乗して比べて
から，平方根になおしてもよい。$3^2=9$，
$(\sqrt{11})^2=11$ で，$9<11$ だから，
$\sqrt{9}<\sqrt{11}$，$3<\sqrt{11}$

STEP02 基本問題

本冊042ページ

1 (1) $\sqrt{11}$，$-\sqrt{11}$　　(2) 11，-11
　　(3) 0.06，-0.06　　(4) $\dfrac{5}{7}$，$-\dfrac{5}{7}$

解説 ▼

(1) 11 の平方根のうち，正のほうは $\sqrt{11}$，負のほうは
$-\sqrt{11}$。まとめて，$\pm\sqrt{11}$ と表してもよい。

(2) $11^2=121$，$(-11)^2=121$ だから，121 の平方根は 11，
-11

(3) $0.06^2=0.0036$，$(-0.06)^2=0.0036$ だから，0.0036 の平

方根は 0.06，-0.06

(4) $\left(\dfrac{5}{7}\right)^2=\dfrac{25}{49}$，$\left(-\dfrac{5}{7}\right)^2=\dfrac{25}{49}$ だから，$\dfrac{25}{49}$ の平方根は $\dfrac{5}{7}$，$-\dfrac{5}{7}$

2 (1) 5　　(2) -0.9
　　(3) $-\dfrac{8}{15}$　　(4) -0.3

解説 ▼

(1) $\sqrt{25}$ は 25 の平方根のうち正のほうを表す。25 の平
方根は 5 と -5 だから，$\sqrt{25}=5$

(2) $-\sqrt{0.81}$ は 0.81 の平方根のうち負のほうを表す。0.81
の平方根は 0.9 と -0.9 だから，$-\sqrt{0.81}=-0.9$

(3) $-\sqrt{\dfrac{64}{225}}$ は $\dfrac{64}{225}$ の平方根のうち負のほうを表す。$\dfrac{64}{225}$

の平方根は $\dfrac{8}{15}$ と $-\dfrac{8}{15}$ だから，$-\sqrt{\dfrac{64}{225}}=-\dfrac{8}{15}$

(4) $-\sqrt{(-0.3)^2}=-\sqrt{0.09}$ は 0.09 の平方根のうち負のほう
を表す。0.09 の平方根は 0.3 と -0.3 だから，
$-\sqrt{0.09}=-0.3$

3 (1) $\sqrt{23}<\sqrt{26}$　　(2) $-7<-\sqrt{44}$
　　(3) $-\sqrt{27}<-5<-\sqrt{23}$
　　(4) $\dfrac{1}{3}<\sqrt{\dfrac{1}{5}}<\sqrt{\dfrac{1}{3}}$

解説 ▼

(1) $23<26$ だから，$\sqrt{23}<\sqrt{26}$

(2) 7 を根号を使って表すと，$7=\sqrt{49}$
$49>44$ だから，$\sqrt{49}>\sqrt{44}$
すなわち，$7>\sqrt{44}$
したがって，$-7<-\sqrt{44}$

(3) 5 を根号を使って表すと，$5=\sqrt{25}$
$23<25<27$ だから，$\sqrt{23}<\sqrt{25}<\sqrt{27}$
すなわち，$\sqrt{23}<5<\sqrt{27}$
したがって，$-\sqrt{27}<-5<-\sqrt{23}$

(4) $\dfrac{1}{3}$ を根号を使って表すと，$\dfrac{1}{3}=\sqrt{\dfrac{1}{9}}$

$\dfrac{1}{3}=\dfrac{15}{45}$，$\dfrac{1}{9}=\dfrac{5}{45}$，$\dfrac{1}{5}=\dfrac{9}{45}$ で，$\dfrac{5}{45}<\dfrac{9}{45}<\dfrac{15}{45}$ だから，

$\sqrt{\dfrac{5}{45}}<\sqrt{\dfrac{9}{45}}<\sqrt{\dfrac{15}{45}}$

すなわち，$\sqrt{\dfrac{1}{9}}<\sqrt{\dfrac{1}{5}}<\sqrt{\dfrac{1}{3}}$ で，$\dfrac{1}{3}<\sqrt{\dfrac{1}{5}}<\sqrt{\dfrac{1}{3}}$

4 (1) $a=5$，6，7，8　　(2) $a=2$，3
　　(3) $x=9$　　(4) 4 個

解説 ▼

(1) $2<\sqrt{a}<3$ の各辺を 2 乗すると，$2^2<(\sqrt{a})^2<3^2$

1 正の数・負の数

2 文字と式

3 整数の性質

4 式の計算

5 多項式

6 平方根

$4<a<9$

これをみたす自然数 a は，小さい順に，5，6，7，8

(2) $3<\sqrt{7a}<5$ の各辺を2乗すると，$3^2<(\sqrt{7a})^2<5^2$

$9<7a<25$

これをみたす自然数 a は，2，3

(3) $x<\sqrt{91}<x+1$ の各辺を2乗すると，

$x^2<91<(x+1)^2$

ここで，$9^2=81$，$10^2=100$ であるから，$81<91<100$

すなわち，$9<\sqrt{91}<10$

したがって，$x<\sqrt{91}<x+1$ をみたす自然数 x は9

(4) $\sqrt{7}$ より大きく，$3\sqrt{5}$ より小さい整数を a とおくと，

$\sqrt{7}<a<3\sqrt{5}$

$\sqrt{7}<a<3\sqrt{5}$ の各辺を2乗すると，

$(\sqrt{7})^2<a^2<(3\sqrt{5})^2$

$7<a^2<45$

これをみたす整数 a は，3，4，5，6の4個。

5 (1) $n=3$　　　　　(2) $n=4,\ 19,\ 24$

解説 ▼

(1) $48=2^2\times2^2\times3$ だから，

$\sqrt{48n}=\sqrt{2^2\times2^2\times3\times n}$ で，$n=3$ のとき，

$\sqrt{48n}=\sqrt{2^2\times2^2\times3\times3}=\sqrt{2^2\times2^2\times3^2}$

$\qquad=\sqrt{(2\times2\times3)^2}=\sqrt{12^2}=12$

より，整数となる。したがって，$n=3$

(2) $\sqrt{120-5n}=\sqrt{5(24-n)}$

$\sqrt{5(24-n)}$ が整数となるのは，

$24-n=0$ または，$24-n=5\times$(自然数)^2 のときである。

$24-n=0$ のとき，$n=24$

$24-n=5\times1^2$ のとき，$n=19$

$24-n=5\times2^2$ のとき，$n=4$

6 (1) $36.35\leqq a<36.45$　(2) $6.15\times10^3\text{m}$

解説 ▼

(1) 小数第2位を四捨五入した値だから，真の値 a がもっとも小さいときは，$a=36.35$。$a=36.45$ のとき，小数第2位を四捨五入すると 36.5 となるから，a は 36.45 より小さい。したがって，$36.35\leqq a<36.45$

(2) 有効数字は6，1，5の3けただから，

$6150=6.15\times1000=6.15\times10^3\text{(m)}$

7 (1) $\sqrt{21}$　　　　　(2) 5

(3) $6\sqrt{6}$　　　　　(4) 6

解説 ▼

(1) $\sqrt{3}\times\sqrt{7}=\sqrt{3\times7}=\sqrt{21}$

(2) $\dfrac{\sqrt{125}}{\sqrt{5}}=\sqrt{\dfrac{125}{5}}=\sqrt{25}=\sqrt{5^2}=5$

(3) $\sqrt{12}\times\sqrt{18}=\sqrt{2^2\times3}\times\sqrt{3^2\times2}=2\times\sqrt{3}\times3\times\sqrt{2}$

$=2\times3\times\sqrt{3}\times\sqrt{2}=6\times\sqrt{3\times2}=6\sqrt{6}$

(4) $\sqrt{54}\div\sqrt{3}\times\sqrt{2}=\sqrt{54}\times\dfrac{1}{\sqrt{3}}\times\sqrt{2}=\dfrac{\sqrt{54}\times\sqrt{2}}{\sqrt{3}}$

$=\sqrt{\dfrac{54\times2}{3}}=\sqrt{18\times2}=\sqrt{36}=\sqrt{6^2}=6$

8 (1) $2\sqrt{2}$　　　　　(2) $\sqrt{3}$

(3) $\sqrt{3}$　　　　　(4) $-\dfrac{2\sqrt{3}}{3}$

解説 ▼

(1) $\sqrt{18}+\sqrt{50}-3\sqrt{8}$

$=\sqrt{3^2\times2}+\sqrt{5^2\times2}-3\times\sqrt{2^2\times2}$

$=3\sqrt{2}+5\sqrt{2}-3\times2\sqrt{2}$

$=3\sqrt{2}+5\sqrt{2}-6\sqrt{2}=2\sqrt{2}$

(2) $\sqrt{27}-\sqrt{12}$

$=\sqrt{3^2\times3}-\sqrt{2^2\times3}$

$=3\sqrt{3}-2\sqrt{3}=\sqrt{3}$

(3) $\sqrt{48}-\dfrac{9}{\sqrt{3}}=\sqrt{4^2\times3}-\dfrac{9\times\sqrt{3}}{\sqrt{3}\times\sqrt{3}}=4\sqrt{3}-\dfrac{9\sqrt{3}}{3}$

$=4\sqrt{3}-3\sqrt{3}=\sqrt{3}$

(4) $\dfrac{\sqrt{75}}{3}-\sqrt{\dfrac{49}{3}}=\dfrac{\sqrt{5^2\times3}}{3}-\dfrac{7}{\sqrt{3}}=\dfrac{5\sqrt{3}}{3}-\dfrac{7\times\sqrt{3}}{\sqrt{3}\times\sqrt{3}}$

$=\dfrac{5\sqrt{3}}{3}-\dfrac{7\sqrt{3}}{3}=-\dfrac{2\sqrt{3}}{3}$

9 (1) $5\sqrt{2}$　　　　　(2) $2\sqrt{2}$

(3) $5\sqrt{3}$　　　　　(4) $-3\sqrt{2}+\dfrac{\sqrt{6}}{3}$

解説 ▼

(1) $\sqrt{18}+2\sqrt{6}\div\sqrt{3}$

$=\sqrt{3^2\times2}+2\sqrt{6}\times\dfrac{1}{\sqrt{3}}=3\sqrt{2}+\dfrac{2\sqrt{6}}{\sqrt{3}}=3\sqrt{2}+2\times\sqrt{\dfrac{6}{3}}$

$=3\sqrt{2}+2\sqrt{2}=5\sqrt{2}$

(2) $\sqrt{12}\times\sqrt{6}-\dfrac{8}{\sqrt{2}}$

$=\sqrt{2^2\times3}\times\sqrt{2\times3}-\dfrac{8\times\sqrt{2}}{\sqrt{2}\times\sqrt{2}}$

$=2\sqrt{3}\times\sqrt{3}\times\sqrt{2}-\dfrac{8\sqrt{2}}{2}=2\times3\times\sqrt{2}-4\sqrt{2}$

$=6\sqrt{2}-4\sqrt{2}=2\sqrt{2}$

(3) $\sqrt{6}\left(\sqrt{8}+\dfrac{1}{\sqrt{2}}\right)=\sqrt{6}\times\sqrt{8}+\sqrt{6}\times\dfrac{1}{\sqrt{2}}$

$=\sqrt{2}\times\sqrt{3}\times\sqrt{2^2\times2}+\dfrac{\sqrt{6}}{\sqrt{2}}=\sqrt{2}\times\sqrt{3}\times2\sqrt{2}+\sqrt{3}$

$=2\times2\times\sqrt{3}+\sqrt{3}=4\sqrt{3}+\sqrt{3}=5\sqrt{3}$

(4) $\sqrt{3}\left(\sqrt{8}-\sqrt{6}\right)-\dfrac{10}{\sqrt{6}}$

$=\sqrt{3}\times\sqrt{8}-\sqrt{3}\times\sqrt{6}-\dfrac{10\times\sqrt{6}}{\sqrt{6}\times\sqrt{6}}$

$$=\sqrt{3}\times\sqrt{2^2\times2}-\sqrt{3}\times\sqrt{3}\times\sqrt{2}-\frac{10\sqrt{6}}{6}$$

$$=\sqrt{3}\times2\times\sqrt{2}-3\times\sqrt{2}-\frac{5\sqrt{6}}{3}$$

$$=2\sqrt{6}-3\sqrt{2}-\frac{5\sqrt{6}}{3}=-3\sqrt{2}+\frac{\sqrt{6}}{3}$$

10 (1) $11+2\sqrt{30}$ (2) $17-12\sqrt{2}$
(3) $-4-2\sqrt{2}$ (4) -13
(5) $6+\sqrt{2}$ (6) $20-3\sqrt{6}$

解説▼

(1) $(\sqrt{5}+\sqrt{6})^2=(\sqrt{5})^2+2\times\sqrt{6}\times\sqrt{5}+(\sqrt{6})^2$
$=5+2\sqrt{30}+6=11+2\sqrt{30}$

(2) $(3-2\sqrt{2})^2=3^2-2\times2\sqrt{2}\times3+(2\sqrt{2})^2$
$=9-12\sqrt{2}+8=17-12\sqrt{2}$

(3) $(\sqrt{8}+3)(\sqrt{8}-4)=(\sqrt{8})^2+(3-4)\sqrt{8}+3\times(-4)$
$=8-\sqrt{8}-12=-4-\sqrt{2^2\times2}=-4-2\sqrt{2}$

(4) $(\sqrt{7}-2\sqrt{5})(\sqrt{7}+2\sqrt{5})=(\sqrt{7})^2-(2\sqrt{5})^2$
$=7-20=-13$

(5) $(2+\sqrt{2})^2-\sqrt{18}=2^2+2\times\sqrt{2}\times2+(\sqrt{2})^2-\sqrt{3^2\times2}$
$=4+4\sqrt{2}+2-3\sqrt{2}=6+\sqrt{2}$

(6) $(\sqrt{12}-\sqrt{8})^2+\frac{10\sqrt{3}}{\sqrt{2}}$

$=(\sqrt{2^2\times3}-\sqrt{2^2\times2})^2+\frac{10\sqrt{3}\times\sqrt{2}}{\sqrt{2}\times\sqrt{2}}$

$=(2\sqrt{3}-2\sqrt{2})^2+\frac{10\sqrt{6}}{2}$

$=(2\sqrt{3})^2-2\times2\sqrt{2}\times2\sqrt{3}+(2\sqrt{2})^2+5\sqrt{6}$
$=12-8\sqrt{6}+8+5\sqrt{6}=20-3\sqrt{6}$

STEP03 実戦問題 本冊044ページ

1 (1) エ (2) 0.4
(3) ウ

解説▼

(1) ア $-\frac{3}{7}$ は有理数である。

イ 2.7 は有理数である。

ウ $\sqrt{\frac{9}{25}}=\frac{3}{5}$ より,有理数である。

エ $-\sqrt{15}$ は無理数である。
したがって,無理数はエである。

(2) $\left(\frac{\sqrt{6}}{5}\right)^2=\frac{6}{25}$, $0.4^2=\left(\frac{2}{5}\right)^2=\frac{4}{25}$, $\left(\frac{1}{\sqrt{5}}\right)^2=\frac{1}{5}=\frac{5}{25}$

$\frac{4}{25}<\frac{5}{25}<\frac{6}{25}$だから,$\left(\frac{2}{5}\right)^2<\left(\frac{1}{\sqrt{5}}\right)^2<\left(\frac{\sqrt{6}}{5}\right)^2$

したがって,$\frac{2}{5}<\frac{1}{\sqrt{5}}<\frac{\sqrt{6}}{5}$

すなわち,$0.4<\frac{1}{\sqrt{5}}<\frac{\sqrt{6}}{5}$

したがって,最も小さい数は,0.4

(3) ア 49 の平方根は 7,-7 だから,正しくない。

イ $23<25$ より,$\sqrt{23}<\sqrt{25}$,すなわち,$\sqrt{23}<5$ だから,$\sqrt{23}$ は 5 より小さく,正しくない。

ウ $\frac{\sqrt{3}}{\sqrt{2}}=\frac{\sqrt{3}\times\sqrt{2}}{\sqrt{2}\times\sqrt{2}}=\frac{\sqrt{6}}{2}$だから,正しい。

エ $\sqrt{2640}=\sqrt{26.4\times100}=\sqrt{26.4}\times\sqrt{100}$
$=5.138\times10=51.38$
だから,$\sqrt{264}\neq51.38$ となり,正しくない。

よって,正しいのはウ。

2 (1) $n=67,68,69$ (2) $n=98$
(3) 10 (4) 30
(5) 4.056

解説▼

(1) $8.2<\sqrt{n+1}<8.4$ の各辺を 2 乗すると,
$8.2^2<(\sqrt{n+1})^2<8.4^2$,$67.24<n+1<70.56$
$66.24<n<69.56$
これをみたす自然数 n は,$n=67,68,69$

(2) $\frac{\sqrt{72n}}{7}=\frac{\sqrt{2^3\times3^2\times n}}{\sqrt{7^2}}=\sqrt{\frac{2^3\times3^2\times n}{7^2}}$が自然数となる最も小さい整数 n の値は,$n=2\times7^2=98$ である。

(3) $\sqrt{\frac{2016}{n+4}}=\sqrt{\frac{2^5\times3^2\times7}{n+4}}=\sqrt{\frac{2\times2^4\times3^2\times7}{n+4}}$

$=\sqrt{\frac{(2^2\times3)^2\times2\times7}{n+4}}=2^2\times3\times\sqrt{\frac{14}{n+4}}$

この値が整数となる最も小さい n の値は
$n+4=14$,すなわち,$n=10$ である。

(4) $\sqrt{2018+a}=b\sqrt{2}$ の両辺を 2 乗すると,
$(\sqrt{2018+a})^2=(b\sqrt{2})^2$,$2018+a=2b^2$

$b^2=\frac{a}{2}+1009$

ここで,$b^2>1009$ だから,2 乗して 1009 より大きく 1009 に最も近い数をさがすと,$30^2=900$,$31^2=961$,$32^2=1024$ だから,a が最小となるときの b の値は,$b=32$ で,

$\frac{a}{2}=32^2-1009=1024-1009=15$

したがって,$a=2\times15=30$

(5) $\frac{\sqrt{50}+2}{\sqrt{5}}=\frac{\sqrt{5^2\times2}+2}{\sqrt{5}}=\frac{5\sqrt{2}+2}{\sqrt{5}}$

$=\frac{(5\sqrt{2}+2)\times\sqrt{5}}{\sqrt{5}\times\sqrt{5}}=\frac{5\sqrt{10}+2\sqrt{5}}{5}$

$=\frac{5\times3.162+2\times2.236}{5}=\frac{20.282}{5}=4.0564\fallingdotseq4.056$

3 (1)　44　　　　　　　　(2)　$10-2\sqrt{3}$

　　(3)　$5-\sqrt{5}$　　　　　(4)　$-23+7\sqrt{11}$

　　(5)　$13-3\sqrt{11}$

(1)　$44^2=1936$, $45^2=2025$ だから，$1936<2019<2025$
　　したがって，$44^2<2019<45^2$
　　すなわち，$44<\sqrt{2019}<45$
　　よって，$\sqrt{2019}$ の整数部分は 44

(2)　$9<12<16$ より，$3<\sqrt{12}<4$
　　したがって，$\sqrt{12}$ の整数部分は 3 だから，小数部分
　　a は，$a=\sqrt{12}-3$
　　このとき，
　　$(a+1)(a+4)=\{(\sqrt{12}-3)+1\}\{(\sqrt{12}-3)+4\}$
　　$=(\sqrt{12}-2)(\sqrt{12}+1)=(\sqrt{12})^2+(-2+1)\sqrt{12}-2\times1$
　　$=12-\sqrt{12}-2=10-\sqrt{12}=10-2\sqrt{3}$

(3)　$4<5<9$ より $2<\sqrt{5}<3$ で，$1<\sqrt{5}-1<2$
　　したがって，$\sqrt{5}-1$ の整数部分 a は $a=1$，小数部
　　分 b は，$b=\sqrt{5}-1-1=\sqrt{5}-2$
　　このとき，
　　　$b^2+3ab+2a^2=(\sqrt{5}-2)^2+3\times1\times(\sqrt{5}-2)+2\times1^2$
　　$=5-4\sqrt{5}+4+3\sqrt{5}-6+2=5-\sqrt{5}$

(4)　$9<11<16$ より，$3<\sqrt{11}<4$
　　したがって，$\sqrt{11}$ の整数部分は 3，小数部分は $\sqrt{11}-3$
　　$-4<-\sqrt{11}<-3$ より，$3<7-\sqrt{11}<4$ だから，
　　$7-\sqrt{11}$ の整数部分は 3，小数部分は
　　$7-\sqrt{11}-3=4-\sqrt{11}$
　　したがって，$\sqrt{11}$ の小数部分と $7-\sqrt{11}$ の小数部分と
　　の積は，
　　　$(\sqrt{11}-3)(4-\sqrt{11})=4\sqrt{11}-11-12+3\sqrt{11}$
　　$=-23+7\sqrt{11}$

(5)　$16<21<25$ より，$4<\sqrt{21}<5$
　　よって，$\sqrt{21}$ の整数部分$[\sqrt{21}]$は，$[\sqrt{21}]=4$
　　$3\sqrt{11}=\sqrt{3^2\times11}=\sqrt{99}$ で，$81<99<100$ より，$9<\sqrt{99}<10$
　　よって，$\sqrt{99}$ すなわち $3\sqrt{11}$ の整数部分は 9 だから，
　　小数部分$\langle3\sqrt{11}\rangle$は，$\langle3\sqrt{11}\rangle=3\sqrt{11}-9$
　　したがって，
　　　$[\sqrt{21}]-\langle3\sqrt{11}\rangle=4-(3\sqrt{11}-9)=13-3\sqrt{11}$

4 (1)　7

　　(2)　$0.\dot{3}\dot{2}=\dfrac{32}{99}$, $0.\dot{3}\dot{2}\div0.\dot{0}\dot{4}=\dfrac{80}{11}$

　　(3)　a の範囲…$4.1225\leqq a<4.1235$
　　　　有効数字 2 けたの近似値…4.1

(1)　$\dfrac{2}{7}$を循環小数の記号「・」を用いて表すと，$0.\dot{2}8571\dot{4}$

　　のように，2，8，5，7，1，4 の数字がこの順にくり
　　返し現れる。$16=6\times2+4$ だから，小数第 16 位の数

字は 7 である。

(2)　$x=0.\dot{3}\dot{2}$ とおくと，
　　$100x=32.3232\cdots$　……(i)
　　　$x=\ 0.3232\cdots$　……(ii)

　　$(i)-(ii)$より，$99x=32$，$x=\dfrac{32}{99}$

　　また，$y=0.\dot{0}\dot{4}$ とおくと，
　　$100y=4.4444\cdots$　……(iii)
　　　$y=0.0444\cdots$　……(iv)

　　$(iii)-(iv)$より，$99y=4.4$，$990y=44$，$y=\dfrac{44}{990}=\dfrac{2}{45}$

　　したがって，$0.\dot{3}\dot{2}\div0.\dot{0}\dot{4}=\dfrac{32}{99}\div\dfrac{2}{45}=\dfrac{32}{99}\times\dfrac{45}{2}=\dfrac{80}{11}$

(3)　真の値 a がもっとも小さいとき，$a=4.1225$。$a=4.1235$
　　のとき，小数第 4 位を四捨五入すると 4.124 となる
　　から，a は 4.1235 より小さい。したがって，
　　$4.1225\leqq a<4.1235$
　　有効数字が 2 けたの場合の近似値は 4.1

5 (1)　$5\sqrt{6}$　　　　　　(2)　$2\sqrt{2}$

　　(3)　$-3-6\sqrt{2}$　　　(4)　$2\sqrt{3}$

　　(5)　8　　　　　　　　(6)　$\dfrac{14}{3}$

　　(7)　$11\sqrt{3}-\sqrt{5}$　　(8)　-4

　　(9)　$-\dfrac{\sqrt{3}}{6}$　　　　(10)　5

(1)　$4\sqrt{3}\div\sqrt{2}+\sqrt{54}=4\sqrt{3}\times\dfrac{1}{\sqrt{2}}+\sqrt{3^2\times6}$

　　$=\dfrac{4\sqrt{3}}{\sqrt{2}}+3\sqrt{6}=\dfrac{4\sqrt{3}\times\sqrt{2}}{\sqrt{2}\times\sqrt{2}}+3\sqrt{6}=\dfrac{4\sqrt{6}}{2}+3\sqrt{6}$
　　$=2\sqrt{6}+3\sqrt{6}=5\sqrt{6}$

(2)　$\sqrt{6}\div\sqrt{18}\times\sqrt{24}=\sqrt{6}\times\dfrac{1}{\sqrt{18}}\times\sqrt{24}=\dfrac{\sqrt{6}\times\sqrt{24}}{\sqrt{18}}$

　　$=\sqrt{\dfrac{6\times24}{18}}=\sqrt{8}=\sqrt{2^2\times2}=2\sqrt{2}$

(3)　$\sqrt{3}(\sqrt{27}-2\sqrt{6}-\sqrt{48})$
　　$=\sqrt{3}(\sqrt{3^2\times3}-2\times\sqrt{3}\times\sqrt{2}-\sqrt{4^2\times3})$
　　$=\sqrt{3}(3\sqrt{3}-2\times\sqrt{3}\times\sqrt{2}-4\sqrt{3})$
　　$=\sqrt{3}\times3\sqrt{3}-2\times3\times\sqrt{2}-4\times3$
　　$=3\times3-6\sqrt{2}-12=9-6\sqrt{2}-12=-3-6\sqrt{2}$

(4)　$\sqrt{108}+\sqrt{48}-\sqrt{75}-\sqrt{27}$
　　$=\sqrt{6^2\times3}+\sqrt{4^2\times3}-\sqrt{5^2\times3}-\sqrt{3^2\times3}$
　　$=6\sqrt{3}+4\sqrt{3}-5\sqrt{3}-3\sqrt{3}=2\sqrt{3}$

(5)　$(\sqrt{5}+\sqrt{3})(5\sqrt{3}-3\sqrt{5})+(\sqrt{3}-\sqrt{5})^2$
　　$=5\sqrt{15}-3\times5+5\times3-3\sqrt{15}+(3-2\sqrt{15}+5)$
　　$=5\sqrt{15}-15+15-3\sqrt{15}+8-2\sqrt{15}=8$

(6)　$\dfrac{\sqrt{2}}{3}(\sqrt{90}-\sqrt{8})+(\sqrt{5}-1)^2$

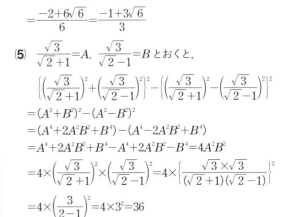

$$=\frac{\sqrt{2}}{3}(\sqrt{3^2\times10}-\sqrt{2^2\times2})+(5-2\sqrt{5}+1)$$

$$=\frac{\sqrt{2}}{3}(3\sqrt{10}-2\sqrt{2})+(6-2\sqrt{5})$$

$$=\frac{\sqrt{2}}{3}\times3\sqrt{10}-\frac{\sqrt{2}}{3}\times2\sqrt{2}+6-2\sqrt{5}$$

$$=\sqrt{2}\times\sqrt{10}-\frac{2\times2}{3}+6-2\sqrt{5}$$

$$=\sqrt{2}\times\sqrt{2}\times\sqrt{5}-\frac{4}{3}+6-2\sqrt{5}$$

$$=2\times\sqrt{5}-\frac{4}{3}+6-2\sqrt{5}=\frac{14}{3}$$

(7) $-3\sqrt{27}+\sqrt{60}\times2\sqrt{5}-\sqrt{5}$

$$=-3\sqrt{3^2\times3}+\sqrt{2^2\times3\times5}\times2\sqrt{5}-\sqrt{5}$$

$$=-3\times3\sqrt{3}+2\times\sqrt{3}\times\sqrt{5}\times2\sqrt{5}-\sqrt{5}$$

$$=-9\sqrt{3}+2\times2\times5\times\sqrt{3}-\sqrt{5}$$

$$=-9\sqrt{3}+20\sqrt{3}-\sqrt{5}=11\sqrt{3}-\sqrt{5}$$

(8) $\sqrt{2}\left(\dfrac{3}{\sqrt{6}}-\dfrac{2}{\sqrt{2}}\right)-\sqrt{2}\left(\dfrac{3}{\sqrt{6}}+\dfrac{2}{\sqrt{2}}\right)$

$$=\sqrt{2}\times\frac{3}{\sqrt{6}}-\sqrt{2}\times\frac{2}{\sqrt{2}}-\sqrt{2}\times\frac{3}{\sqrt{6}}-\sqrt{2}\times\frac{2}{\sqrt{2}}$$

$$=\frac{3}{\sqrt{3}}-2-\frac{3}{\sqrt{3}}-2=-4$$

(9) $\dfrac{\sqrt{12}}{4}-\dfrac{2}{\sqrt{6}}-\dfrac{\sqrt{48}}{6}+\dfrac{\sqrt{2}}{\sqrt{3}}$

$$=\frac{\sqrt{2^2\times3}}{4}-\frac{2\times\sqrt{6}}{\sqrt{6}\times\sqrt{6}}-\frac{\sqrt{4^2\times3}}{6}+\frac{\sqrt{2}\times\sqrt{3}}{\sqrt{3}\times\sqrt{3}}$$

$$=\frac{\sqrt{3}}{2}-\frac{\sqrt{6}}{3}-\frac{2\sqrt{3}}{3}+\frac{\sqrt{6}}{3}=\frac{3\sqrt{3}}{6}-\frac{4\sqrt{3}}{6}$$

$$=-\frac{\sqrt{3}}{6}$$

(10) $(\sqrt{2}+\sqrt{3})^2-\sqrt{8}\times\dfrac{\sqrt{15}}{\sqrt{5}}$

$$=2+2\sqrt{6}+3-\sqrt{2^2\times2}\times\sqrt{\frac{15}{5}}$$

$$=5+2\sqrt{6}-2\sqrt{2}\times\sqrt{3}=5+2\sqrt{6}-2\sqrt{6}=5$$

6 (1) 2　　(2) 84

(3) $\dfrac{-\sqrt{6}+\sqrt{15}}{3}$　　(4) $\dfrac{-1+3\sqrt{6}}{3}$

(5) 36

解説▼

(1) $(\sqrt{5}-\sqrt{2}+1)(\sqrt{5}+\sqrt{2}+1)(\sqrt{5}-2)$

$$=(\sqrt{5}+1-\sqrt{2})(\sqrt{5}+1+\sqrt{2})(\sqrt{5}-2)$$

$$=\{(\sqrt{5}+1)^2-(\sqrt{2})^2\}(\sqrt{5}-2)$$

$$=(5+2\sqrt{5}+1-2)(\sqrt{5}-2)$$

$$=(4+2\sqrt{5})(\sqrt{5}-2)=2(\sqrt{5}+2)(\sqrt{5}-2)$$

$$=2\{(\sqrt{5})^2-2^2\}=2(5-4)=2$$

(2) $\{(\sqrt{2}-1)^2+(\sqrt{2}+1)^2\}^2+\{(\sqrt{3}+1)^2-(\sqrt{3}-1)^2\}^2$

$$=\{(2-2\sqrt{2}+1)+(2+2\sqrt{2}+1)\}^2$$
$$+\{(3+2\sqrt{3}+1)-(3-2\sqrt{3}+1)\}^2$$

$$=(2-2\sqrt{2}+1+2+2\sqrt{2}+1)^2$$
$$+(3+2\sqrt{3}+1-3+2\sqrt{3}-1)^2$$

$$=6^2+(4\sqrt{3})^2=36+48=84$$

(3) $\dfrac{\sqrt{2}+\sqrt{3}-\sqrt{5}}{\sqrt{2}-\sqrt{3}+\sqrt{5}}$

$$=\frac{\{(\sqrt{2}+\sqrt{3})-\sqrt{5}\}\times\{(\sqrt{2}-\sqrt{3})-\sqrt{5}\}}{\{(\sqrt{2}-\sqrt{3})+\sqrt{5}\}\times\{(\sqrt{2}-\sqrt{3})-\sqrt{5}\}}$$

$$=\frac{\{(\sqrt{2}-\sqrt{5})+\sqrt{3}\}\{(\sqrt{2}-\sqrt{5})-\sqrt{3}\}}{(\sqrt{2}-\sqrt{3})^2-(\sqrt{5})^2}$$

$$=\frac{(\sqrt{2}-\sqrt{5})^2-(\sqrt{3})^2}{(2-2\sqrt{6}+3)-5}=\frac{(2-2\sqrt{10}+5)-3}{2-2\sqrt{6}+3-5}$$

$$=\frac{2-2\sqrt{10}+5-3}{-2\sqrt{6}}=\frac{4-2\sqrt{10}}{-2\sqrt{6}}=\frac{-2+\sqrt{10}}{\sqrt{6}}$$

$$=\frac{(-2+\sqrt{10})\times\sqrt{6}}{\sqrt{6}\times\sqrt{6}}=\frac{-2\sqrt{6}+\sqrt{60}}{6}=\frac{-2\sqrt{6}+2\sqrt{15}}{6}$$

$$=\frac{-\sqrt{6}+\sqrt{15}}{3}$$

(4) $\dfrac{2(1+\sqrt{3})}{\sqrt{12}}-\dfrac{(\sqrt{2}-1)^2}{\sqrt{18}}-\dfrac{(\sqrt{6}-3)(\sqrt{2}+2\sqrt{6})}{6}$

$$=\frac{2(1+\sqrt{3})}{2\sqrt{3}}-\frac{2-2\sqrt{2}+1}{3\sqrt{2}}$$
$$-\frac{\sqrt{6}\times\sqrt{2}+\sqrt{6}\times2\sqrt{6}-3\times\sqrt{2}-3\times2\sqrt{6}}{6}$$

$$=\frac{1+\sqrt{3}}{\sqrt{3}}-\frac{3-2\sqrt{2}}{3\sqrt{2}}-\frac{2\sqrt{3}+12-3\sqrt{2}-6\sqrt{6}}{6}$$

$$=\frac{(1+\sqrt{3})\times\sqrt{3}}{\sqrt{3}\times\sqrt{3}}-\frac{(3-2\sqrt{2})\times\sqrt{2}}{3\sqrt{2}\times\sqrt{2}}$$
$$-\frac{2\sqrt{3}+12-3\sqrt{2}-6\sqrt{6}}{6}$$

$$=\frac{\sqrt{3}+3}{3}-\frac{3\sqrt{2}-4}{6}-\frac{2\sqrt{3}+12-3\sqrt{2}-6\sqrt{6}}{6}$$

$$=\frac{2\sqrt{3}+6-(3\sqrt{2}-4)-(2\sqrt{3}+12-3\sqrt{2}-6\sqrt{6})}{6}$$

$$=\frac{2\sqrt{3}+6-3\sqrt{2}+4-2\sqrt{3}-12+3\sqrt{2}+6\sqrt{6}}{6}$$

$$=\frac{-2+6\sqrt{6}}{6}=\frac{-1+3\sqrt{6}}{3}$$

(5) $\dfrac{\sqrt{3}}{\sqrt{2}+1}=A,\ \dfrac{\sqrt{3}}{\sqrt{2}-1}=B$ とおくと、

$$\left\{\left(\frac{\sqrt{3}}{\sqrt{2}+1}\right)^2+\left(\frac{\sqrt{3}}{\sqrt{2}-1}\right)^2\right\}^2-\left\{\left(\frac{\sqrt{3}}{\sqrt{2}+1}\right)^2-\left(\frac{\sqrt{3}}{\sqrt{2}-1}\right)^2\right\}^2$$

$$=(A^2+B^2)^2-(A^2-B^2)^2$$

$$=(A^4+2A^2B^2+B^4)-(A^4-2A^2B^2+B^4)$$

$$=A^4+2A^2B^2+B^4-A^4+2A^2B^2-B^4=4A^2B^2$$

$$=4\times\left(\frac{\sqrt{3}}{\sqrt{2}+1}\right)^2\times\left(\frac{\sqrt{3}}{\sqrt{2}-1}\right)^2=4\times\left\{\frac{\sqrt{3}\times\sqrt{3}}{(\sqrt{2}+1)(\sqrt{2}-1)}\right\}^2$$

$$=4\times\left(\frac{3}{2-1}\right)^2=4\times3^2=36$$

1 正の数・負の数　2 文字と式　3 整数の性質　4 式の計算　5 多項式　6 平方根

7 (1) $\dfrac{\sqrt{7}}{7}$ (2) 1

(3) ア…7, イ…2, ウ…3

解説 ▼

(1) $\dfrac{\sqrt{2}\times\sqrt{3}\times\sqrt{4}\times\sqrt{5}\times\sqrt{6}}{\sqrt{7}\times\sqrt{8}\times\sqrt{9}\times\sqrt{10}}=\dfrac{\sqrt{3}\times\sqrt{5}\times\sqrt{6}}{\sqrt{7}\times\sqrt{9}\times\sqrt{10}}$

$=\dfrac{\sqrt{5}\times\sqrt{6}}{\sqrt{7}\times\sqrt{3}\times\sqrt{10}}$

$=\dfrac{\sqrt{5}\times\sqrt{2}}{\sqrt{7}\times\sqrt{10}}=\dfrac{1}{\sqrt{7}}=\dfrac{1\times\sqrt{7}}{\sqrt{7}\times\sqrt{7}}=\dfrac{\sqrt{7}}{7}$

(2) $\dfrac{\{(1+\sqrt{3})^{50}\}^2(2-\sqrt{3})^{50}}{2^{50}}=\dfrac{\{(1+\sqrt{3})^2\}^{50}(2-\sqrt{3})^{50}}{2^{50}}$

$=\dfrac{(1+2\sqrt{3}+3)^{50}(2-\sqrt{3})^{50}}{2^{50}}=\dfrac{(4+2\sqrt{3})^{50}(2-\sqrt{3})^{50}}{2^{50}}$

$=\dfrac{\{2(2+\sqrt{3})\}^{50}(2-\sqrt{3})^{50}}{2^{50}}=\dfrac{2^{50}(2+\sqrt{3})^{50}(2-\sqrt{3})^{50}}{2^{50}}$

$=(2+\sqrt{3})^{50}(2-\sqrt{3})^{50}=\{(2+\sqrt{3})(2-\sqrt{3})\}^{50}$

$=\{2^2-(\sqrt{3})^2\}^{50}=(4-3)^{50}=1^{50}=1$

確認

指数法則

・$a^m\times a^n=a^{m+n}$ ・$(a^m)^n=a^{m\times n}$ ・$(ab)^n=a^n b^n$

・$m>n$ のとき，$a^m\div a^n=a^{m-n}$

・$m<n$ のとき，$a^m\div a^n=\dfrac{1}{a^{n-m}}$

(3) ［ア］$a^{［イ］}b^{［ウ］}=A$ とおくと，

$\left(\dfrac{\sqrt{6}}{3}a^2 b\right)^2\times A\div\dfrac{14}{3}a^3 b^3=a^3 b^2$

$\dfrac{6}{9}a^4 b^2\times A\div\dfrac{14a^3 b^3}{3}=a^3 b^2$

$\dfrac{2a^4 b^2}{3}\times A\times\dfrac{3}{14a^3 b^3}=a^3 b^2$

$A\times\dfrac{a}{7b}=a^3 b^2$

$A=a^3 b^2\times\dfrac{7b}{a}=7a^2 b^3$

8 (1) 4 (2) $3+\sqrt{3}$

(3) $9\sqrt{3}$ (4) 40

(5) 62

解説 ▼

(1) $a=\sqrt{7}-3$ より，$a+3=\sqrt{7}$

両辺を2乗すると，$(a+3)^2=(\sqrt{7})^2$

$a^2+6a+9=7$

よって，$a^2+6a+6=(a^2+6a+9)-3$

$\qquad\qquad\qquad =7-3=4$

(2) $xy+x=x(y+1)=(\sqrt{3}+1)\{(\sqrt{3}-1)+1\}$

$=(\sqrt{3}+1)\times\sqrt{3}=3+\sqrt{3}$

(3) $x^2-xy-2y^2=(x-2y)(x+y)$

$=\{(1+2\sqrt{3})-2(-1+\sqrt{3})\}\{(1+2\sqrt{3})+(-1+\sqrt{3})\}$

$=(1+2\sqrt{3}+2-2\sqrt{3})(1+2\sqrt{3}-1+\sqrt{3})$

$=3\times3\sqrt{3}=9\sqrt{3}$

(4) $a^3 b+2a^2 b^2+ab^3=ab(a^2+2ab+b^2)$

$=ab(a+b)^2$

$=(\sqrt{5}+\sqrt{3})(\sqrt{5}-\sqrt{3})\{(\sqrt{5}+\sqrt{3})+(\sqrt{5}-\sqrt{3})\}^2$

$=\{(\sqrt{5})^2-(\sqrt{3})^2\}(\sqrt{5}+\sqrt{3}+\sqrt{5}-\sqrt{3})^2$

$=(5-3)\times(2\sqrt{5})^2$

$=2\times20=40$

(5) $x=\dfrac{\sqrt{5}+\sqrt{3}}{\sqrt{5}-\sqrt{3}}=\dfrac{(\sqrt{5}+\sqrt{3})^2}{(\sqrt{5}-\sqrt{3})(\sqrt{5}+\sqrt{3})}$

$=\dfrac{5+2\sqrt{15}+3}{(\sqrt{5})^2-(\sqrt{3})^2}=\dfrac{8+2\sqrt{15}}{5-3}=\dfrac{8+2\sqrt{15}}{2}=4+\sqrt{15}$

$y=\dfrac{\sqrt{5}-\sqrt{3}}{\sqrt{5}+\sqrt{3}}=\dfrac{(\sqrt{5}-\sqrt{3})^2}{(\sqrt{5}+\sqrt{3})(\sqrt{5}-\sqrt{3})}$

$=\dfrac{5-2\sqrt{15}+3}{(\sqrt{5})^2-(\sqrt{3})^2}=\dfrac{8-2\sqrt{15}}{5-3}=\dfrac{8-2\sqrt{15}}{2}=4-\sqrt{15}$

$xy=\dfrac{\sqrt{5}+\sqrt{3}}{\sqrt{5}-\sqrt{3}}\times\dfrac{\sqrt{5}-\sqrt{3}}{\sqrt{5}+\sqrt{3}}=1$

よって，

$x^2+y^2=x^2+y^2+2xy-2xy=x^2+2xy+y^2-2xy$

$=(x+y)^2-2xy=(4+\sqrt{15}+4-\sqrt{15})^2-2\times1$

$=8^2-2=62$

方程式編

1 1次方程式

STEP01 要点まとめ

本冊048ページ

1 01 5   02 5
    03 −4

2 04 $5x$ 05 −6
    06 $5x$ 07 6
    08 24   09 −6

3 10 $3x$ 11 12
    12 $3x$ 13 6
    14 −18   15 9

4 16 10   17 8
    18 11   19 $5x$
    20 8   21 −3
    22 1

5 23 12   24 84
    25 $10x$ 26 $10x$
    27 84   28 84
    29 −12

6 30 3   31 8
    32 3   33 96
    34 32

7 35 $60x$ 36 5
    37 5

8 38 210   39 6
    40 630   41 630

解説 ▼

7 方程式は，$60x+120=420$
これを解くと，$60x=420-120$，$60x=300$，$x=5$

8 方程式は，$\dfrac{x}{210}=\dfrac{x}{70}-6$

両辺に 210 と 70 の最小公倍数 210 をかけると，
$x=3x-1260$，$-2x=-1260$，$x=630$

STEP02 基本問題

本冊050ページ

1 ①…ア，③…エ

解説 ▼

① 左辺の −11 を右辺に移項するために，等式の両辺に 11 をたしている。
② 右辺を計算している。
③ x の係数を 1 にするために，両辺を 4 でわっている。

2 (1) $x=5$ (2) $x=-\dfrac{1}{3}$

    (3) $x=-18$ (4) $x=-\dfrac{5}{2}$

    (5) $x=6$ (6) $x=4$

解説 ▼

(1) $x-7=-2$
   -7 を右辺に移項すると，$x=-2+7$，$x=5$

(2) $x+\dfrac{2}{3}=\dfrac{1}{3}$

   $\dfrac{2}{3}$ を右辺に移項すると，$x=\dfrac{1}{3}-\dfrac{2}{3}$，$x=-\dfrac{1}{3}$

(3) $\dfrac{x}{6}=-3$

   両辺に 6 をかけると，$\dfrac{x}{6}\times6=-3\times6$，$x=-18$

(4) $8x=-20$

   両辺を 8 でわると，$8x\div8=-20\div8$，$x=-\dfrac{5}{2}$

(5) $2x-7=5$
   -7 を移項すると，$2x=5+7$，$2x=12$，$x=6$

(6) $9=4x-7$
   9 を右辺に，$4x$ を左辺に移項すると，
   $-4x=-7-9$，$-4x=-16$，$x=4$

3 (1) $x=5$ (2) $x=-\dfrac{1}{3}$

    (3) $x=-6$ (4) $x=0$

解説 ▼

(1) $x=3x-10$
   $3x$ を左辺に移項すると，
   $x-3x=-10$，$-2x=-10$，$x=5$

(2) $4x-5=x-6$
   -5 を右辺に，x を左辺に移項すると，

   $4x-x=-6+5$，$3x=-1$，$x=-\dfrac{1}{3}$

(3) $2x-15=3+5x$
   -15 を右辺に，$5x$ を左辺に移項すると，
   $2x-5x=3+15$，$-3x=18$，$x=-6$

(4) $7x+3=-7x+3$
   3 を右辺に，$-7x$ を左辺に移項すると，
   $7x+7x=3-3$，$14x=0$，$x=0$

4 (1) $x=-9$ (2) $x=-2$

    (3) $x=-6$ (4) $x=2$

解説 ▼

(1) $4x+6=5(x+3)$

かっこをはずすと，$4x+6=5x+15$
$4x-5x=15-6$，$-x=9$，$x=-9$

(2) $x+2(x-3)=-12$
かっこをはずすと，$x+2x-6=-12$
$x+2x=-12+6$，$3x=-6$，$x=-2$

(3) $3x-24=2(4x+3)$
かっこをはずすと，$3x-24=8x+6$
$3x-8x=6+24$，$-5x=30$，$x=-6$

(4) $6(x-2)=5(x-2)$
かっこをはずすと，$6x-12=5x-10$
$6x-5x=-10+12$，$x=2$

5 (1) $x=-2$ (2) $x=-\dfrac{5}{2}$

(3) $x=2$ (4) $x=\dfrac{3}{7}$

解説 ▼

(1) $0.6x=0.2x-0.8$
両辺に 10 をかけると，$6x=2x-8$
$6x-2x=-8$，$4x=-8$，$x=-2$

(2) $0.7x-1=0.3x-2$
両辺に 10 をかけると，$7x-10=3x-20$
$7x-3x=-20+10$，$4x=-10$，$x=-\dfrac{5}{2}$

(3) $0.12x-0.23=0.17-0.08x$
両辺に 100 をかけると，$12x-23=17-8x$
$12x+8x=17+23$，$20x=40$，$x=2$

(4) $0.6(3x-1)=0.4x$
両辺に 10 をかけると，$6(3x-1)=4x$
かっこをはずすと，$18x-6=4x$
$18x-4x=6$，$14x=6$，$x=\dfrac{3}{7}$

6 (1) $x=3$ (2) $x=20$
(3) $x=4$ (4) $x=23$

解説 ▼

(1) $\dfrac{2x+9}{5}=x$
両辺に 5 をかけると，$2x+9=5x$
$2x-5x=-9$，$-3x=-9$，$x=3$

(2) $\dfrac{3}{4}x-7=\dfrac{2}{5}x$
両辺に 4 と 5 の最小公倍数 20 をかけると，
$15x-140=8x$，$15x-8x=140$，$7x=140$，$x=20$

(3) $\dfrac{3x-4}{4}=\dfrac{x+2}{3}$
両辺に 4 と 3 の最小公倍数 12 をかけると，
$3(3x-4)=4(x+2)$，$9x-12=4x+8$

$9x-4x=8+12$，$5x=20$，$x=4$

(4) $\dfrac{2x-1}{3}-\dfrac{x+3}{2}=2$
両辺に 3 と 2 の最小公倍数 6 をかけると，
$2(2x-1)-3(x+3)=12$，$4x-2-3x-9=12$
$4x-3x=12+2+9$，$x=23$

7 (1) $x=9$ (2) $x=20$
(3) $x=21$ (4) $x=9$

解説 ▼

(1) $6:x=2:3$，$6\times3=x\times2$，$18=2x$，$2x=18$，$x=9$
(2) $x:16=5:4$，$x\times4=16\times5$，$4x=80$，$x=20$
(3) $(x-6):9=5:3$，$(x-6)\times3=9\times5$，$3x-18=45$，
$3x=63$，$x=21$
(4) $4:(x-6)=8:6$，$4\times6=(x-6)\times8$，$24=8x-48$，
$-8x=-48-24$，$-8x=-72$，$x=9$

8 190g

解説 ▼

おもり A の重さを xg とすると，おもりは A，B，C の順に 50g ずつ重くなっているから，おもり B，C の重さは，それぞれ$(x+50)$g，$(x+100)$g と表される。したがって，方程式は，
$x+(x+50)+(x+100)+120=540$
これを解くと，$3x+270=540$，$3x=270$，$x=90$
よって，おもり A，B，C の重さは，それぞれ 90g，
$90+50=140(\text{g})$，$90+100=190(\text{g})$
これらのおもりの重さは正の数で，問題に合っている。
したがって，C の重さは 190g

9 59個

解説 ▼

子どもの人数を x 人とすると，1 人 6 個ずつ分けたときのりんごの個数は，$6x-7$(個)
1 人 5 個ずつ分けたときのりんごの個数は，$5x+4$(個)
したがって，方程式は，$6x-7=5x+4$
これを解くと，$x=11$
子どもの人数は 11 人。
このとき，りんごの個数は，$6\times11-7=59$(個)
りんごの個数 59 個は正の整数で，問題に合っている。

10 6分後

解説 ▼

お父さんが家を出発してから x 分後にあきこさんに追いつくとすると，あきこさんが進んだ道のりは，$60(14+x)$m，
お父さんが進んだ道のりは，$200x$m

したがって，方程式は，$60(14+x)=200x$

これを解くと，$840+60x=200x$，$-140x=-840$，$x=6$
より，6分後。お父さんがあきこさんに追いつく地点は，
$200×6=1200$ より，家から1200m離れた地点で，家か
ら駅までは1800mあり，この場所は駅より手前だから，
$x=6$ は問題に合っている。

11 280人

解説 ▼

この中学校の1年生の生徒数を x 人とすると，2年生の
生徒数は，$x×(1+0.15)=1.15x$（人）
したがって，方程式は，$1.15x=322$
これを解くと，$115x=32200$，$x=280$
1年生の生徒数280人は正の整数で，問題に合っている。

STEP03 実戦問題

本冊052ページ

1 (1) $x=9$　　　　(2) $t=3$

(3) $x=-4$　　　　(4) $x=-\dfrac{75}{4}$

(5) $x=\dfrac{19}{2}$　　　　(6) $x=-\dfrac{1}{54}$

(7) $x=-2$　　　　(8) $x=-4$

(9) $x=\dfrac{20}{3}$　　　　(10) $x=\dfrac{5}{2}$

解説 ▼

(1) $6x-7=4x+11$，$6x-4x=11+7$，$2x=18$，$x=9$
(2) $4-3t=7t-26$，$-3t-7t=-26-4$，$-10t=-30$，
$t=3$
(3) $5(2x+7)+20=3(1-x)$，$10x+35+20=3-3x$
$10x+3x=3-35-20$，$13x=-52$，$x=-4$
(4) $0.46x+8.2=1.26x+23.2$，$46x+820=126x+2320$
$46x-126x=2320-820$，$-80x=1500$，$x=-\dfrac{75}{4}$
(5) $0.6(x-1.5)=0.4x+1$，$6(x-1.5)=4x+10$，
$6x-9=4x+10$，$6x-4x=10+9$，$2x=19$，$x=\dfrac{19}{2}$
(6) $\dfrac{9}{500}x+\dfrac{1}{3000}=0$，$54x+1=0$，$54x=-1$，$x=-\dfrac{1}{54}$
(7) $\dfrac{2}{3}(2x-5)=\dfrac{3}{4}(x-6)$，$4×2(2x-5)=3×3(x-6)$，
$8(2x-5)=9(x-6)$，$16x-40=9x-54$，
$16x-9x=-54+40$，$7x=-14$，$x=-2$
(8) $\dfrac{x-6}{8}-0.75=\dfrac{1}{2}x$，$\dfrac{x-6}{8}-\dfrac{3}{4}=\dfrac{1}{2}x$，$(x-6)-6=4x$，
$x-12=4x$，$x-4x=12$，$-3x=12$，$x=-4$
(9) $\dfrac{2}{3}:\dfrac{4}{5}=x:8$，$\dfrac{2}{3}×8=\dfrac{4}{5}×x$，$\dfrac{16}{3}=\dfrac{4}{5}x$，$\dfrac{4}{5}x=\dfrac{16}{3}$，

$x=\dfrac{16}{3}×\dfrac{5}{4}=\dfrac{20}{3}$

(10) $4:5=(2x-3):(3x-5)$，$4×(3x-5)=5×(2x-3)$，
$12x-20=10x-15$，$12x-10x=-15+20$，
$2x=5$，$x=\dfrac{5}{2}$

2 (1) $a=13$　　　　(2) $a=6$

(3) $-\dfrac{1}{2}$　　　　(4) $a=-6$

解説 ▼

(1) $5x+2a=8-x$ に $x=-3$ を代入すると，
$5×(-3)+2a=8-(-3)$，$-15+2a=8+3$，
$-15+2a=11$，$2a=26$，$a=13$
(2) $ax-12=5x-a$ に $x=6$ を代入すると，
$a×6-12=5×6-a$，$6a-12=30-a$，
$6a+a=30+12$，$7a=42$，$a=6$
(3) $x:3=(x+4):5$，$x×5=3×(x+4)$，$5x=3x+12$，
$5x-3x=12$，$2x=12$，$x=6$
$x=6$ を $\dfrac{1}{4}x-2$ に代入して，$\dfrac{1}{4}×6-2=\dfrac{3}{2}-2=-\dfrac{1}{2}$
(4) 式を簡単にしてから数を代入する。
$\dfrac{3x-a}{6}=\dfrac{2a-x}{2}$，$3x-a=3(2a-x)$，
$3x-a=6a-3x$
$6x=7a$
この式に，$x=-7$ を代入すると，$6×(-7)=7a$，
$-42=7a$，$7a=-42$，$a=-6$

3 (1) -5　　　　(2) $x=-1$

(3) $x=-\dfrac{1}{2}$

解説 ▼

(1) $4*3=4+3-4×3=7-12=-5$
(2) $x*2=x+2-x×2=x+2-2x=-x+2$
$x*2=3$ だから，$-x+2=3$，$-x=1$，$x=-1$
(3) $3*x=3+x-3×x=3+x-3x=-2x+3$
$2*(3*x)=2+(-2x+3)-2(-2x+3)$
$\qquad=2-2x+3+4x-6=2x-1$
$2*(3*x)=-2$ だから，$2x-1=-2$
$2x=-1$，$x=-\dfrac{1}{2}$

4 800円

解説 ▼

ハンカチ1枚の定価を x 円とすると，方程式は，
$2000-2×x×(1-0.3)=880$

これを解くと，$2000-2x×0.7=880$，$2000-1.4x=880$，
$20000-14x=8800$，$-14x=-11200$，$x=800$
ハンカチ1枚の定価800円は問題に合っている。

5 $x=7.3$

解説 ▼

木曜日から土曜日までの3日間における最低気温の平均

値は，$\dfrac{7.4+6.6+x}{3}=\dfrac{14+x}{3}$（℃）

日曜日から水曜日までの4日間における最低気温の平均

値は，$\dfrac{6.0+3.9+4.1+4.8}{4}=\dfrac{18.8}{4}=4.7$（℃）

したがって，方程式は，$\dfrac{14+x}{3}=4.7+2.4$

これを解くと，$\dfrac{14+x}{3}=7.1$

$14+x=3×7.1$，$14+x=21.3$，$x=21.3-14=7.3$
$x=7.3$は問題に合っている。

6 2400円

解説 ▼

ある金額をx円とすると，Aの金額は，

$x×\dfrac{3}{4}-300=\dfrac{3}{4}x-300$（円），Bの金額は，

$x×\dfrac{1}{3}+100=\dfrac{1}{3}x+100$（円）

したがって，方程式は，$\left(\dfrac{3}{4}x-300\right)+\left(\dfrac{1}{3}x+100\right)=x$

これを解くと，$\dfrac{9}{12}x-300+\dfrac{4}{12}x+100=\dfrac{12}{12}x$

$\dfrac{9}{12}x+\dfrac{4}{12}x-\dfrac{12}{12}x=-100+300$，$\dfrac{1}{12}x=200$，$x=2400$

ある金額2400円は問題に合っている。

7 40分後

解説 ▼

満水のときのこの水そうの容積をaとすると，水そうに入

れる水の量は，じゃ口Aからは毎分$\dfrac{a}{90}$，じゃ口Bからは

毎分$\dfrac{a}{120}$である。じゃ口Bから毎分出る水の量を半分に

したのが水を入れ始めてからx分後とすると，方程式は，

$\left(\dfrac{a}{90}+\dfrac{a}{120}\right)x+\left(\dfrac{a}{90}+\dfrac{a}{120}×\dfrac{1}{2}\right)×5$

$\qquad+\left(\dfrac{a}{90}×\dfrac{1}{2}+\dfrac{a}{120}×\dfrac{1}{2}\right)×(60-x-5)=a$

両辺をaでわると，

$\left(\dfrac{1}{90}+\dfrac{1}{120}\right)x+\left(\dfrac{1}{90}+\dfrac{1}{240}\right)×5$

$\qquad+\left(\dfrac{1}{180}+\dfrac{1}{240}\right)×(55-x)=1$

両辺に720をかけると，
$(8+6)x+(8+3)×5+(4+3)×(55-x)=720$
$14x+55+385-7x=720$，$7x=280$，$x=40$
じゃ口Bから毎分出る水の量を半分にしたのが水を入れ
始めてから40分後は，0分後から55分後までの間にあ
るから，問題に合っている。

8 $\dfrac{1}{4}$km

解説 ▼

幼稚園から学校までの道のりを$x$kmとすると，かかった

時間の関係から，方程式は，$\dfrac{1+x}{3}+\dfrac{x}{5}=\dfrac{28}{60}$

両辺に3，5，60の最小公倍数60をかけると，

$20(1+x)+12x=28$，$20+20x+12x=28$，$32x=8$，$x=\dfrac{1}{4}$

幼稚園から学校までの道のり$\dfrac{1}{4}$kmは問題に合っている。

ミス注意 ！

問題文中の「時速3km」，「時速5km」をそれぞれ「分
速3km」，「分速5km」と間違えないように。万一，
時速を分速とかん違いして計算すると，結果が$\dfrac{415}{8}$
km$=51.875$kmとなる。計算結果が不自然な値のと
きは，題意や計算を間違えていないか疑うとよい。

9 (1) $10-0.05x$ g　　(2) $x=\dfrac{200}{7}$

解説 ▼

(1) 容器A，Bの食塩水xgに含まれている食塩の重さは，
それぞれ$x×0.1$(g)，$x×0.05$(g)だから，この作業後
の容器Aの食塩水に含まれている食塩の重さは，
$(100-x)×0.1+x×0.05=10-0.05x$(g)

(2) この作業後の容器Bの食塩水に含まれている食塩の
重さは，
$(200-x)×0.05+x×0.1=10+0.05x$(g)
この作業後の食塩水の濃度についての方程式は，
$\dfrac{10-0.05x}{100}×100=\dfrac{10+0.05x}{200}×100×\dfrac{3}{2}$

$10-0.05x=\dfrac{3}{4}(10+0.05\,x)$

$40-0.2x=30+0.15\,x$

両辺に 100 をかけると，$4000-20x=3000+15x$

$-35x=-1000$，$x=\dfrac{1000}{35}=\dfrac{200}{7}$

$x=\dfrac{200}{7}$ は正の数で A の食塩水の重さ 100g より軽い

ので，問題に合っている。

2 連立方程式

STEP01 要点まとめ
本冊054ページ

1
01 5	02 34
03 -2	04 -2
05 -1	

2
06 $2x-1$	07 $6x$
08 24	09 3
10 3	11 5

3
12 $4y$	13 $4y$
14 3	15 4
16 4	17 -2

4
18 10	19 $2y$
20 25	21 2
22 33	23 3
24 3	25 -2

5
26 12	27 $4x$
28 60	29 2
30 80	31 -16
32 -16	33 3

6
34 14	35 18
36 4	37 12
38 2	39 12
40 2	

解説 ▼

6 連立方程式は，

$$\begin{cases} x+y=14 & \cdots\cdots① \\ \dfrac{x}{18}+\dfrac{y}{4}=\dfrac{7}{6} & \cdots\cdots② \end{cases}$$

②の両辺に 18，4，6 の最小公倍数 36 をかけると，
$2x+9y=42\cdots\cdots②'$
①×2－②'より，$-7y=-14$，$y=2$
これを①に代入すると，$x+2=14$
よって，$x=14-2=12$

STEP02 基本問題
本冊056ページ

1 イ，エ

解説 ▼

x，y の値をそれぞれア～エの式に代入して等式が成り立つかどうか調べればよい。

ア （左辺）$=x+y=4+(-2)=2$，（右辺）$=-2\cdots$解ではない。

イ （左辺）$=2x-y=2\times4-(-2)=10$，（右辺）$=10\cdots$解である。

ウ （左辺）$=4x-2y=4\times4-2\times(-2)=20$，（右辺）$=4\cdots$解ではない。

エ （左辺）$=x+8y=4+8\times(-2)=-12$，（右辺）$=-12\cdots$解である。

参考

連立方程式の解は必ず 1 つに定まるとはかぎらない。

たとえば，連立方程式 $\begin{cases} x+y=1 & \cdots\cdots① \\ 2x+2y=2 & \cdots\cdots② \end{cases}$ では，

①の両辺を 2 倍すると，$2x+2y=2$。これは②と同じ式である。すなわち，①の解はすべて②の方程式を成り立たせる。②の 2 元 1 次方程式の解は無数にあるから，この連立方程式の解は無数にある。一方，連立方程式 $\begin{cases} x+y=1 & \cdots\cdots③ \\ x+y=2 & \cdots\cdots④ \end{cases}$ では，③の左辺は④の左辺と同じである。③，④を成り立たせる連立方程式の解は 1 つもない。

2 (1) $x=4$，$y=4$　　(2) $x=3$，$y=-1$
(3) $x=4$，$y=-3$　　(4) $x=-6$，$y=3$
(5) $x=2$，$y=6$　　(6) $x=-1$，$y=-2$

解説 ▼

(1) $\begin{cases} 2x+y=12\cdots\cdots① \\ 3x-y=8\ \ \cdots\cdots② \end{cases}$
①＋②より，$5x=20$，$x=4$
これを①に代入して，$2\times4+y=12$，$y=12-8=4$

(2) $\begin{cases} x+4y=-1\cdots\cdots① \\ x-3y=6\ \ \cdots\cdots② \end{cases}$
①－②より，$7y=-7$，$y=-1$
これを①に代入して，$x+4\times(-1)=-1$，
$x=-1+4=3$

(3) $\begin{cases} 2x+3y=-1\ \ \cdots\cdots① \\ -4x-5y=-1\cdots\cdots② \end{cases}$
①×2＋②より，$y=-3$
これを①に代入して，$2x+3\times(-3)=-1$，
$2x=-1+9$，$2x=8$，$x=4$

(4) $\begin{cases} 2x+y=-9 & \cdots\cdots① \\ 3x+5y=-3 & \cdots\cdots② \end{cases}$

①×5−②より，$7x=-42$，$x=-6$

これを①に代入して，$2\times(-6)+y=-9$，

$y=-9+12=3$

(5) $\begin{cases} 7x-y=8 & \cdots\cdots① \\ -9x+4y=6 & \cdots\cdots② \end{cases}$

①×4+②より，$19x=38$，$x=2$

これを②に代入して，$-9\times2+4y=6$，$4y=6+18$，

$4y=24$，$y=6$

(6) $\begin{cases} 3x-5y=7 & \cdots\cdots① \\ 2x-3y=4 & \cdots\cdots② \end{cases}$

①×2−②×3より，$-y=2$，$y=-2$

これを②に代入して，$2x-3\times(-2)=4$，$2x=4-6$，

$2x=-2$，$x=-1$

3 (1) $x=3$, $y=-11$　　(2) $x=1$, $y=-3$

(3) $x=-2$, $y=-4$　　(4) $x=3$, $y=-6$

解説 ▼

(1) $\begin{cases} 2x-y=17 & \cdots\cdots① \\ y=-2x-5 & \cdots\cdots② \end{cases}$

②を①に代入して，$2x-(-2x-5)=17$

$2x+2x+5=17$，$4x=12$，$x=3$

これを②に代入して，$y=-2\times3-5=-11$

(2) $\begin{cases} 2x-3y=11 & \cdots\cdots① \\ y=x-4 & \cdots\cdots② \end{cases}$

②を①に代入して，$2x-3(x-4)=11$

$2x-3x+12=11$，$-x=-1$，$x=1$

これを②に代入して，$y=1-4=-3$

(3) $\begin{cases} x=2+y & \cdots\cdots① \\ 9x-5y=2 & \cdots\cdots② \end{cases}$

①を②に代入して，$9(2+y)-5y=2$

$18+9y-5y=2$，$4y=-16$，$y=-4$

これを①に代入して，$x=2-4=-2$

(4) $\begin{cases} 2y=-x-9 & \cdots\cdots① \\ 7x+2y=9 & \cdots\cdots② \end{cases}$

①を②に代入して，$7x+(-x-9)=9$，

$7x-x-9=9$，$6x=18$，$x=3$

これを①に代入して，$2y=-3-9$，$2y=-12$，$y=-6$

4 (1) $x=9$, $y=7$　　(2) $x=-1$, $y=-2$

(3) $x=5$, $y=-3$　　(4) $x=-3$, $y=6$

(5) $x=-5$, $y=3$　　(6) $x=2$, $y=0$

解説 ▼

(1) $\begin{cases} -x+y=-2 & \cdots\cdots① \\ 2x-(x-y)=16 & \cdots\cdots② \end{cases}$

②より，$2x-x+y=16$，$x+y=16\cdots\cdots②'$

①+②'より，$2y=14$，$y=7$

これを①に代入して，$-x+7=-2$，$-x=-9$，$x=9$

(2) $\begin{cases} 2(x+y)-5y=4 & \cdots\cdots① \\ 5x-(x-2y)=-8 & \cdots\cdots② \end{cases}$

①より，$2x+2y-5y=4$，$2x-3y=4\cdots\cdots①'$

②より，$5x-x+2y=-8$，$4x+2y=-8\cdots\cdots②'$

①'×2−②'より，$-8y=16$，$y=-2$

これを①'に代入して，$2x-3\times(-2)=4$，$2x=-2$，

$x=-1$

(3) $\begin{cases} 0.2x-0.3y=1.9 & \cdots\cdots① \\ -0.1x+0.2y=-1.1 & \cdots\cdots② \end{cases}$

①×10より，$2x-3y=19\cdots\cdots①'$

②×10より，$-x+2y=-11\cdots\cdots②'$

①'+②'×2より，$y=-3$

これを②'に代入して，$-x+2\times(-3)=-11$，

$-x=-5$，$x=5$

(4) $\begin{cases} \dfrac{x}{6}-\dfrac{y}{4}=-2 & \cdots\cdots① \\ 3x+2y=3 & \cdots\cdots② \end{cases}$

①の両辺に 6，4 の最小公倍数 12 をかけると，

$2x-3y=-24\cdots\cdots①'$

①'×2+②×3より，$13x=-39$，$x=-3$

これを②に代入して，$3\times(-3)+2y=3$，$2y=12$，

$y=6$

(5) $\begin{cases} \dfrac{1}{6}(x-3)+y=\dfrac{5}{3} & \cdots\cdots① \\ -(x+y)=x+7 & \cdots\cdots② \end{cases}$

①の両辺に 6，3 の最小公倍数 6 をかけると，

$(x-3)+6y=10$，$x+6y=13\cdots\cdots①'$

②より，$-x-y=x+7$，$-2x-y=7\cdots\cdots②'$

①'×2+②'より，$11y=33$，$y=3$

これを①'に代入して，$x+6\times3=13$，$x+18=13$，

$x=13-18=-5$

(6) $\begin{cases} 0.3x-0.2y=0.6 & \cdots\cdots① \\ x+\dfrac{1}{2}(y-1)=\dfrac{3}{2} & \cdots\cdots② \end{cases}$

①の両辺に 10 をかけると，

$3x-2y=6\cdots\cdots①'$

②×2より，$2x+(y-1)=3$，$2x+y-1=3$，

$2x+y=4\cdots\cdots②'$

①'+②'×2より，$7x=14$，$x=2$

これを②'に代入して，$2\times2+y=4$，$4+y=4$，

$y=4-4=0$

5 (1) $x=2$, $y=-1$　　(2) $x=-1$, $y=-\dfrac{1}{2}$

解説 ▼

(1) $\begin{cases} 3x+y=5 & \cdots\cdots① \\ 2x-y=5 & \cdots\cdots② \end{cases}$とする。

①+②より，$5x=10$，$x=2$

これを①に代入して，$3 \times 2 + y = 5$，$6 + y = 5$，
$y = 5 - 6 = -1$

(2) $\begin{cases} 2x + y = 3x - y & \cdots\cdots① \\ x - 5y - 4 = 3x - y & \cdots\cdots② \end{cases}$ とする。

①より，$-x + 2y = 0 \cdots\cdots①'$

②より，$-2x - 4y = 4$，$-x - 2y = 2 \cdots\cdots②'$

$①' - ②'$ より，$4y = -2$，$y = -\dfrac{2}{4} = -\dfrac{1}{2}$

これを $①'$ に代入して，$-x + 2 \times \left(-\dfrac{1}{2}\right) = 0$，
$-x - 1 = 0$，$-x = 1$，$x = -1$

6 (1) $a = -1$，$b = 1$　　(2) $a = 2$，$b = 6$

解説 ▼

(1) $\begin{cases} ax + by = 1 \\ bx - 2ay = 8 \end{cases}$ に $x = 2$，$y = 3$ を代入すると，

$\begin{cases} 2a + 3b = 1 & \cdots\cdots① \\ 2b - 6a = 8 & \cdots\cdots② \end{cases}$

$①\times3 + ②$ より，$11b = 11$，$b = 1$

これを①に代入すると，$2a + 3 \times 1 = 1$，$2a + 3 = 1$，
$2a = 1 - 3$，$2a = -2$，$a = -1$

(2) $\begin{cases} 3x + y = -2 & \cdots\cdots① \\ x - y = -10 & \cdots\cdots② \end{cases}$ とおく。

$① + ②$ より，$4x = -12$，$x = -3$

これを①に代入すると，$3 \times (-3) + y = -2$，
$-9 + y = -2$，$y = -2 + 9 = 7$

$\begin{cases} ax + by = 36 \\ bx + ay = -4 \end{cases}$ に $x = -3$，$y = 7$ を代入すると，

$\begin{cases} -3a + 7b = 36 & \cdots\cdots③ \\ -3b + 7a = -4 & \cdots\cdots④ \end{cases}$

$③\times7 + ④\times3$ より，$40b = 240$，$b = 6$

これを④に代入すると，$-3 \times 6 + 7a = -4$，
$-18 + 7a = -4$，$7a = -4 + 18$，$7a = 14$，$a = 2$

7 $x = 33$，$y = 12$

解説 ▼

最初の状態から，姉が弟に 3 本の鉛筆を渡すと，姉の鉛筆の本数は，弟の鉛筆の本数の 2 倍になるから，
$x - 3 = 2(y + 3)$

最初の状態から，弟が姉に 2 本の鉛筆を渡すと，姉の鉛筆の本数は，弟の鉛筆の本数よりも 25 本多くなるから，
$x + 2 = (y - 2) + 25$

したがって，連立方程式は，
$\begin{cases} x - 3 = 2(y + 3) & \cdots\cdots① \\ x + 2 = (y - 2) + 25 & \cdots\cdots② \end{cases}$

①より，$x - 2y = 9 \cdots\cdots①'$

②より，$x - y = 21 \cdots\cdots②'$

$①' - ②'$ より，$-y = -12$，$y = 12$

これを $②'$ に代入すると，$x - 12 = 21$，$x = 21 + 12 = 33$

$x = 33$，$y = 12$ は，x が 3 以上の整数，y が 2 以上の整数だから，問題に合っている。

8 32 人

解説 ▼

この中学校の男子生徒の人数を x 人，女子生徒の人数を y 人とすると，この中学校の生徒数の関係より，$x + y = 180$

自転車で通学している男子生徒，女子生徒の人数の関係より，$0.16x = 0.2y$

したがって，連立方程式は，
$\begin{cases} x + y = 180 & \cdots\cdots① \\ 0.16x = 0.2y & \cdots\cdots② \end{cases}$

$②\times100$ より，$16x = 20y$，$x = \dfrac{5}{4}y \cdots\cdots②'$

$②'$ を①に代入すると，$\dfrac{5}{4}y + y = 180$，$5y + 4y = 720$，
$9y = 720$，$y = 80$

これを $②'$ に代入すると，$x = \dfrac{5}{4} \times 80 = 100$

このとき，自転車で通学している男子生徒は $100 \times 0.16 = 16$（人），自転車で通学している女子生徒は $80 \times 0.2 = 16$（人）で，$x = 100$，$y = 80$ は問題に合っている。

よって，自転車で通学している生徒の人数は，
$16 + 16 = 32$（人）

9 古新聞…540kg，古雑誌…610kg

解説 ▼

3 か月前の古新聞の回収量を $x$kg，古雑誌の回収量を $y$kg とすると，3 か月前の古新聞と古雑誌の回収量の関係より，$x + y = 1150$

今月の古新聞と古雑誌の回収量の関係より，
$1.3x + 0.8y = 1190$

したがって，連立方程式は，
$\begin{cases} x + y = 1150 & \cdots\cdots① \\ 1.3x + 0.8y = 1190 & \cdots\cdots② \end{cases}$

$②\times10$ より，$13x + 8y = 11900 \cdots\cdots②'$

$①\times8 - ②'$ より，$-5x = -2700$，$x = 540$

これを①に代入すると，$540 + y = 1150$，
$y = 1150 - 540 = 610$

3 か月前の古新聞の回収量 540kg，古雑誌の回収量 610kg は問題に合っている。

10 自宅からバス停までと，バス停から駅までの道のりの関係より，$x + y = 3600$

自宅からバス停までと，バス停から駅までのかかった時間の関係より，$\dfrac{x}{80} + 5 + \dfrac{y}{480} = 20$

したがって，連立方程式は，

$$\begin{cases} x+y=3600 & \cdots\cdots① \\ \dfrac{x}{80}+5+\dfrac{y}{480}=20 & \cdots\cdots② \end{cases}$$

②より，$\dfrac{x}{80}+\dfrac{y}{480}=15$

両辺に 80，480 の最小公倍数 480 をかけると，
$6x+y=7200\cdots\cdots②'$
①－②′より，$-5x=-3600$，$x=720$
これを①に代入すると，$720+y=3600$，
$y=3600-720=2880$
$x=720$，$y=2880$ は問題に合っている。

答 自宅からバス停までの道のり…720m，バス停から駅までの道のり…2880m

STEP03 実戦問題　本冊058ページ

1 (1) $x=3$，$y=-1$　　(2) $x=-5$，$y=3$
(3) $x=-2$，$y=3$　　(4) $x=-1$，$y=1$
(5) $x=7$，$y=-2$　　(6) $x=-3$，$y=2$
(7) $x=-1$，$y=4$　　(8) $x=9$，$y=4$
(9) $x=4$，$y=5$　　(10) $x=8$，$y=3$

解説 ▼

(1) $\begin{cases} 5x+y=14\cdots\cdots① \\ x-4y=7\cdots\cdots② \end{cases}$
①×4＋②より，$21x=63$，$x=3$
これを①に代入すると，$5\times3+y=14$，
$15+y=14$，$y=14-15=-1$

(2) $\begin{cases} 2x+3y=-1\cdots\cdots① \\ 7x+6y=-17\cdots\cdots② \end{cases}$
①×2－②より，$-3x=15$，$x=-5$
これを①に代入すると，$2\times(-5)+3y=-1$，
$-10+3y=-1$，$3y=-1+10$，$3y=9$，$y=3$

(3) $\begin{cases} 4x+3y=1\cdots\cdots① \\ 3x-2y=-12\cdots\cdots② \end{cases}$
①×2＋②×3より，$17x=-34$，$x=-2$
これを①に代入すると，$4\times(-2)+3y=1$，
$-8+3y=1$，$3y=1+8$，$3y=9$，$y=3$

(4) $\begin{cases} 3x+7y=4\cdots\cdots① \\ 5x+4y=-1\cdots\cdots② \end{cases}$
①×5－②×3より，$23y=23$，$y=1$
これを①に代入すると，$3x+7\times1=4$，
$3x+7=4$，$3x=4-7$，$3x=-3$，$x=-1$

(5) $\begin{cases} x-2y=11\cdots\cdots① \\ y-2x=-16\cdots\cdots② \end{cases}$
②より，$y=2x-16\cdots\cdots②'$
②′を①に代入すると，
$x-2(2x-16)=11$，$x-4x+32=11$，$-3x=-21$，
$x=7$
これを②′に代入すると，$y=2\times7-16=-2$

(6) $\begin{cases} 17x+19y=-13\cdots\cdots① \\ 19x+17y=-23\cdots\cdots② \end{cases}$
①×19－②×17より，$72y=144$，$y=2$
これを①に代入すると，$17x+19\times2=-13$，
$17x+38=-13$，$17x=-51$，$x=-3$

(7) $\begin{cases} -x+y=5\cdots\cdots① \\ x=-2y+7\cdots\cdots② \end{cases}$
②を①に代入すると，
$-(-2y+7)+y=5$，$2y-7+y=5$，$3y=12$，$y=4$
これを②に代入すると，$x=-2\times4+7=-1$

(8) $\begin{cases} 2x-5y=-2\cdots\cdots① \\ y=x-5\cdots\cdots② \end{cases}$
②を①に代入すると，
$2x-5(x-5)=-2$，$2x-5x+25=-2$，$-3x=-27$，
$x=9$
これを②に代入すると，$y=9-5=4$

(9) $\begin{cases} 7x-6y=-2\cdots\cdots① \\ 2y=3x-2\cdots\cdots② \end{cases}$
②を①に代入すると，
$7x-3(3x-2)=-2$，$7x-9x+6=-2$，$-2x=-8$，
$x=4$
これを②に代入すると，$2y=3\times4-2$，$2y=10$，$y=5$

(10) $\begin{cases} x=y+5\cdots\cdots① \\ x=3y-1\cdots\cdots② \end{cases}$
②を①に代入すると，$3y-1=y+5$，$2y=6$，$y=3$
これを①に代入すると，$x=3+5=8$

2 (1) $x=5$，$y=2$　　(2) $x=-4$，$y=3$
(3) $x=-5$，$y=5$　　(4) $x=6$，$y=-8$
(5) $x=6$，$y=3$　　(6) $x=3$，$y=-1$

解説 ▼

(1) $\begin{cases} 3(x+y)-(x-9)=25\cdots\cdots① \\ 2x-y=8\cdots\cdots② \end{cases}$
①より，$3x+3y-x+9=25$，$2x+3y=16\cdots\cdots①'$
①′－②より，$4y=8$，$y=2$
これを②に代入すると，$2x-2=8$，$2x=10$，$x=5$

(2) $\begin{cases} 5(x-y)+6y=-17\cdots\cdots① \\ 8x-5(x+y)=-27\cdots\cdots② \end{cases}$
①より，$5x-5y+6y=-17$，$5x+y=-17\cdots\cdots①'$
②より，$8x-5x-5y=-27$，$3x-5y=-27\cdots\cdots②'$
①′×5＋②′より，$28x=-112$，$x=-4$
これを①′に代入すると，$5\times(-4)+y=-17$，
$-20+y=-17$，$y=-17+20=3$

(3) $\begin{cases} \left(x+\dfrac{1}{3}\right)+2\left(y+\dfrac{1}{3}\right)=6\cdots\cdots① \\ 4\left(x+\dfrac{1}{3}\right)+5\left(y+\dfrac{1}{3}\right)=8\cdots\cdots② \end{cases}$
①より，$x+2y+\dfrac{1}{3}+\dfrac{2}{3}=6$，$x+2y=5\cdots\cdots①'$

034

②より，$4x+5y+\dfrac{4}{3}+\dfrac{5}{3}=8$，$4x+5y=5$……②′

①′×4−②′より，$3y=15$，$y=5$

これを①′に代入すると，$x+2\times5=5$，$x+10=5$，

$x=5-10=-5$

(4) $\begin{cases} 2(x-y)+5(x+y)=18 & \cdots\cdots① \\ 4(x-y)-(x+y)=58 & \cdots\cdots② \end{cases}$

①より，$2x-2y+5x+5y=18$，$7x+3y=18$……①′

②より，$4x-4y-x-y=58$，$3x-5y=58$……②′

①′×5+②′×3 より，$44x=264$，$x=6$

これを①′に代入すると，$7\times6+3y=18$，$42+3y=18$，

$3y=-24$，$y=-8$

(5) $\begin{cases} (x+4):(y+1)=5:2 & \cdots\cdots① \\ 3(x-y)+8=2x+5 & \cdots\cdots② \end{cases}$

①より，$(x+4)\times2=(y+1)\times5$，$2x+8=5y+5$，

$2x-5y=-3$……①′

②より，$3x-3y+8=2x+5$，$x-3y=-3$……②′

①′−②′×2 より，$y=3$

これを②′に代入すると，$x-3\times3=-3$

$x=-3+9=6$

(6) $\begin{cases} 3x+2y=7 & \cdots\cdots① \\ (x+y+2):(x-2y+4)=4:9 & \cdots\cdots② \end{cases}$

②より，$(x+y+2)\times9=(x-2y+4)\times4$

$9x+9y+18=4x-8y+16$，$5x+17y=-2$……②′

①×5−②′×3 より，$-41y=41$，$y=-1$

これを①に代入すると，$3x+2\times(-1)=7$，$3x-2=7$，

$3x=9$，$x=3$

3 (1) $x=3$，$y=2$　　(2) $x=-2$，$y=1$

(3) $x=2$，$y=-2$　　(4) $x=8$，$y=-7$

(5) $x=\dfrac{1}{3}$，$y=-\dfrac{1}{2}$　　(6) $x=1$，$y=\dfrac{1}{2}$

(7) $x=-\dfrac{1}{3}$，$y=\dfrac{2}{3}$　　(8) $x=-5$，$y=4$

解説 ▼

(1) $\begin{cases} \dfrac{x}{2}-\dfrac{y}{4}=1 & \cdots\cdots① \\ \dfrac{x}{3}+\dfrac{y}{2}=2 & \cdots\cdots② \end{cases}$

①の両辺に 2，4 の最小公倍数 4 をかけると，

$2x-y=4$……①′

②の両辺に 3，2 の最小公倍数 6 をかけると，

$2x+3y=12$……②′

①′−②′より，$-4y=-8$，$y=2$

これを②′に代入すると，$2x+3\times2=12$，$2x+6=12$，

$2x=6$，$x=3$

(2) $\begin{cases} 1.2x-0.8y=-3.2 & \cdots\cdots① \\ \dfrac{x-1}{3}=\dfrac{-3+y}{2} & \cdots\cdots② \end{cases}$

①の両辺に 10 をかけると，

$12x-8y=-32$……①′

②の両辺に 3，2 の最小公倍数 6 をかけると，

$2(x-1)=3(-3+y)$，$2x-2=-9+3y$，

$2x-3y=-7$……②′

①′−②′×6 より，$10y=10$，$y=1$

これを②′に代入すると，$2x-3\times1=-7$，$2x-3=-7$，

$2x=-4$，$x=-2$

(3) $\begin{cases} 1.25x+0.75y=1 & \cdots\cdots① \\ 2.1x-1.4y=7 & \cdots\cdots② \end{cases}$

①の両辺を 0.25 でわると，

$5x+3y=4$……①′

②の両辺を 0.7 でわると，

$3x-2y=10$……②′

①′×2+②′×3 より，$19x=38$，$x=2$

これを①′に代入すると，$5\times2+3y=4$，$10+3y=4$，

$3y=-6$，$y=-2$

(4) $\begin{cases} 0.3x+0.2y=1 & \cdots\cdots① \\ \dfrac{x}{36}-\dfrac{y}{9}=1 & \cdots\cdots② \end{cases}$

①の両辺に 10 をかけると，

$3x+2y=10$……①′

②の両辺に 36，9 の最小公倍数 36 をかけると，

$x-4y=36$……②′

①′×2+②′より，$7x=56$，$x=8$

これを①′に代入すると，$3\times8+2y=10$，$24+2y=10$，

$2y=-14$，$y=-7$

(5) $\begin{cases} \dfrac{2}{x}-\dfrac{3}{y}=12 & \cdots\cdots① \\ \dfrac{5}{x}+\dfrac{2}{y}=11 & \cdots\cdots② \end{cases}$

$\dfrac{1}{x}=X$，$\dfrac{1}{y}=Y$ とおくと，

①より，$2X-3Y=12$……①′

②より，$5X+2Y=11$……②′

①′×2+②′×3 より，$19X=57$，$X=3$

$X=3$ より，$\dfrac{1}{x}=3$，$x=\dfrac{1}{3}$

$X=3$ を②′に代入すると，$5\times3+2Y=11$，$15+2Y=11$，

$2Y=-4$，$Y=-2$

$Y=-2$ より，$\dfrac{1}{y}=-2$，$y=-\dfrac{1}{2}$

(6) $\begin{cases} \dfrac{1}{2x-3y}+\dfrac{2}{x+2y}=3 & \cdots\cdots① \\ \dfrac{3}{2x-3y}-\dfrac{2}{x+2y}=5 & \cdots\cdots② \end{cases}$

$\dfrac{1}{2x-3y}=X$，$\dfrac{1}{x+2y}=Y$ とおくと，

①より，$X+2Y=3$……①′

②より，$3X-2Y=5$……②′

①'+②'より，$4X=8$, $X=2$

よって，$\dfrac{1}{2x-3y}=2$……③

$X=2$ を①'に代入すると，$2+2Y=3$, $2Y=1$, $Y=\dfrac{1}{2}$

よって，$\dfrac{1}{x+2y}=\dfrac{1}{2}$……④

③より，$2x-3y=\dfrac{1}{2}$……③'

④より，$x+2y=2$……④'

③'−④'×2 より，$-7y=-\dfrac{7}{2}$, $y=\dfrac{1}{2}$

これを④'に代入すると，$x+2\times\dfrac{1}{2}=2$, $x+1=2$,

$x=1$

(7) $\begin{cases} 5x+4y=1\cdots\cdots① \\ 7x+5y=1\cdots\cdots② \end{cases}$ とする。

①×5−②×4 より，$-3x=1$, $x=-\dfrac{1}{3}$

これを①に代入すると，$5\times\left(-\dfrac{1}{3}\right)+4y=1$,

$-\dfrac{5}{3}+4y=1$, $4y=1+\dfrac{5}{3}$, $4y=\dfrac{8}{3}$, $y=\dfrac{2}{3}$

(8) $\begin{cases} x-y+1=-2y\cdots\cdots① \\ 3x+7=-2y\quad\cdots\cdots② \end{cases}$ とする。

①より，$x+y=-1$……①'

②より，$3x+2y=-7$……②'

①'×2−②'より，$-x=5$, $x=-5$

これを①'に代入すると，$-5+y=-1$

$y=-1+5=4$

4 (1) $x=2\sqrt{2}$, $y=-1-\sqrt{2}$

(2) $x=\dfrac{5}{2}$, $y=-\dfrac{5}{8}$

(3) $x=\dfrac{3}{4}$, $y=-1$　　(4) $x=\dfrac{1}{3}$, $y=0$

(5) $x=-4$, $y=-2$　　(6) $x=-1$, $y=2$

解説 ▼

(1) $\begin{cases} (\sqrt{2}+3)x+6y=-2\cdots\cdots① \\ (3\sqrt{2}-2)x-4y=16\cdots\cdots② \end{cases}$

①×2+②×3 より，

$\{(2\sqrt{2}+6)+(9\sqrt{2}-6)\}x=44$, $11\sqrt{2}\,x=44$,

$x=\dfrac{44}{11\sqrt{2}}=\dfrac{4}{\sqrt{2}}=\dfrac{4\times\sqrt{2}}{\sqrt{2}\times\sqrt{2}}=\dfrac{4\sqrt{2}}{2}=2\sqrt{2}$

これを①に代入すると，

$(\sqrt{2}+3)\times2\sqrt{2}+6y=-2$, $4+6\sqrt{2}+6y=-2$,

$6y=-6-6\sqrt{2}$, $y=-1-\sqrt{2}$

(2) $\begin{cases} 0.3(x-1)+0.4y=\dfrac{1}{5}\cdots\cdots① \\ \dfrac{x}{4}-\dfrac{y}{3}=\dfrac{5}{6}\qquad\cdots\cdots② \end{cases}$

①の両辺に 10 をかけると，

$3(x-1)+4y=2$, $3x-3+4y=2$, $3x+4y=5$……①'

②の両辺に 4，3，6 の最小公倍数 12 をかけると，

$3x-4y=10$……②'

①'+②'より，$6x=15$, $x=\dfrac{15}{6}=\dfrac{5}{2}$

これを①'に代入すると，$3\times\dfrac{5}{2}+4y=5$, $\dfrac{15}{2}+4y=5$,

$4y=5-\dfrac{15}{2}$, $4y=-\dfrac{5}{2}$, $y=-\dfrac{5}{8}$

(3) $\begin{cases} x+0.5y=0.25\cdots\cdots① \\ \dfrac{1}{5}(x-3y)=\dfrac{3}{4}\cdots\cdots② \end{cases}$

①の両辺を 0.25 でわると，

$4x+2y=1$……①'

②の両辺に 5，4 の最小公倍数 20 をかけると，

$4(x-3y)=15$, $4x-12y=15$……②'

①'−②'より，$14y=-14$, $y=-1$

これを①'に代入すると，$4x+2\times(-1)=1$, $4x-2=1$,

$4x=3$, $x=\dfrac{3}{4}$

(4) $\begin{cases} \dfrac{1}{4}(x+1)-\dfrac{y-2}{3}=1\cdots\cdots① \\ 0.3(x+3)-0.1y=1\ \cdots\cdots② \end{cases}$

①の両辺に 4，3 の最小公倍数 12 をかけると，

$3(x+1)-4(y-2)=12$, $3x+3-4y+8=12$,

$3x-4y=1$……①'

②の両辺に 10 をかけると，

$3(x+3)-y=10$, $3x+9-y=10$, $3x-y=1$……②'

①'−②'より，$-3y=0$, $y=0$

これを①'に代入すると，$3x-4\times0=1$, $3x=1$, $x=\dfrac{1}{3}$

(5) $\begin{cases} \dfrac{2x-y}{3}=\dfrac{y}{2}-1\qquad\cdots\cdots① \\ (x+1):(y-2)=3:4\cdots\cdots② \end{cases}$

①の両辺に 3，2 の最小公倍数 6 をかけると，

$2(2x-y)=3y-6$, $4x-2y=3y-6$,

$4x-5y=-6$……①'

②より，$(x+1)\times4=(y-2)\times3$,

$4x+4=3y-6$, $4x-3y=-10$……②'

①'−②'より，$-2y=4$, $y=-2$

これを①'に代入すると，$4x-5\times(-2)=-6$,

$4x+10=-6$, $4x=-16$, $x=-4$

(6) $\begin{cases} \dfrac{x-y}{3}+\dfrac{2}{5}(y-2)=0.2(1-3y)\cdots\cdots① \\ (3-2x):y=5:2\qquad\cdots\cdots② \end{cases}$

①の両辺に 3, 5 の最小公倍数 15 をかけると,
$5(x-y)+6(y-2)=3(1-3y)$,
$5x-5y+6y-12=3-9y$, $5x+10y=15$……①′
②より, $(3-2x)\times2=y\times5$, $6-4x=5y$,
$-4x-5y=-6$……②′
①′+②′×2 より, $-3x=3$, $x=-1$
これを①′に代入すると, $5\times(-1)+10y=15$,
$-5+10y=15$, $10y=20$, $y=2$

5 (1) $(x=)\dfrac{1}{12}$, $(y=)\dfrac{1}{6}$, $(z=)\dfrac{1}{4}$

(2) $x=1, y=18, z=102$ **または** $x=2, y=9, z=51$

解説 ▼

(1) $\begin{cases} (3-x):(y+1)=5:2 \cdots\cdots① \\ 3y+2z=1 \qquad\qquad\quad \cdots\cdots② \\ 5x+2y+z=1 \qquad\quad \cdots\cdots③ \end{cases}$

①より, $(3-x)\times2=(y+1)\times5$,
$6-2x=5y+5$, $-2x-5y=-1$……①′
②-③×2 より, $-10x-y=-1$……④

①′×5-④ より, $-24y=-4$, $y=\dfrac{4}{24}=\dfrac{1}{6}$

これを①′に代入すると, $-2x-5\times\dfrac{1}{6}=-1$,

$-2x-\dfrac{5}{6}=-1$, $-2x=-1+\dfrac{5}{6}$, $-2x=-\dfrac{1}{6}$, $x=\dfrac{1}{12}$

$y=\dfrac{1}{6}$ を②に代入すると, $3\times\dfrac{1}{6}+2z=1$, $\dfrac{1}{2}+2z=1$,

$2z=\dfrac{1}{2}$, $z=\dfrac{1}{4}$

(2) $\begin{cases} 3x+6y-z=9 \cdots\cdots① \\ 6x-5y+z=18\cdots\cdots② \end{cases}$

①+②より, $9x+y=27$, $y=27-9x=9(3-x)$
x, y は自然数だから, x は 1, 2 のいずれかである。
$x=1$ のとき $y=18$
これらを①に代入すると, $3\times1+6\times18-z=9$,
$3+108-z=9$, $z=102$ (z は自然数だから適する。)
$x=2$ のとき $y=9$
これらを①に代入すると, $3\times2+6\times9-z=9$,
$6+54-z=9$, $z=51$ (z は自然数だから適する。)

6 (1) 1, 7 　　　　(2) $a=-3$

(3) $x=\dfrac{2}{5}$, $y=\dfrac{7}{5}$, $a=\dfrac{6}{7}$

(4) -6

(5) $a=2$, $b=0$, $x=1$, $y=7$

解説 ▼

(1) $\begin{cases} x+2y=15\cdots\cdots① \\ ax+y=14\cdots\cdots② \end{cases}$

①-②×2 より, $(1-2a)x=-13$
$(2a-1)x=13$
13 は素数で, x は自然数だから, $2a-1=1$ または
$2a-1=13$ となる。
$2a-1=1$ より, $2a=2$, $a=1$ (自然数である。)
$2a-1=13$ より, $2a=14$, $a=7$ (自然数である。)
$a=1$ のとき, ①, ②より, $x=13$, $y=1$ (ともに自然数となる。)
$a=7$ のとき, ①, ②より, $x=1$, $y=7$ (ともに自然数となる。)
したがって, $a=1$, $a=7$ は問題に合っている。

(2) 連立方程式の解を $x=b$, $y=2b(b\neq0)$ とする。これらを連立方程式に代入すると,
$\begin{cases} 2b+2b=5a-13 \ \cdots\cdots① \\ 3b-4b=-2a+1\cdots\cdots② \end{cases}$
①より, $-5a+4b=-13\cdots\cdots①′$
②より, $2a-b=1\cdots\cdots②′$
①′+②′×4 より, $3a=-9$, $a=-3$
$a=-3$ を②′に代入すると, $b=-7$ となり, $b\neq0$ だから, $a=-3$ は問題に合っている。

(3) 連立方程式の解を $x=2b$, $y=7b$ とする。これらを連立方程式に代入すると,
$\begin{cases} 18b+14ab=6 \cdots\cdots① \\ b-7ab=-1 \ \cdots\cdots② \end{cases}$

①+②×2 より, $20b=4$, $b=\dfrac{4}{20}=\dfrac{1}{5}$

これを②に代入すると, $\dfrac{1}{5}-7a\times\dfrac{1}{5}=-1$,

$\dfrac{1}{5}-\dfrac{7}{5}a=-1$, $1-7a=-5$, $-7a=-6$, $a=\dfrac{6}{7}$

$b=\dfrac{1}{5}$ を $x=2b$ に代入すると, $x=2\times\dfrac{1}{5}=\dfrac{2}{5}$

同様に $y=7b$ に代入すると, $y=7\times\dfrac{1}{5}=\dfrac{7}{5}$

(4) $\begin{cases} 2x-y+1=0 \ \cdots\cdots① \\ ax+3y-5=0\cdots\cdots② \end{cases}$
①×3+②より, $(6+a)x-2=0$, $(6+a)x=2$
ここで, $a=-6$ とすると, (左辺)=0, (右辺)=2 となり, この等式は成り立たない。したがって, $a=-6$ のとき, この連立方程式は解をもたない。

(5) 2 組の連立方程式の同じ解は, 連立方程式
$\begin{cases} 2x-\dfrac{2}{7}y+2=x+1 \cdots\cdots① \\ \dfrac{x+9y}{4}=16 \qquad\qquad \cdots\cdots② \end{cases}$ の解でもある。

①より, $x-\dfrac{2}{7}y=-1$, $7x-2y=-7\cdots\cdots①′$
②より, $x+9y=64\cdots\cdots②′$
①′-②′×7 より, $-65y=-455$, $y=7$
これを②′に代入すると, $x+9\times7=64$, $x=1$
$x=1, y=7$ を連立方程式 $\begin{cases} ax+by=x+1 \\ bx+ay+2=16 \end{cases}$ に代入して,

1 一次方程式　2 連立方程式　3 2次方程式

$\begin{cases} a+7b=2 & \cdots\cdots ③ \\ b+7a+2=16 & \cdots\cdots ④ \end{cases}$ とする。

④より，$7a+b=14\cdots\cdots④'$

③×7−④′より，$48b=0$，$b=0$

これを③に代入すると，$a+7\times0=2$，$a=2$

7 K組…45人，E組…54人，I組…21人

解説 ▼

K組とE組の生徒人数比が5：6だからK組の生徒数を$5x$人，E組の生徒数を$6x$人とする。また，I組の生徒数をy人とすると，

3組の生徒数の関係より，$5x+6x+y=120$

3組の平均点の関係より，

$51\times5x+52\times6x+53\times y=51.8\times120$

したがって，連立方程式は，

$\begin{cases} 11x+y=120 & \cdots\cdots① \\ 567x+53y=6216 & \cdots\cdots② \end{cases}$

①×53−②より，$16x=144$，$x=9$

これを①に代入すると，$11\times9+y=120$，$y=21$

K組の生徒数は$5\times9=45$(人)，E組の生徒数は$6\times9=54$(人)，I組の生徒数は21人。これらは問題に合っている。

8 ほうれん草をxg，ごまをygとすると，

ほうれん草とごまの分量の関係より，$x+y=83$

ほうれん草とごまのカロリーの関係より，

$\dfrac{54}{270}x+\dfrac{60}{10}y=63$

したがって，連立方程式は，

$\begin{cases} x+y=83 & \cdots\cdots① \\ \dfrac{54}{270}x+\dfrac{60}{10}y=63 & \cdots\cdots② \end{cases}$

②より，$\dfrac{1}{5}x+6y=63$，$x+30y=315\cdots\cdots②'$

①−②′より，$-29y=-232$，$y=8$

これを①に代入すると，$x+8=83$，$x=83-8=75$

ほうれん草75g，ごま8gは問題に合っている。

答 ほうれん草…75g，ごま…8g

9 Aをx個，Bをy個仕入れたとすると，

1日目について，売れた総数の関係より，

$0.75x+0.3y=(x+y)\times\dfrac{1}{2}+9$

2日目について，売れた総数の関係より，

$(1-0.75)x+(1-0.3)y\times\dfrac{1}{2}=273$

したがって，連立方程式は，

$\begin{cases} 0.75x+0.3y=(x+y)\times\dfrac{1}{2}+9 & \cdots\cdots① \\ (1-0.75)x+(1-0.3)y\times\dfrac{1}{2}=273 & \cdots\cdots② \end{cases}$

①より，$0.75x+0.3y=0.5(x+y)+9$

$75x+30y=50(x+y)+900$，

$75x+30y=50x+50y+900$，

$25x-20y=900$，$5x-4y=180\cdots\cdots①'$

②より，$0.25x+0.5\times0.7y=273$

$0.25x+0.35y=273$，$25x+35y=27300$

$5x+7y=5460\cdots\cdots②'$

①′−②′より，$-11y=-5280$，$y=480$

これを①′に代入すると，$5x-4\times480=180$，

$5x-1920=180$，$5x=2100$，$x=420$

仕入れたA，Bの総数は$420+480=900$(個)で，その半分は450個で正の整数となる。

また，1日目のA，Bの売れた総数はそれぞれ

$420\times0.75=315$(個)，$480\times0.3=144$(個)で，ともに正の整数となる。

したがって，A 420個，B 480個は問題に合っている。

答 A…420個，B…480個

10 (1) $a+5b$ g   (2) $a=\dfrac{37}{4}$，$b=\dfrac{23}{20}$

解説 ▼

(1) はじめに，Bの容器に含まれる食塩の重さは，

$500\times\dfrac{b}{100}=5b$(g)

Aの容器から取り出した100gの食塩水に含まれる食塩の重さは，$100\times\dfrac{a}{100}=a$(g)

したがって，これをBの容器に入れたとき，含まれる食塩の重さは，$a+5b$(g)

(2) はじめに，Aの容器に含まれる食塩の重さは，

$900\times\dfrac{a}{100}=9a$(g)

Aの容器から100gの食塩水を取り出した後の，Aの容器に含まれる食塩の重さは$9a-a=8a$(g)

Bの容器から取り出した100gの食塩水に含まれる食塩の重さは，$(a+5b)\times\dfrac{100}{600}=\dfrac{a+5b}{6}$(g)

これをAの容器に入れたとき，含まれる食塩の重さは，$8a+\dfrac{a+5b}{6}=\dfrac{49a+5b}{6}$(g)

Aの濃度は8.50%だから，

食塩の重さの関係は，$900\times\dfrac{8.50}{100}=\dfrac{49a+5b}{6}$

Bの容器500gの食塩水に含まれる食塩の重さは，

$a+5b-\dfrac{a+5b}{6}=\dfrac{5a+25b}{6}$(g)

Bの濃度は2.50%だから，

食塩の重さの関係は，$500\times\dfrac{2.50}{100}=\dfrac{5a+25b}{6}$

したがって，連立方程式は，

$$\begin{cases} \dfrac{49a+5b}{6}=76.5 \cdots\cdots① \\[2mm] \dfrac{5a+25b}{6}=12.5 \cdots\cdots② \end{cases}$$

①より，$49a+5b=459\cdots\cdots①'$

②より，$5a+25b=75$，$a+5b=15\cdots\cdots②'$

①$'$－②$'$より，$48a=444$，$a=\dfrac{37}{4}$

これを②$'$に代入すると，$\dfrac{37}{4}+5b=15$，$5b=15-\dfrac{37}{4}$，

$5b=\dfrac{23}{4}$，$b=\dfrac{23}{20}$

$a=\dfrac{37}{4}$，$b=\dfrac{23}{20}$は問題に合っている。

11 673

解説 ▼

N の百の位の数を a，十の位の数を b，一の位の数を c とする。

N を 100 でわった余りは百の位の数を 12 倍した数に 1 加えた数に等しいから，

$10b+c=12a+1$

N の一の位の数を十の位に，N の十の位の数を百の位に，N の百の位の数を一の位にそれぞれおきかえてできる数はもとの整数 N より 63 大きいから，

$100b+10c+a=100a+10b+c+63$

したがって，連立方程式は，

$$\begin{cases} 10b+c=12a+1 & \cdots\cdots① \\ 100b+10c+a=100a+10b+c+63 & \cdots\cdots② \end{cases}$$

①より，$-12a+10b+c=1\cdots\cdots①'$

②より，$-99a+90b+9c=63$，$-11a+10b+c=7\cdots\cdots②'$

①$'$－②$'$より，$-a=-6$，$a=6$

これを①$'$に代入すると，$-12\times6+10b+c=1$

$10b+c=73$

b，c は 1 けたの整数を表すから，これをみたす b，c は，

$b=7$，$c=3$

よって，$N=100\times6+10\times7+3=673$

$N=673$ は問題に合っている。

12 (1) 225　　　　　(2) 135

(3) 15

解説 ▼

(1) ①より，2 人が反対方向に回るとき，8 分間で 2 人が進んだ道のりの和が 1.8km だから，

$8a+8b=1800$

よって，$a+b=225$

(2) ②より，2 人が同じ方向に回るとき，40 分間で 2 人

が進んだ道のりの差が 1.8km だから，

$40b-40a=1800$

よって，$b-a=45$

したがって，連立方程式は，

$$\begin{cases} a+b=225 & \cdots\cdots①' \\ -a+b=45 & \cdots\cdots②' \end{cases}$$

①$'$＋②$'$より，$2b=270$

よって，$b=135$

これを①$'$に代入すると，

$a+135=225$，$a=225-135=90$

a，b は正の数で，$a<b$ をみたすから，$a=90$，$b=135$ は問題に合っている。

(3) A 君が出発してから x 分後に B 君が出発するとすると，B 君が A 君に追いつくまでに 2 人が進んだ道のりの関係より，方程式は，$90(x+10)=135\times10$

これを解くと，$90x+900=1350$，$90x=450$，$x=5$

よって，A 君が移動していた時間は，$5+10=15$(分)

15 分は A 君が P 地点にもどる時間 $1800\div90=20$

(分)より短いから，問題に合っている。

13 貨物列車の長さ…245m，速さ…毎秒 21m

解説 ▼

貨物列車の長さを xm，速さを毎秒 ym とする。

長さ 280m の鉄橋を渡り始めてから渡り終えるまで 25 秒かかるから，$280+x=25y$

速さが毎秒 18m で長さが 145m の特急列車と，出会ってからすれ違い終わるまでに 10 秒かかるから，

$145+x=10y+18\times10$

したがって，連立方程式は，

$$\begin{cases} 280+x=25y & \cdots\cdots① \\ 145+x=10y+18\times10 & \cdots\cdots② \end{cases}$$

①より，$x-25y=-280\cdots\cdots①'$

②より，$x-10y=35\cdots\cdots②'$

①$'$－②$'$より，$-15y=-315$，$y=21$

これを①$'$に代入すると，$x-25\times21=-280$，

$x-525=-280$，$x=-280+525=245$

貨物列車の長さが 245m，速さが毎秒 21m は問題に合っている。

3 2 次方程式

STEP01 要点まとめ　　　本冊062ページ

1	01	-9		02	9
	03	9		04	9
2	05	25		06	25

07	25	08	$\pm\dfrac{5}{2}$

3 09 X^2 10 2

11 2   12 $3\sqrt{2}$

4 13 -7 14 2

15 -7 16 2

17 $\dfrac{7\pm\sqrt{33}}{4}$

5 18 4   19 2

20 -24 21 $7x$

22 -24 23 6

24 6

6 25 -4 26 -6

27 10   28 10

29 24

7 30 x 31 3

32 21   33 12

34 3   35 3

36 3   37 3

STEP 02 基本問題

1 (1) $x=2,\ x=3$ (2) $x=0,\ x=-7$

(3) $x=4,\ x=-6$ (4) $x=4$

(5) $x=-5,\ x=-7$ (6) $x=-4,\ x=5$

(7) $x=2,\ x=-8$ (8) $x=-5,\ x=7$

(9) $x=-6,\ x=9$ (10) $x=-2,\ x=12$

解説 ▼

(1) $(x-2)(x-3)=0$
$x-2=0$ または $x-3=0$ より，$x=2,\ x=3$

(2) $x^2+7x=0,\ x(x+7)=0,\ x=0,\ x=-7$

(3) $x^2+2x-24=0$
積が -24，和が 2 となる 2 数は -4 と 6 だから，
$(x-4)(x+6)=0,\ x=4,\ x=-6$

(4) $x^2-8x+16=0$
積が 16，和が -8 となる 2 数は -4 と -4 だから，
$(x-4)^2=0,\ x=4$

(5) $x^2+12x+35=0$
積が 35，和が 12 となる 2 数は 5 と 7 だから，
$(x+5)(x+7)=0,\ x=-5,\ x=-7$

(6) $x^2-x-20=0$
積が -20，和が -1 となる 2 数は 4 と -5 だから，
$(x+4)(x-5)=0,\ x=-4,\ x=5$

(7) $x^2+6x-16=0$
積が -16，和が 6 となる 2 数は -2 と 8 だから，
$(x-2)(x+8)=0,\ x=2,\ x=-8$

(8) $x^2-2x-35=0$
積が -35，和が -2 となる 2 数は 5 と -7 だから，

$(x+5)(x-7)=0,\ x=-5,\ x=7$

(9) $x^2-3x-54=0$
積が -54，和が -3 となる 2 数は 6 と -9 だから，
$(x+6)(x-9)=0,\ x=-6,\ x=9$

(10) $x^2-10x-24=0$
積が -24，和が -10 となる 2 数は 2 と -12 だから，
$(x+2)(x-12)=0,\ x=-2,\ x=12$

2 (1) $x=-2,\ x=5$ (2) $x=1,\ x=-4$

(3) $x=-3,\ x=-6$ (4) $x=2,\ x=-3$

(5) $x=-2,\ x=3$ (6) $x=2,\ x=-5$

(7) $x=3,\ x=5$ (8) $x=1,\ x=5$

(9) $x=-2,\ x=3$ (10) $x=-2,\ x=2$

解説 ▼

(1) $x^2-5=3x+5,\ x^2-3x-10=0$
$(x+2)(x-5)=0,\ x=-2,\ x=5$

(2) $(x+2)(x-2)=-3x,\ x^2-4=-3x,$
$x^2+3x-4=0,\ (x-1)(x+4)=0,\ x=1,\ x=-4$

(3) $(x+2)^2=-5x-14,\ x^2+4x+4=-5x-14$
$x^2+9x+18=0,\ (x+3)(x+6)=0,\ x=-3,\ x=-6$

(4) $(x-3)(x+4)=-6,\ x^2+x-12=-6,\ x^2+x-6=0$
$(x-2)(x+3)=0,\ x=2,\ x=-3$

(5) $(x+1)(x-1)=x+5,\ x^2-1=x+5,\ x^2-x-6=0$
$(x+2)(x-3)=0,\ x=-2,\ x=3$

(6) $x(x+6)=3x+10,\ x^2+6x=3x+10,\ x^2+3x-10=0$
$(x-2)(x+5)=0,\ x=2,\ x=-5$

(7) $2(x-3)=(3-x)^2,\ 2x-6=9-6x+x^2$
$-x^2+8x-15=0,\ x^2-8x+15=0$
$(x-3)(x-5)=0,\ x=3,\ x=5$

(8) $(x-1)(x+2)=7(x-1),\ x^2+x-2=7x-7$
$x^2-6x+5=0,\ (x-1)(x-5)=0,\ x=1,\ x=5$

(9) $(x+3)(x-2)-2x=0,\ x^2+x-6-2x=0$
$x^2-x-6=0,\ (x+2)(x-3)=0,\ x=-2,\ x=3$

(10) $(x+2)(x+1)=3(x+2),\ (x+2)(x+1)-3(x+2)=0$
$(x+2)\{(x+1)-3\}=0,\ (x+2)(x-2)=0,\ x=-2,\ x=2$

3 (1) $x=\pm13$ (2) $x=\pm4\sqrt{2}$

(3) $x=\pm4$ (4) $x=\pm\sqrt{10}$

(5) $x=1\pm\sqrt{2}$ (6) $x=-6\pm3\sqrt{2}$

(7) $x=-4\pm\sqrt{5}$ (8) $x=15,\ x=1$

解説 ▼

(1) $x^2=169,\ x=\pm\sqrt{169}=\pm13$

(2) $x^2=32,\ x=\pm\sqrt{32}=\pm4\sqrt{2}$

(3) $3x^2-48=0,\ 3x^2=48,\ x^2=16,\ x=\pm\sqrt{16}=\pm4$

(4) $5x^2-50=0,\ 5x^2=50,\ x^2=10,\ x=\pm\sqrt{10}$

(5) $(x-1)^2-2=0,\ (x-1)^2=2,\ x-1=\pm\sqrt{2},\ x=1\pm\sqrt{2}$

(6) $(x+6)^2=18,\ x+6=\pm\sqrt{18},\ x+6=\pm3\sqrt{2},$
$x=-6\pm3\sqrt{2}$

(7) $(x+4)^2-5=0$, $(x+4)^2=5$, $x+4=\pm\sqrt{5}$, $x=-4\pm\sqrt{5}$

(8) $(x-8)^2-49=0$, $(x-8)^2=49$, $x-8=\pm\sqrt{49}$,
$x-8=\pm7$, $x=8\pm7$, $x=15$, $x=1$

4 (1) $x=\dfrac{-1\pm\sqrt{13}}{2}$ (2) $x=\dfrac{-5\pm\sqrt{17}}{4}$

(3) $x=1$, $x=\dfrac{2}{3}$ (4) $x=\dfrac{-3\pm\sqrt{17}}{2}$

(5) $x=-2\pm\sqrt{10}$ (6) $x=4\pm\sqrt{5}$

(7) $x=\dfrac{\sqrt{10}\pm3\sqrt{2}}{2}$ (8) $x=\dfrac{2\pm\sqrt{19}}{3}$

解説 ▼

(1) $x^2+x-3=0$
解の公式より, $x=\dfrac{-1\pm\sqrt{1^2-4\times1\times(-3)}}{2\times1}=\dfrac{-1\pm\sqrt{13}}{2}$

(2) $2x^2+5x+1=0$
解の公式より, $x=\dfrac{-5\pm\sqrt{5^2-4\times2\times1}}{2\times2}=\dfrac{-5\pm\sqrt{17}}{4}$

(3) $3x^2-5x+2=0$
解の公式より, $x=\dfrac{-(-5)\pm\sqrt{(-5)^2-4\times3\times2}}{2\times3}$
$=\dfrac{5\pm\sqrt{1}}{6}=\dfrac{5\pm1}{6}$
$x=\dfrac{5+1}{6}=\dfrac{6}{6}=1$, $x=\dfrac{5-1}{6}=\dfrac{4}{6}=\dfrac{2}{3}$

(4) $x^2+3x-2=0$
解の公式より, $x=\dfrac{-3\pm\sqrt{3^2-4\times1\times(-2)}}{2\times1}=\dfrac{-3\pm\sqrt{17}}{2}$

(5) $x^2+4x-6=0$
解の公式より,
$x=\dfrac{-4\pm\sqrt{4^2-4\times1\times(-6)}}{2\times1}=\dfrac{-4\pm\sqrt{40}}{2}=\dfrac{-4\pm2\sqrt{10}}{2}$
$=-2\pm\sqrt{10}$

確認

2次方程式 $ax^2+2bx+c=0$ (a, b, c は定数で, $a\neq0$)
の解は, $x=\dfrac{-b\pm\sqrt{b^2-ac}}{a}$ で求められる。

(6) $x^2-8x+11=0$
解の公式より,
$x=\dfrac{-(-8)\pm\sqrt{(-8)^2-4\times1\times11}}{2\times1}=\dfrac{8\pm\sqrt{20}}{2}$
$=\dfrac{8\pm2\sqrt{5}}{2}=4\pm\sqrt{5}$

(7) $x^2-\sqrt{10}x-2=0$
解の公式より,
$x=\dfrac{-(-\sqrt{10})\pm\sqrt{(-\sqrt{10})^2-4\times1\times(-2)}}{2\times1}$

$=\dfrac{\sqrt{10}\pm\sqrt{10+8}}{2}=\dfrac{\sqrt{10}\pm\sqrt{18}}{2}=\dfrac{\sqrt{10}\pm3\sqrt{2}}{2}$

(8) $3x^2-4x=5$, $3x^2-4x-5=0$
解の公式より,
$x=\dfrac{-(-4)\pm\sqrt{(-4)^2-4\times3\times(-5)}}{2\times3}=\dfrac{4\pm\sqrt{76}}{6}$

$=\dfrac{4\pm2\sqrt{19}}{6}=\dfrac{2\pm\sqrt{19}}{3}$

5 (1) $x^2-ax-12=0$……①
①に $x=2$ を代入して,
$2^2-a\times2-12=0$, $4-2a-12=0$,
$-2a=8$, $a=-4$
①に $a=-4$ を代入して, $x^2+4x-12=0$,
$(x-2)(x+6)=0$, $x=2$, -6
答 $a=-4$, **もう 1 つの解は,** $x=-6$

(2) $a=2$

解説 ▼

(2) $2x^2-(2a-3)x-a^2-6=0$……①
①に $x=-2$ を代入して,
$2\times(-2)^2-(2a-3)\times(-2)-a^2-6=0$
$8+4a-6-a^2-6=0$, $-a^2+4a-4=0$,
$a^2-4a+4=0$, $(a-2)^2=0$, $a=2$

6 (1) $x=1$ (2) 5, 6, 7
(3) $x=5$ (4) (3, 6)

解説 ▼

(1) ある自然数を x とすると, 方程式は,
$2(x+4)=(x+4)^2-15$
これを解くと, $2x+8=x^2+8x+16-15$
$-x^2-6x+7=0$, $x^2+6x-7=0$
$(x-1)(x+7)=0$, $x=1$, $x=-7$
x は自然数だから, $x=1$ のみ問題に合っている。

(2) 連続する 3 つの自然数のまん中の数を x とすると, 3
つの自然数は, $x-1$, x, $x+1$ と表される。方程式は,
$(x-1)(x+1)=2x+23$
これを解くと, $x^2-1=2x+23$
$x^2-2x-24=0$, $(x+4)(x-6)=0$, $x=-4$, $x=6$
x は自然数だから, $x=6$ のみ問題に合っている。
したがって, 求める 3 つの自然数は, 5, 6, 7

(3) 長方形の面積についての方程式は,
$x(x+3)=2x^2-10$
これを解くと, $x^2+3x=2x^2-10$
$-x^2+3x+10=0$, $x^2-3x-10=0$
$(x+2)(x-5)=0$, $x=-2$, $x=5$
x は正方形の 1 辺の長さだから, $x=5$ のみ問題に合っている。

(4) 点 P の x 座標を t とすると, 点 P は関数 $y=x+3$ の
グラフ上にあるから, その座標は$(t, t+3)$と表される。

△POQ は PO=PQ の二等辺三角形だから，点 Q の座標は$(2t, 0)$と表される。方程式は，

$$\frac{1}{2}\times 2t\times(t+3)=18$$

これを解くと，$t^2+3t=18$, $t^2+3t-18=0$
$(t-3)(t+6)=0$, $t=3$, $t=-6$
$t>0$ だから，$t=3$ のみ問題に合っている。
したがって，点 P の座標は$(t, t+3)$より，$(3, 6)$

STEP03 実戦問題

1
(1) $x=-1$, $x=4$　　(2) $x=5$, $x=-8$
(3) $x=\pm\sqrt{15}$　　(4) $x=-3$
(5) $x=2\pm\sqrt{2}$　　(6) $x=\dfrac{9\pm\sqrt{57}}{2}$
(7) $x=-2$, $x=6$　　(8) $x=\dfrac{19\pm\sqrt{29}}{2}$
(9) $x=\dfrac{-1\pm\sqrt{3}}{2}$　　(10) $x=\pm2$

解説▼

(1) $x(x-3)=4$, $x^2-3x=4$, $x^2-3x-4=0$
$(x+1)(x-4)=0$, $x=-1$, $x=4$

(2) $x(x+3)-40=0$, $x^2+3x-40=0$, $(x-5)(x+8)=0$,
$x=5$, $x=-8$

(3) $(x+4)(x-4)=-1$, $x^2-16=-1$, $x^2=15$,
$x=\pm\sqrt{15}$

(4) $x^2+27=6(3-x)$, $x^2+27=18-6x$, $x^2+6x+9=0$,
$(x+3)^2=0$, $x=-3$

(5) $2x^2+6=(x+2)^2$, $2x^2+6=x^2+4x+4$, $x^2-4x+2=0$
解の公式より，
$$x=\frac{-(-4)\pm\sqrt{(-4)^2-4\times1\times2}}{2\times1}=\frac{4\pm\sqrt{8}}{2}=\frac{4\pm2\sqrt{2}}{2}$$
$$=2\pm\sqrt{2}$$

(6) $(x-6)(x-1)=2x$, $x^2-7x+6=2x$, $x^2-9x+6=0$
解の公式より，
$$x=\frac{-(-9)\pm\sqrt{(-9)^2-4\times1\times6}}{2\times1}=\frac{9\pm\sqrt{57}}{2}$$

(7) $x(x-1)=3(x+4)$, $x^2-x=3x+12$, $x^2-4x-12=0$
$(x+2)(x-6)=0$, $x=-2$, $x=6$

(8) $(x-6)^2-7(x-8)-9=0$
$x^2-12x+36-7x+56-9=0$
$x^2-19x+83=0$
解の公式より，
$$x=\frac{-(-19)\pm\sqrt{(-19)^2-4\times1\times83}}{2\times1}=\frac{19\pm\sqrt{29}}{2}$$

(9) $x(x-1)+(x+1)(x+2)=3$, $x^2-x+x^2+3x+2=3$
$2x^2+2x-1=0$
解の公式より，

$$x=\frac{-2\pm\sqrt{2^2-4\times2\times(-1)}}{2\times2}=\frac{-2\pm\sqrt{12}}{4}=\frac{-2\pm2\sqrt{3}}{4}$$
$$=\frac{-1\pm\sqrt{3}}{2}$$

(10) $(x-1)^2+(x-2)^2=(x-3)^2$
$x^2-2x+1+x^2-4x+4=x^2-6x+9$
$x^2=4$, $x=\pm2$

2
(1) $x=\dfrac{2\pm\sqrt{13}}{3}$　　(2) $x=\dfrac{3\pm\sqrt{3}}{3}$
(3) $x=\dfrac{5\pm\sqrt{13}}{6}$　　(4) $x=\dfrac{3\pm\sqrt{15}}{6}$
(5) $x=-1$, $x=-2$　　(6) $x=-2$, $x=10$
(7) $x=\dfrac{-5\pm\sqrt{5}}{2}$
(8) $x=\sqrt{2}+3$, $x=\sqrt{2}-8$
(9) $x=-1$, $x=12$　　(10) $x=\dfrac{5}{2}$, $x=2$

解説▼

(1) $x^2-\dfrac{4}{3}x-1=0$

両辺に 3 をかけると，$3x^2-4x-3=0$
解の公式より，
$$x=\frac{-(-4)\pm\sqrt{(-4)^2-4\times3\times(-3)}}{2\times3}=\frac{4\pm\sqrt{52}}{6}$$
$$=\frac{4\pm2\sqrt{13}}{6}=\frac{2\pm\sqrt{13}}{3}$$

(2) $\dfrac{x(x-2)}{4}=-\dfrac{1}{6}$

両辺に 4，6 の最小公倍数 12 をかけると，
$3x(x-2)=-2$, $3x^2-6x=-2$, $3x^2-6x+2=0$
解の公式より，
$$x=\frac{-(-6)\pm\sqrt{(-6)^2-4\times3\times2}}{2\times3}=\frac{6\pm\sqrt{12}}{6}$$
$$=\frac{6\pm2\sqrt{3}}{6}=\frac{3\pm\sqrt{3}}{3}$$

(3) $\left(x-\dfrac{1}{2}\right)^2-\dfrac{1}{4}x(x+1)=0$, $x^2-x+\dfrac{1}{4}-\dfrac{1}{4}x^2-\dfrac{1}{4}x=0$

両辺に 4 をかけると，$4x^2-4x+1-x^2-x=0$,
$3x^2-5x+1=0$
解の公式より，
$$x=\frac{-(-5)\pm\sqrt{(-5)^2-4\times3\times1}}{2\times3}=\frac{5\pm\sqrt{13}}{6}$$

(4) $0.4x^2-\dfrac{2}{5}x-\dfrac{1}{15}=0$

両辺に 5，15 の最小公倍数 15 をかけると，
$6x^2-6x-1=0$
解の公式より，

$$x=\frac{-(-6)\pm\sqrt{(-6)^2-4\times6\times(-1)}}{2\times6}=\frac{6\pm\sqrt{60}}{12}$$

$$=\frac{6\pm2\sqrt{15}}{12}=\frac{3\pm\sqrt{15}}{6}$$

(5) $(x-2)^2+7(x-2)+12=0$
$x-2=X$ とおくと，$X^2+7X+12=0$，
$(X+3)(X+4)=0$
X を $x-2$ にもどすと，
$\{(x-2)+3\}\{(x-2)+4\}=0$，$(x+1)(x+2)=0$
$x=-1$，$x=-2$

(6) $(x-3)^2-2(x-3)-35=0$
$x-3=X$ とおくと，$X^2-2X-35=0$，
$(X+5)(X-7)=0$
X を $x-3$ にもどすと，
$\{(x-3)+5\}\{(x-3)-7\}=0$，$(x+2)(x-10)=0$
$x=-2$，$x=10$

(7) $(x+4)^2-3(x+4)+2=1$，$(x+4)^2-3(x+4)+1=0$
$x+4=X$ とおくと，$X^2-3X+1=0$
解の公式より，
$$X=\frac{-(-3)\pm\sqrt{(-3)^2-4\times1\times1}}{2\times1}=\frac{3\pm\sqrt{5}}{2}$$
X を $x+4$ にもどすと，
$$x+4=\frac{3\pm\sqrt{5}}{2}，x=-4+\frac{3\pm\sqrt{5}}{2}=\frac{-5\pm\sqrt{5}}{2}$$

(8) $(x-\sqrt{2})^2+5(x-\sqrt{2})-24=0$
$x-\sqrt{2}=X$ とおくと，$X^2+5X-24=0$，
$(X-3)(X+8)=0$
X を $x-\sqrt{2}$ にもどすと，
$\{(x-\sqrt{2})-3\}\{(x-\sqrt{2})+8\}=0$
$(x-\sqrt{2}-3)(x-\sqrt{2}+8)=0$
$x=\sqrt{2}+3$，$x=\sqrt{2}-8$

(9) $\dfrac{(x+2)(x+1)}{4}+1=\dfrac{(x-2)(x+2)}{3}-\dfrac{x-11}{6}$

両辺に，4，3，6 の最小公倍数 12 をかけると，
$3(x+2)(x+1)+12=4(x-2)(x+2)-2(x-11)$
$3(x^2+3x+2)+12=4(x^2-4)-2x+22$
$3x^2+9x+6+12=4x^2-16-2x+22$
$-x^2+11x+12=0$，$x^2-11x-12=0$，
$(x+1)(x-12)=0$
$x=-1$，$x=12$

(10) $(x-3)^2+4(x-5)(x+5)=3(x-5)(x+6)-11$
$x^2-6x+9+4(x^2-25)=3(x^2+x-30)-11$
$x^2-6x+9+4x^2-100=3x^2+3x-90-11$
$2x^2-9x+10=0$
解の公式より，
$$x=\frac{-(-9)\pm\sqrt{(-9)^2-4\times2\times10}}{2\times2}=\frac{9\pm\sqrt{1}}{4}=\frac{9\pm1}{4}$$
$$x=\frac{9+1}{4}=\frac{10}{4}=\frac{5}{2}，x=\frac{9-1}{4}=\frac{8}{4}=2$$

3 (1) $x^2+6x+2=0$ より，$x^2+6x=-2$
この両辺に，x の係数 6 の半分である 3 の 2 乗 9 を加えると，$x^2+6x+9=-2+9$
左辺を平方完成すると，$(x+3)^2=7$
よって，$x+3=\pm\sqrt{7}$ となり，$x=-3\pm\sqrt{7}$
答 $x=-3\pm\sqrt{7}$

(2) $x=4$

解説 ▼

(2) $1:(x+2)=(x+2):(5x+16)$
$1\times(5x+16)=(x+2)\times(x+2)$，$5x+16=(x+2)^2$
$5x+16=x^2+4x+4$，$-x^2+x+12=0$，
$x^2-x-12=0$
$(x+3)(x-4)=0$，$x=-3$，$x=4$
$x>0$ だから，$x=4$ のみ問題に合っている。

4 (1) $x=2\sqrt{5}$，$y=\sqrt{5}$

(2) $a=3$，$b=4$，または $a=4$，$b=3$

(3) $x=-10+4\sqrt{6}$，$y=-10-4\sqrt{6}$

(4) $x=\dfrac{2}{5}$，$y=\dfrac{13}{5}$，または $x=-\dfrac{10}{3}$，$y=-3$

解説 ▼

(1) $\begin{cases} x-y=\sqrt{5} & \cdots\cdots① \\ x^2-y^2=15 & \cdots\cdots② \end{cases}$

②より，$(x+y)(x-y)=15$
これに①を代入すると，$\sqrt{5}(x+y)=15$，
$x+y=3\sqrt{5}\cdots\cdots②'$
①＋②'より，$2x=\sqrt{5}+3\sqrt{5}$，$2x=4\sqrt{5}$，$x=2\sqrt{5}$
これを②'に代入すると，$2\sqrt{5}+y=3\sqrt{5}$，$y=\sqrt{5}$

(2) $\begin{cases} a^2+b^2=3(a+b)+4 & \cdots\cdots① \\ a+b=7 & \cdots\cdots② \end{cases}$

②より，$b=-a+7\cdots\cdots②'$
②'を①に代入すると，
$a^2+(-a+7)^2=3\{a+(-a+7)\}+4$
$a^2+a^2-14a+49=21+4$
$2a^2-14a+24=0$，$a^2-7a+12=0$
$(a-3)(a-4)=0$，$a=3$，$a=4$
$a=3$ のとき，②'より，$b=-3+7=4$
$a=4$ のとき，②'より，$b=-4+7=3$

(3) $\begin{cases} \dfrac{1}{x}+\dfrac{1}{y}=-5 & \cdots\cdots① \\ xy=4 & \cdots\cdots② \end{cases}$

①の左辺を通分すると，$\dfrac{x+y}{xy}=-5$

これに②を代入すると，$\dfrac{x+y}{4}=-5$，

$x+y=-20$，$y=-x-20\cdots\cdots③$
③を②に代入すると，
$x(-x-20)=4$，$-x^2-20x=4$，$x^2+20x=-4$

この両辺に，x の係数 20 の半分である 10 の 2 乗 100 を加えると，$x^2+20x+100=-4+100$
左辺を平方完成すると，$(x+10)^2=96$
よって，$x+10=\pm\sqrt{96}$，$x+10=\pm4\sqrt{6}$ となり，
$x=-10\pm4\sqrt{6}$
$x=-10+4\sqrt{6}$ のとき，
③より，
$y=-(-10+4\sqrt{6})-20=10-4\sqrt{6}-20=-10-4\sqrt{6}$
$x=-10-4\sqrt{6}$ のとき，
③より，
$y=-(-10-4\sqrt{6})-20=10+4\sqrt{6}-20=-10+4\sqrt{6}$
$x>y$ より，$x=-10+4\sqrt{6}$，$y=-10-4\sqrt{6}$ のとき
のみ問題に合っている。

(4) $\begin{cases} (3x-2y)^2+8(3x-2y)+16=0\cdots\cdots① \\ 5xy+15x-2y-6=0 \qquad\qquad\cdots\cdots② \end{cases}$

①より，$\{(3x-2y)+4\}^2=0$，$(3x-2y+4)^2=0$
よって，$3x-2y+4=0\cdots\cdots①'$
②より，$5x(y+3)-2(y+3)=0$
$(5x-2)(y+3)=0$
よって，$x=\dfrac{2}{5}$ または $y=-3$

$x=\dfrac{2}{5}$ を①'に代入すると，$3\times\dfrac{2}{5}-2y+4=0$

$\dfrac{6}{5}-2y+4=0$，$-2y=-\dfrac{26}{5}$，$y=\dfrac{13}{5}$

$y=-3$ を①'に代入すると，$3x-2\times(-3)+4=0$

$3x=-10$，$x=-\dfrac{10}{3}$

ミス注意

$x=-\dfrac{10}{3}$ のとき必ず $y=-3$ となり，$x=\dfrac{2}{5}$ のとき必

ず $y=\dfrac{13}{5}$ となる。たとえば，$x=-\dfrac{10}{3}$ のとき $y=\dfrac{13}{5}$

や，$x=\dfrac{2}{5}$ のとき $y=-3$ などとはならない。

5 (1) -9　　　　(2) $xy=\dfrac{3}{2}$

(3) $a=2,\ a=-4$　(4) $x=\dfrac{3\pm\sqrt{21}}{2}$

(5) ア…3, イ…-1　(6) $a=16,\ b=-32$

解説▼

(1) $x^2-3x-3=0$ を解の公式で解くと，

$x=\dfrac{-(-3)\pm\sqrt{(-3)^2-4\times1\times(-3)}}{2\times1}=\dfrac{3\pm\sqrt{21}}{2}$

よって，$a+b=\dfrac{3+\sqrt{21}}{2}+\dfrac{3-\sqrt{21}}{2}=3$

$ab=\dfrac{3+\sqrt{21}}{2}\times\dfrac{3-\sqrt{21}}{2}=\dfrac{9-21}{4}=-3$

これより，$a^2b+ab^2=ab(a+b)=-3\times3=-9$

参考

2次方程式 $ax^2+bx+c=0(a,\ b,\ c$ は定数で，$a\neq0)$
$\cdots\cdots①$ が 2 つの解 $p,\ q$ をもつとき，この 2 次方程
式は $a(x-p)(x-q)=0$ と表される。左辺を展開す
ると，$a(x-p)(x-q)=ax^2-a(p+q)x+apq$
すなわち，$ax^2-a(p+q)x+apq=0\cdots\cdots②$
①，②は同じ 2 次方程式だから，

$b=-a(p+q),\ c=apq$，すなわち，$p+q=-\dfrac{b}{a}$，$pq=\dfrac{c}{a}$

と表される。

(2) $\begin{cases} x^2+2xy+y^2=10\cdots\cdots① \\ x-y=2 \qquad\qquad\cdots\cdots② \end{cases}$

②の両辺を 2 乗すると，$(x-y)^2=2^2$，
$x^2-2xy+y^2=4\cdots\cdots②'$

①$-$②'より，$4xy=6$，$xy=\dfrac{6}{4}=\dfrac{3}{2}$

(3) $<x>=2x+6$ より，$<a^2>=2a^2+6$
$<-2a>=2\times(-2a)+6=-4a+6$
$<5>=2\times5+6=16$
よって，
　$<a^2>-<-2a>-<5>$
$=(2a^2+6)-(-4a+6)-16$
$=2a^2+6+4a-6-16$
$=2a^2+4a-16$
すなわち，$2a^2+4a-16=0$
よって，$a^2+2a-8=0$，$(a-2)(a+4)=0$
$a=2,\ a=-4$
$a=2,\ a=-4$ は問題に合っている。

(4) $\begin{vmatrix} x & x \\ 1 & 3x \end{vmatrix}=x\times x-1\times3x=x^2-3x$

よって，$\begin{vmatrix} x & x \\ 1 & 3x \end{vmatrix}=3$ より，$x^2-3x=3$

$x^2-3x-3=0$
解の公式より，

$x=\dfrac{-(-3)\pm\sqrt{(-3)^2-4\times1\times(-3)}}{2\times1}=\dfrac{3\pm\sqrt{21}}{2}$

(5) ①より，$(x+3)(x-5)=0$，$x=-3$，$x=5$
$x=-3$ を②に代入すると，$(-3)^2+4\times(-3)+a=0$
$9-12+a=0$，$a=3$
$x=5$ を②に代入すると，$5^2+4\times5+a=0$
$25+20+a=0$，$a=-45$
a は正の定数だから，$a=3$ のみ問題に合っている。
$a=3$ を②に代入すると，$x^2+4x+3=0$
$(x+1)(x+3)=0$，$x=-1$，$x=-3$

よって，②のもう1つの解は $x=-1$

(6) $c-d=\dfrac{7}{2}$ より，$c=\dfrac{7}{2}+d$……①

①より $d<c$ であり，この2次方程式の2つの解 c，d は異符号だから，$c>0$，$d<0$ である。c と d の絶対値の比は $11：3$ だから，$c=11k$，$d=-3k(k>0)$ とおく。

これらを①に代入すると，$11k=\dfrac{7}{2}-3k$

これを解くと，$14k=\dfrac{7}{2}$，$k=\dfrac{1}{4}$

したがって，$c=11\times\dfrac{1}{4}=\dfrac{11}{4}$，$d=-3\times\dfrac{1}{4}=-\dfrac{3}{4}$

この2次方程式の2つの解が c，d だから，

$ax^2+bx-33=0$ に $x=\dfrac{11}{4}$，$x=-\dfrac{3}{4}$ を代入すると，

$$\begin{cases} \dfrac{121}{16}a+\dfrac{11}{4}b-33=0……② \\ \dfrac{9}{16}a-\dfrac{3}{4}b-33=0\ \ ……③ \end{cases}$$

②より，$11a+4b=48$……②′

③より，$3a-4b=176$……③′

②′＋③′ より，$14a=224$，$a=16$

これを②′に代入すると，$11\times16+4b=48$，

$176+4b=48$，$4b=-128$，$b=-32$

---

6 (1)　30800 円　　　　(2)　$240+4x$ 個

(3)　90 円

解説 ▼

(1) 1個 120 円から 110 円に 10 円値下げして売るとき，1日あたり $240+10\times4=280$(個)売れるから，1日で売れる金額の合計は，$110\times280=30800$(円)

(2) 1個 120 円から x 円値下げして，1個 $(120-x)$円で売るとき，1日あたり $240+4\times x=240+4x$ (個)売れる。

(3) (2)より，1個 $(120-x)$円で売るとき，1日あたり $240+4x$(個)売れるから，1日で売れる金額の合計は，

$(120-x)\times(240+4x)$

$=28800+480x-240x-4x^2$

$=-4x^2+240x+28800$(円)

よって，1日で売れる金額の合計についての方程式は，

$-4x^2+240x+28800=120\times240+3600$

$-4x^2+240x+28800=28800+3600$

$-4x^2+240x-3600=0$，$x^2-60x+900=0$

$(x-30)^2=0$，$x=30$

したがって，1個の値段は $120-30=90$(円)で，これは問題に合っている。

---

7 この長方形を，直線 AB を軸として1回転させてできる立体は円柱で，円柱の表面積についての方程

式は，

$\pi x^2\times2+2\times2\pi x=96\pi$

両辺を 2π でわると，$x^2+2x=48$，$x^2+2x-48=0$

$(x-6)(x+8)=0$，$x=6$，$x=-8$

$x>0$ より，$x=6$ のみ問題に合っている。

したがって，AD＝6cm

答　6cm

---

8 運賃が 200 円のときの1か月ののべ乗客数を a 人とすると，このときの総売り上げ額は，$200\times a=200a$(円)である。運賃を x ％値上げしたとき，1か月ののべ乗客数は $\dfrac{2}{3}x$ ％減少するから，総売り上げ額は，$200\left(1+\dfrac{x}{100}\right)\times a\left(1-\dfrac{2}{3}\times\dfrac{x}{100}\right)$(円)

この1か月の総売り上げ額は 4％増えたことから，

$200a\times\left(1+\dfrac{4}{100}\right)$(円)

したがって，総売り上げ額についての方程式は，

$200\left(1+\dfrac{x}{100}\right)\times a\left(1-\dfrac{x}{150}\right)=200a\times\left(1+\dfrac{4}{100}\right)$

両辺を $200a$ でわると，

$\left(1+\dfrac{x}{100}\right)\left(1-\dfrac{x}{150}\right)=1+\dfrac{4}{100}$

$\left(1+\dfrac{x}{100}\right)\left(1-\dfrac{x}{150}\right)=\dfrac{104}{100}$

両辺に 100×150 をかけると，

$(100+x)(150-x)=15600$

$15000-100x+150x-x^2=15600$

$-x^2+50x-600=0$，$x^2-50x+600=0$

$(x-20)(x-30)=0$，$x=20$，$x=30$

$x>0$ より，$x=20$，$x=30$ は問題に合っている。

答　$x=20$，$x=30$

---

9 (1)　$10-\dfrac{1}{10}x$ g

(2) 2回目の操作で $2xg$ 取り出した後の，残った食塩水の食塩の重さは，

$(100-x)\times\dfrac{10}{100}\times\dfrac{100-2x}{100}$(g)

これが濃度 4.8％の食塩水 100g 中の食塩の重さに等しいから，方程式は，

$(100-x)\times\dfrac{10}{100}\times\dfrac{100-2x}{100}=100\times\dfrac{4.8}{100}$

$(100-x)\times\dfrac{1}{10}\times\dfrac{50-x}{50}=4.8$

両辺に 500 をかけると，$(100-x)(50-x)=2400$

$5000-100x-50x+x^2=2400$

$x^2-150x+2600=0$

$(x-20)(x-130)=0$，$x=20$，$x=130$

$0<x<50$ だから，$x=20$ のみ問題に合っている。

答 $x=20$

解説 ▼

⑴ 1回目の操作で $x\mathrm{g}$ 取り出した後の，残った食塩水の
食塩の重さは，$(100-x)\times\dfrac{10}{100}=10-\dfrac{1}{10}x(\mathrm{g})$

ミス注意 ❗

⑵で，$x=130$ も答えにふくめないようにする。

10 ⑴　**ア**…35　　　　　⑵　**イ**…4，**ウ**…80
　　⑶　**エ**…200，**オ**…10

解説 ▼

⑴ 大輔君は 2800m の距離を分速 80m で歩いているか
ら，駅から学校まで歩くのにかかる時間は
$2800\div80=35$（分）。したがって，学校に到着するの
は，駅を出発してから 35 分後である。

⑵ 先生は花屋から駅まで，分速 $x\mathrm{m}$ の自転車で 4 分間
走るから，駅から花屋までの距離は，$x\times4=4x(\mathrm{m})$
また，大輔君は駅から花屋まで，分速 80m で y 分間
歩くから，駅から花屋までの距離は，$80\times y=80y(\mathrm{m})$

⑶ ⑵より，$4x=80y$
先生が自転車で走ったときの距離についての方程式は，
$xy+4x=2800$
したがって，連立方程式は，
$$\begin{cases}4x=80y & \cdots\cdots① \\ xy+4x=2800 & \cdots\cdots②\end{cases}$$
①より，$x=20y\cdots\cdots①'$
①'を②に代入すると，$20y\times y+4\times20y=2800$
$y^2+4y=140$，$y^2+4y-140=0$，$(y-10)(y+14)=0$
$y=10$，$y=-14$
$y>0$ だから，$y=10$ のみ問題に合っている。
$y=10$ を①'に代入すると，$x=20\times10=200$

関数編

1 比例・反比例

STEP01 要点まとめ

本冊070ページ

1 01 6　　02 2　　03 3　　04 $3x$

2 05 -2　06 4　　07 $-2,\ 4$　08 4

09 0　　10 4, 0　　11 0　　12 -3

13 0, -3

3 14 3

15 2, 3

16 **右上の図**

4 17 -4　18 3

19 -12　20 $-\dfrac{12}{x}$

5 21 -1　22 -2

23 -4　24 4

25 2　　26 1

27 **右下の図**

6 28 $\dfrac{7}{3}$　29 $\dfrac{7}{3}x$

30 $\dfrac{7}{3}$　31 1400

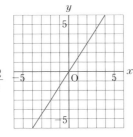

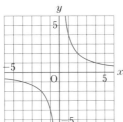

STEP02 基本問題

本冊072ページ

1 (1) $y=60x$　　　(2) 360m

(3) 12 分 30 秒後　(4) $0\leqq x\leqq 25$

解説 ▼

(3) 中間地点は家から 750m の地点だから，$y=60x$ に $y=750$ を代入して，$750=60x$，$x=12.5$，

12.5 分 $=$ 12 分 30 秒

(4) 家から公園まで行くのにかかる時間は，$1500=60x$，

$x=25$ より，25 分。

2 ④

解説 ▼

① $y=100-x$，② $y=\pi x^2$，③ $y=4x$，④ $y=\dfrac{12}{x}$ と表せる。

3 (1) $y=4$　　　(2) $y=-4$

解説 ▼

(1) y は x に比例するから，比例定数を a とすると，

$y=ax$ とおける。

$x=2$ のとき $y=-8$ だから，$-8=2a$，$a=-4$

$y=-4x$ に $x=-1$ を代入して，$y=-4\times(-1)=4$

(2) y は x に反比例するから，比例定数を a とすると，

$y=\dfrac{a}{x}$ とおける。

$x=-3$ のとき $y=8$ だから，$8=\dfrac{a}{-3}$，$a=-24$

$y=-\dfrac{24}{x}$ に $x=6$ を代入して，$y=-\dfrac{24}{6}=-4$

4 (1)

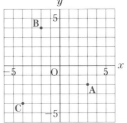

(2) x **軸について対称な点…**$(3,\ 2)$

y **軸について対称な点…**$(-3,\ -2)$

原点について対称な点…$(-3,\ 2)$

(3) 26

解説 ▼

(2)

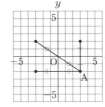

点 A$(a,\ b)$ と，
x 軸について対称な点の座標
は，$(a,\ -b)$
y 軸について対称な点の座標
は，$(-a,\ b)$
原点について対称な点の座標
は，$(-a,\ -b)$

(3) 右の図の長方形 PCQR の面積
から直角三角形 PCB，ACQ，
BAR の面積をひく。

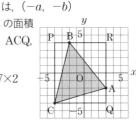

$8\times 7-\dfrac{1}{2}\times 2\times 8-\dfrac{1}{2}\times 7\times 2$

$-\dfrac{1}{2}\times 5\times 6$

$=56-8-7-15=26$

5

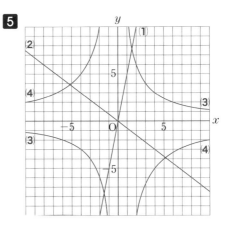

(1) $x=1$ のとき $y=5\times1=5$

よって，グラフは原点と点 $(1, 5)$ を通る直線をかく。

(2) $x=4$ のとき $y=-\dfrac{3}{4}\times4=-3$

よって，グラフは原点と点 $(4, -3)$ を通る直線をかく。

(3) 対応する x, y の値は下の表のようになる。

x	$\cdots$	-12	-6	-4	-3	-2	-1
y	$\cdots$	-1	-2	-3	-4	-6	-12

0	1	2	3	4	6	12	$\cdots$
✕	12	6	4	3	2	1	$\cdots$

(4)

x	$\cdots$	-20	-10	-5	-4	-2	-1
y	$\cdots$	1	2	4	5	10	20

0	1	2	4	5	10	20	$\cdots$
✕	-20	-10	-5	-4	-2	-1	$\cdots$

6 **(1)** $y=\dfrac{1}{3}x$ **(2)** $y=-\dfrac{8}{x}$

(1) グラフは点 $(3, 1)$ を通るから，$y=ax$ に $x=3$，$y=1$

を代入して，$1=3a$，$a=\dfrac{1}{3}$

(2) グラフは点 $(2, -4)$ を通るから，$y=\dfrac{a}{x}$ に $x=2$，

$y=-4$ を代入して，$-4=\dfrac{a}{2}$，$a=-8$

別解 ➕

(1)は，点 $(6, 2)$，$(-3, -1)$，$(-6, -2)$ の座標を，

(2)は，点 $(4, -2)$，$(-2, 4)$，$(-4, 2)$ の座標を代

入して，a の値を求めてもよい。

7 **(1)** 450 個 **(2)** 18 人

(1) ねじ x 個の重さを y g とすると，y は x に比例するか

ら，$y=ax$ とおける。ねじ 15 個の重さが 70g だから，

$70=15a$，$a=\dfrac{14}{3}$ よって，式は，$y=\dfrac{14}{3}x$

したがって，2.1kg のねじの個数は，

$2100=\dfrac{14}{3}x$，$x=2100\times\dfrac{3}{14}=450$

別解 ➕

2.1kg は 70g の何倍か

を求めると，

$2100\div70=30$(倍)

よって，ねじの個数も 30

倍になると考えられるから，$15\times30=450$(個)

	⌐30倍¬
個数(個)	15	?
重さ(g)	70	2100
	⌐30倍⌐

(2) 12 人ですると 9 時間かかる仕事の量を，$12\times9=108$

とする。

この仕事を x 人ですると y 時間かかるとすると，

$x\times y=108$ と考えられるから，$xy=108$

この式に $y=6$ を代入して，$6x=108$，$x=18$

8 $-\dfrac{3}{2}$

反比例のグラフの式を $y=\dfrac{a}{x}$ とおくと，点 A$(2, 3)$ は

$y=\dfrac{a}{x}$ のグラフ上の点だから，$3=\dfrac{a}{2}$，$a=6$

これより，点 B は $y=\dfrac{6}{x}$ のグラフ上の点だから，y 座標は，

$y=\dfrac{6}{-4}=-\dfrac{3}{2}$

9 点 A の x 座標を t とすると，点 A は $y=\dfrac{9}{x}$ のグラフ

上の点だから，A$\left(t, \dfrac{9}{t}\right)$

点 A と点 B は原点について対称な点だから，

B$\left(-t, -\dfrac{9}{t}\right)$

点 C の x 座標は点 A の x 座標と等しいから t，y 座

標は点 B の y 座標と等しいから $-\dfrac{9}{t}$

よって，C$\left(t, -\dfrac{9}{t}\right)$

BC$=t-(-t)=2t$，AC$=\dfrac{9}{t}-\left(-\dfrac{9}{t}\right)=\dfrac{18}{t}$

三角形 ABC の面積は，$\dfrac{1}{2}\times2t\times\dfrac{18}{t}=18$

よって，三角形 ABC の面積は一定の値 18 になる。

STEP03 **実戦問題** 本冊074ページ

1 **(1)** $-\dfrac{15}{2}$ **(2)** 8

(1) $y=ax$ に $x=-3$，$y=2$ を代入して，

$2=-3a$，$a=-\dfrac{2}{3}$

$y=-\dfrac{2}{3}x$ に $y=5$ を代入して，$5=-\dfrac{2}{3}x$，$x=-\dfrac{15}{2}$

(2) $y=\dfrac{a}{x}$ に $x=2$，$y=24$ を代入して，$24=\dfrac{a}{2}$，$a=48$

$y=\dfrac{48}{x}$ に $x=6$ を代入して，$y=\dfrac{48}{6}=8$

2 **(1)** $a=-3$，$b=2$ **(2)** $a=24$，$b=-6$

(1) $y=cx$ に $x=8$，$y=-4$ を代入して，

$-4=8c$，$c=-\dfrac{1}{2}$

$y=-\dfrac{1}{2}x$ は x の値が増加すると y の値は減少するから，$x=-4$ のとき y は最大値 2，$x=6$ のとき y は最小値 -3 となるから，y の変域は $-3 \leqq y \leqq 2$

(2) 関数 $y=\dfrac{a}{x}$ は，$x<0$ の範囲で $y<0$ だから，$a>0$
よって，$x<0$ の範囲で，$y=\dfrac{a}{x}$ のグラフは右の図のようになる。

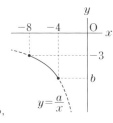

$x=-8$ のとき $y=-3$ だから，
$-3=\dfrac{a}{-8}$，$a=24$
$y=\dfrac{24}{x}$ で，$x=-4$ のとき $y=b$ だから，$b=\dfrac{24}{-4}=-6$

3 5

解説 ▼

右の図の長方形 PQCR の面積から 3 つの直角三角形 PAB，AQC，BCR の面積をひく。

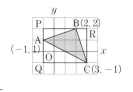

$3\times4-\dfrac{1}{2}\times3\times1-\dfrac{1}{2}\times4\times2$
$-\dfrac{1}{2}\times1\times3=12-\dfrac{3}{2}-4-\dfrac{3}{2}=5$

4

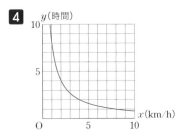

解説 ▼

1 時間 40 分 $=100$ 分より，道のりは，$80\times100=8000$（m）
$8000m=8km$ だから，$xy=8$，$y=\dfrac{8}{x}$

5 (1) $y=-30$ 　　(2) $z=-8$
　　(3) $z=\dfrac{3}{2}$

解説 ▼

(1) y は $x-1$ に比例するから，$y=a(x-1)$ とおける。
$x=3$ のとき $y=12$ だから，$12=a(3-1)$，$a=6$
$y=6(x-1)$ に $x=-4$ を代入して，
$y=6(-4-1)=-30$

(2) y は x に反比例するから，$y=\dfrac{a}{x}$ とおける。
$x=2$ のとき $y=3$ だから，$3=\dfrac{a}{2}$，$a=6$
よって，$y=\dfrac{6}{x}$　……①

また，z は y に比例するから，$z=by$ とおける。
$y=2$ のとき $z=8$ だから，$8=2b$，$b=4$
よって，$z=4y$　……②
①に $x=-3$ を代入して，$y=\dfrac{6}{-3}=-2$
②に $y=-2$ を代入して，$z=4\times(-2)=-8$

(3) $x=-8$ のとき，$-8:y=2:3$，$-24=2y$，$y=-12$
z は y に反比例するから，$z=\dfrac{a}{y}$ とおける。
$y=6$ のとき $z=-3$ だから，$-3=\dfrac{a}{6}$，$a=-18$
$z=-\dfrac{18}{y}$ に $y=-12$ を代入して，$z=-\dfrac{18}{-12}=\dfrac{3}{2}$

6 水を x 時間入れたときの水面の高さを y cm とすると，$y=ax$ とおける。
水を 4 時間 30 分入れたときの水面の高さが 60 cm だから，$60=4.5a$，$a=\dfrac{40}{3}$
よって，式は，$y=\dfrac{40}{3}x$
したがって，水を 6 時間入れたときの水面の高さは，$y=\dfrac{40}{3}\times6=80$ より，80 cm

7 (1) $y=\dfrac{30}{x}$ 　　(2) 4 時間

解説 ▼

(1) 2 時間 $=120$ 分だから，抜いた池の水の量は，$30\times120=3600$（L）
y 時間 $=60y$ 分だから，$x\times60y=\dfrac{3600}{2}$，$y=\dfrac{30}{x}$

(2) $x=10$ のとき，もとの水の量の半分を入れるのにかかる時間は，$y=\dfrac{30}{10}=3$（時間）
残りの半分の水は，1 分間に $10\times3=30$（L）ずつ入れるから，かかる時間は，$y=\dfrac{30}{30}=1$（時間）
よって，かかる時間は全部で，$3+1=4$（時間）

8 (1) $a=18$，$p=-2$ 　　(2) $\dfrac{18}{5} \leqq y \leqq 18$

解説 ▼

(1) 点 A は $y=2x$ のグラフ上の点だから，$y=2\times3=6$
よって，A$(3,\ 6)$　また，点 A は $y=\dfrac{a}{x}$ のグラフ上の点だから，$6=\dfrac{a}{3}$，$a=18$
点 B は $y=\dfrac{18}{x}$ のグラフ上の点だから，$p=\dfrac{18}{-9}=-2$

(2) 関数 $y=\dfrac{18}{x}$ は，x の変域が $1 \leqq x \leqq 5$ のとき，グラフは右の図の実線部分になる。

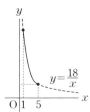

$x=1$ のとき y は最大値 18，$x=5$ のとき y は最小値 $\dfrac{18}{5}$ となるから，y の変域は $\dfrac{18}{5}\leqq y\leqq 18$

9 点 A の x 座標を t とする。

点 A と点 B は y 軸について対称な点だから，点 B の x 座標は $-t$

AB$=2$AO だから，AB$=2t$

点 P は $y=\dfrac{8}{x}$ のグラフ上の点だから，

y 座標は $\dfrac{8}{t}$　よって，PA$=\dfrac{8}{t}$

点 Q は $y=-\dfrac{4}{x}$ のグラフ上の点だから，

y 座標は $\dfrac{4}{t}$　よって，QB$=\dfrac{4}{t}$

AP∥BQ より，四角形 QBAP は台形だから，その面積は，

$\dfrac{1}{2}\times\left(\dfrac{8}{t}+\dfrac{4}{t}\right)\times 2t=\dfrac{1}{2}\times\dfrac{12}{t}\times 2t=12$

よって，台形 QBAP の面積は一定の値 12 になる。

10（1）　直線 $\ell\cdots y=3x$，直線 $m\cdots y=\dfrac{3}{4}x$

（2）　$\dfrac{45}{2}$　　　　　（3）　12 個

解説 ▼

$y=\dfrac{12}{x}$ で，y の値が正の整数になるとき，x の値は 12 の約数になるから，$x=1$，2，3，4，6，12

よって，点 A〜F の座標は，A(1, 12)，B(2, 6)，C(3, 4)，D(4, 3)，E(6, 2)，F(12, 1)

（1）　ℓ の式を $y=ax$ とおくと，ℓ のグラフは点 B を通るから，$6=2a$，$a=3$

m の式を $y=bx$ とおくと，m のグラフは点 D を通るから，$3=4b$，$b=\dfrac{3}{4}$

（2）　右の図の長方形 POQR の面積から 3 つの直角三角形 POC，FOQ，CFR の面積をひく。

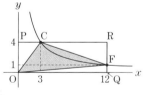

三角形 COF の面積は，

$4\times 12-\dfrac{1}{2}\times 3\times 4-\dfrac{1}{2}\times 12\times 1-\dfrac{1}{2}\times 9\times 3$

$=48-6-6-\dfrac{27}{2}=\dfrac{45}{2}$

（3）　2 つの直線 ℓ，m と双曲線に囲まれた図形の中にある格子点は，右の図のように，

x 座標が 0 の点が 1 個，

x 座標が 1 の点が 3 個，

x 座標が 2 の点が 5 個，

x 座標が 3 の点が 2 個，

x 座標が 4 の点が 1 個　の合計 12 個。

本冊076ページ

2　1次関数

STEP01　要点まとめ

1　01　4　　02　12　　03　12　　04　4
　　05　3

2　06　0　　07　3
　　08　1　　09　5
　　10　右の図

3　11　3　　12　2
　　13　-2　　14　7
　　15　-1　　16　5
　　17　$-x+5$

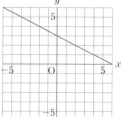

4　18　$-\dfrac{1}{2}x+3$
　　19　$-\dfrac{1}{2}$
　　20　3
　　21　右の図

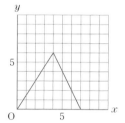

5　22　4　　23　x
　　24　$\dfrac{3}{2}x$　　25　4
　　26　7　　27　$7-x$
　　28　$-2x+14$
　　29　右の図

STEP02　基本問題

本冊078ページ

1　イ，エ

解説 ▼

ア　$y=4x+5$ に $x=4$ を代入すると，$y=4\times 4+5=21$

　　$y=5$ が成り立たないから，正しくない。

イ　x の係数は 4 で，グラフの傾きは正だから，グラフは右上がりの直線である。よって，正しい。

ウ　（変化の割合）$=\dfrac{（y \text{の増加量}）}{（x \text{の増加量}）}$ だから，

　　（y の増加量）$=$（変化の割合）$\times$（x の増加量）

　　　　　　　　　$=4\times\{1-(-2)\}=12$

　　よって，正しくない。

エ　右の図より，$y=4x+5$ のグラフは，$y=4x$ のグラフを y 軸の正の向きに 5 だけ平行移動させたものである。

　　よって，正しい。

2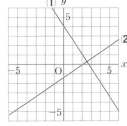

解説 ▼

(1) 切片は 4 だから，点 $(0,\ 4)$ を通る。

　傾きは $-\dfrac{3}{2}$ だから，点 $(0,\ 4)$ から右へ 2，下へ 3 進んだところにある点 $(2,\ 1)$ を通る。

　これより，2 点 $(0,\ 4)$，$(2,\ 1)$ を通る直線をかく。

(2) $y=\dfrac{2}{3}x-\dfrac{4}{3}$ において，

　$x=-1$ のとき $y=-2$，$x=2$ のとき $y=0$

　これより，2 点 $(-1,\ -2)$，$(2,\ 0)$ を通る直線をかく。

3 (1) $a=\dfrac{1}{2}$　　　(2) $3\leqq y\leqq 9$

　　(3) $y=-\dfrac{2}{3}x-2$　　(4) $y=-2x+3$

解説 ▼

(1) （y の増加量）＝（変化の割合）×（x の増加量）だから，

　$3=a\times(8-2)$，$3=6a$，$a=\dfrac{1}{2}$

(2) 右の図で，x の変域は x 軸上の ━━ 線の部分である。

　$x=1$ のとき $y=3$，$x=4$ のとき $y=9$ だから，y の変域は y 軸上の ━━ 線の部分になる。

　よって，y の変域は，$3\leqq y\leqq 9$

(3) 直線 $y=-\dfrac{2}{3}x+5$ に平行だから，直線の傾きは $-\dfrac{2}{3}$

　これより，求める直線の式は $y=-\dfrac{2}{3}x+b$ とおける。

　この直線が点 $(-6,\ 2)$ を通るから，

　$2=-\dfrac{2}{3}\times(-6)+b$，$b=-2$　よって，$y=-\dfrac{2}{3}x-2$

(4) 求める直線の式を $y=ax+b$ とおく。

　$x=1$ のとき $y=1$ だから，$1=a+b$　　……①

　$x=3$ のとき $y=-3$ だから，$-3=3a+b$　……②

　①，②を連立方程式として解くと，$a=-2$，$b=3$

　よって，$y=-2x+3$

くわしく 🔍

連立方程式の解き方

$$
\begin{array}{r}
②-① \quad 3a+b=-3 \\
-)\ \ a+b=1 \\
\hline
2a\quad\ =-4 \\
a\quad\ =-2
\end{array}
$$

①に $a=-2$ を代入して，

$-2+b=1$

$b=3$

4 $x=3$，$y=-1$

解説 ▼

①，②の方程式をそれぞれ y について解くと，

①は $y=-2x+5$，②は $y=\dfrac{1}{3}x-2$

よって，方程式①のグラフは直線①，方程式②のグラフは直線②になる。

2 つのグラフの交点の座標は $(3,\ -1)$ だから，連立方程式の解は，$x=3$，$y=-1$

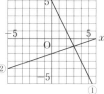

5 (1) ① 20　② 750　(2) **分速** 250m

解説 ▼

(1)② グラフは点 $(15,\ 2250)$ を通っているから，太郎さんは自宅を出発してから 15 分後に自宅から 2250m のところにいる。よって，図書館から $3000-2250=750$（m）のところにいる。

(2) 弟が太郎さんに追いつくのは，太郎さんが自宅を出発してから，$10+10=20$（分後）

　グラフは点 $(20,\ 2500)$ を通っているから，太郎さんは自宅を出発してから 20 分後に自宅から 2500m のところにいる。

　よって，弟が自転車で移動する速さを分速 xm とすると，弟が自宅を出発してから 10 分間に進む道のりは $10x$m だから，$10x=2500$，$x=250$

6 (1) $C(3,\ 10)$　　(2) $D(6,\ 4)$

　　(3) 30　　　　　(4) $y=-8x+34$

　　(5) 23

解説 ▼

(1) 2 直線の交点の座標は，それらの直線の式を組とする連立方程式の解である。

$$
\begin{cases}
y=2x+4 & \cdots\cdots① \\
y=-2x+16 & \cdots\cdots②
\end{cases}
$$

①，②を連立方程式として解くと，$x=3$，$y=10$

よって，$C(3,\ 10)$

(2) 点 $A(0,\ 4)$ だから，点 A を通り x 軸に平行な直線は $y=4$　この直線と線分 BC との交点の x 座標は，

　$4=-2x+16$，$2x=12$，$x=6$

　よって，$D(6,\ 4)$

(3) 右の図のように，△ABC を 2 つの三角形 △CAD と △ABD に分けて考える。

　△ABC＝△CAD＋△ABD

　　$=\dfrac{1}{2}\times6\times(10-4)+\dfrac{1}{2}\times6\times4$

　　$=18+12=30$

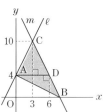

(4) 辺 AB の中点を M とすると，$\triangle$CAM と $\triangle$CBM は，
AM=BM で底辺が等しく，高さも等しいので，
$\triangle$CAM$=$$\triangle$CBM
これより，点 C を通り，$\triangle$ABC の面積を 2 等分する直線は直線 CM となる。
点 B の x 座標は，$0=-2x+16$，$2x=16$，$x=8$
A(0, 4)，B(8, 0)より，$M\left(\dfrac{0+8}{2},\ \dfrac{4+0}{2}\right)$，つまり
M(4, 2)。求める直線を $y=ax+b$ とすると，この直線は 2 点 C(3, 10)，M(4, 2)を通るから，
$$\begin{cases} 10=3a+b & \cdots\cdots① \\ 2=4a+b & \cdots\cdots② \end{cases}$$
①，②を連立方程式として解くと，$a=-8$，$b=34$
よって，$y=-8x+34$

(5) 点 C を通り，AB に平行な直線と x 軸との交点を E とすると，$\triangle$ABC と $\triangle$ABE は，底辺 AB が共通で，AB∥CE から高さも等しいので，$\triangle$ABC$=$$\triangle$ABE
直線 AB の傾きは，$\dfrac{0-4}{8-0}=-\dfrac{1}{2}$
これより，点 C を通り，直線 AB に平行な直線の式は
$y=-\dfrac{1}{2}x+b$ とおける。
この式に点 C の座標を代入して，
$10=-\dfrac{1}{2}\times3+b$，$b=\dfrac{23}{2}$
よって，この直線の式は，$y=-\dfrac{1}{2}x+\dfrac{23}{2}$
点 E は，この直線と x 軸との交点だから，その x 座標は，$0=-\dfrac{1}{2}x+\dfrac{23}{2}$，$x=23$

STEP03 実戦問題

1 (1) $a=-4$，$b=3$　　(2) $(3, -1)$
(3) $a=9$　　(4) $a=-7$
(5) $a=-\dfrac{1}{2}$，$b=\dfrac{3}{2}$

解説 ▼

(1) $y=ax+3$ に $x=1$，$y=-1$ を代入して，
$-1=a\times1+3$，$a=-4$
$y=-4x+3$ に $x=0$，$y=b$ を代入して，
$b=-4\times0+3=3$

(2) $\begin{cases} y=-x+2 & \cdots\cdots① \\ y=2x-7 & \cdots\cdots② \end{cases}$
①，②を連立方程式として解くと，$x=3$，$y=-1$
よって，2 直線の交点の座標は$(3, -1)$

(3) 点 P の x 座標は，$6x-0=10$，$x=\dfrac{5}{3}$
よって，$P\left(\dfrac{5}{3}, 0\right)$
直線 $ax-2y=15$ は点 P を通るから，
$a\times\dfrac{5}{3}-2\times0=15$，$\dfrac{5}{3}a=15$，$a=9$

(4) 2 点 A(1, 1)，B(-4, 11)を通る直線の傾きは，$\dfrac{11-1}{-4-1}=-2$
2 点 B(-4, 11)，C(5, a)を通る直線の傾きは，$\dfrac{a-11}{5-(-4)}=\dfrac{a-11}{9}$
3 点 A, B, C が一直線上にあるとき，直線 AB と BC の傾きが等しくなるから，
$-2=\dfrac{a-11}{9}$，$a-11=-18$，$a=-7$

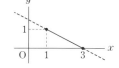

くわしく

3 点が一直線上にある条件
3 点 A, B, C が一直線上にあるためには，次の 3 つのうちのいずれかが成り立てばよい。
（AB の傾き）＝（BC の傾き）
（AB の傾き）＝（AC の傾き）
（AC の傾き）＝（BC の傾き）

別解

2 点 A(1, 1)，B(-4, 11)を通る直線の式を
$y=mx+n$ とおくと，$\begin{cases} 1=m+n & \cdots\cdots① \\ 11=-4m+n & \cdots\cdots② \end{cases}$
①，②を連立方程式として解くと，
$m=-2$，$n=3$
点 C(5, a)は，直線 $y=-2x+3$ 上の点だから，
$a=-2\times5+3=-7$

(5) $a<0$ だから，1 次関数 $y=ax+b$ のグラフは右下がりの直線になる。これより，関数 $y=ax+b$ は，x の値が増加すると y の値は減少するから，
$x=1$ のとき y は最大値 1，
$x=3$ のとき y は最小値 0
をとる。
よって，
$\begin{cases} 1=a+b & \cdots\cdots① \\ 0=3a+b & \cdots\cdots② \end{cases}$
①，②を連立方程式として解くと，$a=-\dfrac{1}{2}$，$b=\dfrac{3}{2}$

2

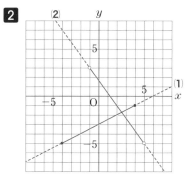

解説 ▼

(1) 関数 $y=\frac{1}{2}x-3$ のグラフをかき，x の変域 $-4\leqq x\leqq 4$ に対応する部分を実線で，x の変域外を破線で表す。グラフの端の点を含むので ● で表す。

(2) 関数 $y=-\frac{4}{3}x+\frac{5}{3}$ のグラフをかき，x の変域 $-1<x<5$ に対応する部分を実線で，x の変域外を破線で表す。グラフの端の点を含まないので ○ で表す。

3 (1) $y=2x+4$ (2) D$(0,\ -4)$

 (3) 12   (4) $-6,\ 2$

解説 ▼

(1) 直線 AB の式を $y=ax+b$ とおくと，直線 AB は，
A$(-1,\ 2)$ を通るから，$2=-a+b$ ……①
B$(2,\ 8)$ を通るから，$8=2a+b$ ……②
①，②を連立方程式として解くと，$a=2,\ b=4$
よって，$y=2x+4$

(2) (1)より，C$(0,\ 4)$ だから，D$(0,\ -4)$

(3) CD$=4-(-4)=8$
△ABD$=$△ADC$+$△BCD
 $=\frac{1}{2}\times 8\times 1+\frac{1}{2}\times 8\times 2=4+8=12$

(4) 直線 AB と x 軸との交点を F とすると，F の x 座標は，
$0=2x+4,\ x=-2$
よって，F$(-2,\ 0)$
点 P が点 F の右側にあるとき，点 P は点 D を通り，直線 AB に平行な直線と x 軸との交点になる。
点 D を通り，直線 AB に平行な直線の式は，
$y=2x-4$
よって，点 P の x 座標は，
$0=2x-4,\ x=2$
点 P′ が点 F の左側にあるとき，PF$=$P′F になる。
PF$=2-(-2)=4$ だから，
P′ の x 座標は，
$-2-4=-6$

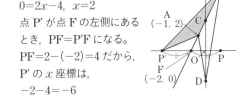

4 $y=-\frac{5}{2}x$

解説 ▼

右の図のように，線分 BC の中点を M とすると，M は y 軸上にあり，△ABM$=$△ACM
点 A を通り，直線 OM に平行な直線をひき，BC との交点を D とする。

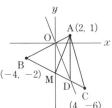

OM∥AD より，△AOM$=$△OMD だから，
 △ABM
$=$△OBM$+$△AOM$=$△OBM$+$△OMD$=$△OBD
これより，点 O を通り，△ABC の面積を 2 等分する直線は，直線 OD になる。
ここで，直線 BC の式は，$y=-\frac{1}{2}x-4$
OM∥AD より，点 D の x 座標は 2
また，y 座標は，$y=-\frac{1}{2}\times 2-4=-5$ だから，D$(2,\ -5)$
よって，直線 OD は原点 O と点 D を通る直線だから，その式は，$y=-\frac{5}{2}x$

5 $y=-\frac{3}{2}x+\frac{7}{2}$

解説 ▼

右の図のように，y 軸について点 P と対称な点を P′，x 軸について点 Q と対称な点を Q′ とする。
直線 P′Q′ と y 軸との交点を点 A，x 軸との交点を点 B とするとき，
PA$+$AB$+$BQ の長さが最短になる。

点 P′，Q′ の座標は，P′$(-1,\ 5)$，Q′$(3,\ -1)$
直線 P′Q′ の式を $y=ax+b$ とおくと，直線 P′Q′ は P′，Q′ を通るから，$\begin{cases}5=-a+b &\cdots\cdots① \\ -1=3a+b &\cdots\cdots②\end{cases}$

①，②を連立方程式として解くと，$a=-\frac{3}{2},\ b=\frac{7}{2}$
よって，$y=-\frac{3}{2}x+\frac{7}{2}$

6 (1) $\frac{1}{4}$ 倍   (2) $y=-\frac{5}{6}x-3$

 (3) $\frac{11}{7}$ 倍

解説 ▼

(1) 反比例の性質より，x の値が 4 倍になると，y の値は $\frac{1}{4}$ 倍になる。

(2) 点 A は $y=-\frac{12}{x}$ のグラフ上の点だから，x 座標は，
$2=-\frac{12}{x},\ x=-6$ よって，A$(-6,\ 2)$
直線 AB の傾きは $\frac{-3-2}{0-(-6)}=-\frac{5}{6}$，切片は -3 だから，
直線 AB の式は，$y=-\frac{5}{6}x-3$

(3) 点 E は $y=-\frac{12}{x}$ のグラフ上の点だから，
$y=-\frac{12}{2}=-6$ よって，E$(2,\ -6)$
これより，D$(-4,\ -6)$
また，点 P，Q は $y=\frac{1}{2}x-2$ のグラフ上の点だから，
P$(-4,\ -4)$，Q$(2,\ -1)$

よって，長方形 CDEF
は右の図のようになる。
四角形 CPQF，四角形
EQPD はどちらも台形
だから，

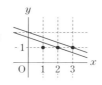

(四角形 CPQF の面積)
$=\dfrac{1}{2}\times(7+4)\times6=33$

(四角形 EQPD の面積)$=\dfrac{1}{2}\times(2+5)\times6=21$

よって，$\dfrac{33}{21}=\dfrac{11}{7}$(倍)

7 $\dfrac{5}{3}<b\leqq2$

右の図のように，直線 $y=-\dfrac{1}{3}x+b$
が点$(2,\ 1)$を通るとき，x，y 座標が
自然数となる点は，点$(1,\ 1)$の 1 個，
点$(3,\ 1)$を通るとき，x，y 座標が自
然数となる点は，点$(1,\ 1)$，$(2,\ 1)$
の 2 個となる。

直線 $y=-\dfrac{1}{3}x+b$ が点$(2,\ 1)$を通るときの b の値は，

$1=-\dfrac{1}{3}\times2+b$，$b=\dfrac{5}{3}$

点$(3,\ 1)$を通るときの b の値は，$1=-\dfrac{1}{3}\times3+b$，$b=2$

よって，求める b の値の範囲は，$\dfrac{5}{3}<b\leqq2$

8 $a=-3$，$b=-5$

直線 $x=1$ について，点$(5,\ -2)$と対
称な点を$(s,\ -2)$とすると，

$\dfrac{5+s}{2}=1$，$s=-3$

よって，点$(5,\ -2)$と対称な点の座
標は$(-3,\ -2)$

これより，直線 m は 2 点$(-1,\ 4)$，
$(-3,\ -2)$を通る直線である。

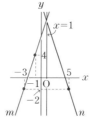

直線 ℓ と m は $y=1$ について対称だから，直線 ℓ は $y=1$
について，点$(-1,\ 4)$と対称な点，および点$(-3,\ -2)$と
対称な点を通る。

直線 $y=1$ について，点$(-1,\ 4)$と対
称な点を$(-1,\ t)$とすると，

$\dfrac{4+t}{2}=1$，$t=-2$

よって，点$(-1,\ 4)$と対称な点の座
標は$(-1,\ -2)$

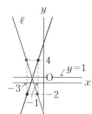

直線 $y=1$ について，点$(-3,\ -2)$と
対称な点を$(-3,\ u)$とすると，$\dfrac{-2+u}{2}=1$，$u=4$

よって，点$(-3,\ -2)$と対称な点の座標は$(-3,\ 4)$

直線 $\ell：y=ax+b$ は 2 点$(-1,\ -2)$，$(-3,\ 4)$を

通るから，$\begin{cases} -2=-a+b & \cdots\cdots① \\ 4=-3a+b & \cdots\cdots② \end{cases}$

①，②を連立方程式として解くと，$a=-3$，$b=-5$

9 (1) $y=6$ (2) $y=\dfrac{5}{2}x-\dfrac{5}{2}$
(3) **ア**

(1) 3 秒後に点 P は辺 AB 上にあるから，y は △APM
の面積になる。

よって，$y=\dfrac{1}{2}\times AM\times AP=\dfrac{1}{2}\times4\times3=6$

(2) 点 P が辺 BC 上にあるとき，右
の図のように，y は台形 ABPM
の面積になる。よって，

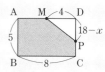

$y=\dfrac{1}{2}\times(AM+BP)\times AB$

$=\dfrac{1}{2}\times\{4+(x-5)\}\times5=\dfrac{5}{2}x-\dfrac{5}{2}$

(3) 点 P は A を出発して，5 秒後に B に重なり，13
秒後に C に重なる。これより，x と y の関係を表す 1
次関数のグラフは，$x=5$，$x=13$ で変化する。

(2)で求めた式から，$x=5$，$x=13$ のときの y の値を
調べると，

$x=5$ のとき，$y=\dfrac{5}{2}\times5-\dfrac{5}{2}=10$

$x=13$ のとき，$y=\dfrac{5}{2}\times13-\dfrac{5}{2}=30$

よって，x と y の関係を表すグラフは，点$(5,\ 10)$，
$(13,\ 30)$を通り，この点で x と y の関係を表す 1 次
関数のグラフが変化するグラフだから，**ア**

参考

点 P が辺 CD 上にあると
き，右の図のように，y
は五角形 ABCPM の面
積になる。よって，

$y=$(長方形 ABCD の面積)$-△MPD$

$=AB\times BC-\dfrac{1}{2}\times MD\times DP$

$=5\times8-\dfrac{1}{2}\times4\times(18-x)=2x+4$ $(13\leqq x\leqq18)$

10 (1) **8 分間** (2) **毎分 80m**
(3) **午前 9 時 26 分**

兄が P 地点と Q 地点の間を 1 往復するのにかかる時間は，

$2400\times2\div400=12$(分)

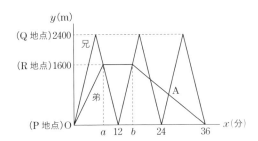

(1) 弟が R 地点で休憩したのは，上の図で，弟のグラフが水平になっている部分である。

a の値は，弟が 1600m 進むのにかかる時間だから，

$1600 \div 200 = 8$（分）

また，b の値は，兄が 1600m 進むのにかかる時間

$1600 \div 400 = 4$（分）に 12 分を加えた時間だから，

$12 + 4 = 16$（分）

よって，弟が R 地点で休憩したのは，$16 - 8 = 8$（分間）

(2) 弟は，1600m を $36 - 16 = 20$（分間）で歩いているから，

$1600 \div 20 = 80$（m/分）

(3) 上の図で，2 つのグラフの交点 A が弟が兄とすれ違うことを表し，点 A の x 座標がすれ違う時間を示す。

このときの兄の式を $y = 400x + c$ とすると，グラフは点 $(24,\ 0)$ を通るから，$0 = 400 \times 24 + c$，$c = -9600$

よって，$y = 400x - 9600$ ……①

弟の式を $y = -80x + d$ とすると，グラフは点 $(36,\ 0)$ を通るから，$0 = -80 \times 36 + d$，$d = 2880$

よって，$y = -80x + 2880$ ……②

①，②より，$400x - 9600 = -80x + 2880$，

$480x = 12480$，$x = 26$

よって，弟が兄とすれ違う時刻は，午前 9 時 26 分。

11 **(1)** ① $y = 5$ ② ア…16 イ…$\dfrac{5}{4}x$ ウ…$x - 2$

グラフは下の図

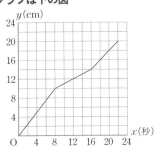

(2) $\dfrac{35}{2}$ **秒後**

解説 ▼

(1)① $0 \leqq x \leqq 8$ のとき，y は x に比例するから，$y = ax$ とおける。

表 1 から，$x = 8$ のとき $y = 10$ だから，$10 = 8a$，$a = \dfrac{5}{4}$

よって，$y = \dfrac{5}{4}x$ に $x = 4$ を代入して，$y = \dfrac{5}{4} \times 4 = 5$

② 水面までの高さが 14cm のとき，容器の中の水の量は，

$20 \times (20 - 12) \times 10 + 20 \times 20 \times (14 - 10)$

$= 1600 + 1600 = 3200$（cm³）

毎秒 200cm³ の割合で，3200cm³ の給水をするのにかかる時間は，$3200 \div 200 = 16$（秒）…ア

$16 \leqq x \leqq 22$ のとき，y は x の 1 次関数になるから，$y = bx + c$ とおける。

$x = 16$ のとき $y = 14$ だから，$14 = 16b + c$ ……①

$x = 22$ のとき $y = 20$ だから，$20 = 22b + c$ ……②

①，②を連立方程式として解くと，$b = 1$，$c = -2$

よって，$y = x - 2$…ウ

グラフは，$0 \leqq x \leqq 8$ のとき $y = \dfrac{5}{4}x$，$8 \leqq x \leqq 16$ のとき

$y = \dfrac{1}{2}x + 6$，$16 \leqq x \leqq 22$ のとき，$y = x - 2$

(2) 図 4 のグラフから，1 秒間に給水する量は，

$(20 \times 8 \times 10) \div 5 = 320$（cm³/秒）

この容器を満水にしたときの水の量は，

（立方体の容器の容積）−（直方体の体積）

$= 20 \times 20 \times 20 - 20 \times 12 \times 10 = 8000 - 2400 = 5600$（cm³）

よって，容器が満水になるまでにかかる時間は，

$5600 \div 320 = \dfrac{35}{2}$（秒）

12 **(1)** $y = \dfrac{1}{2}(x - 30)$ **(2)** $a = 50$，$b = 10$

(3) 2.8℃

解説 ▼

(2) Ⓐの関係で，b を a の式で表すと，$b = \dfrac{5}{9}(a - 32)$

Ⓑの関係で，b を a の式で表すと，$b = \dfrac{1}{2}(a - 30)$

よって，$\dfrac{5}{9}(a - 32) = \dfrac{1}{2}(a - 30)$

これを解くと，$10(a - 32) = 9(a - 30)$，$a = 50$

Ⓑの式に $a = 50$ を代入して，$b = \dfrac{1}{2}(50 - 30) = 10$

(3) ⒶとⒷの関係を使って表した摂氏 y℃ の値の差は，

（Ⓐの y の値）≧（Ⓑの y の値）のとき，

$\dfrac{5}{9}(x - 32) - \dfrac{1}{2}(x - 30) = \dfrac{x - 50}{18}$

$\dfrac{x - 50}{18} \geqq 0$ となる x の値の範囲は，$50 \leqq x \leqq 100$

よって，$x = 100$ のとき，$\dfrac{x - 50}{18}$ の値は最大となり，

最大の値は，$\dfrac{100 - 50}{18} = \dfrac{25}{9} = 2.77\cdots$

（Ⓐの y の値）≦（Ⓑの y の値）のとき，

$\dfrac{1}{2}(x - 30) - \dfrac{5}{9}(x - 32) = \dfrac{50 - x}{18}$

$\dfrac{50 - x}{18} \geqq 0$ となる x の値の範囲は，$0 \leqq x \leqq 50$

よって，$x = 0$ のとき，$\dfrac{50 - x}{18}$ の値は最大となり，

最大の値は，$\dfrac{50 - 0}{18} = \dfrac{25}{9} = 2.77\cdots$

したがって，差の絶対値は最大で 2.8℃

3 関数 $y=ax^2$

STEP01 要点まとめ

本冊084ページ

1
01	36	02	3	03	4	04	$4x^2$
05	4	06	-2	07	16		

2
08	18	09	8
10	2	11	2
12	8	13	18
14	右の図		

3
15	3	16	45
17	45	18	3
19	15		

4
20	8	21	8
22	$2x$	23	$3x$
24	$2x$	25	$3x$
26	$3x^2$		

5
27	9	28	4
29	$\dfrac{1}{2}$	30	6
31	6	32	6
33	4	34	30

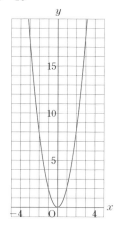

解説 ▼

5 右の図のように，点 A, B から y 軸にそれぞれ垂線を ひき，y 軸との交点を H, K とすると，

$\triangle AOB = \triangle AOC + \triangle BOC$
$= \dfrac{1}{2} \times OC \times AH + \dfrac{1}{2} \times OC \times BK$

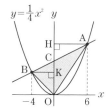

STEP02 基本問題

本冊086ページ

1 (1) $a=2$ (2) $a=-6$, $b=0$
   (3) $a=-2$

解説 ▼

(1) $y=ax^2$ に $x=3$, $y=18$ を代入すると，
$18=a\times3^2$, $18=9a$, $a=2$

(2) 関数 $y=-\dfrac{2}{3}x^2$ について，
$-3\leqq x\leqq2$ に対応する部分は，
右の図の実線部分になる。
$x=0$ のとき y は最大値 0
$x=-3$ のとき y は最小値 -6
をとる。
よって，y の変域は，$-6\leqq y\leqq0$

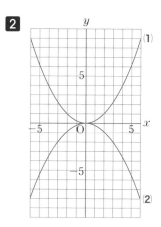

ミス注意 ！

$x=-3$ のとき $y=-6$, $x=2$ のとき $y=-\dfrac{8}{3}$ だから，y の変域は，$-6\leqq y\leqq-\dfrac{8}{3}$ としないように。
関数 $y=ax^2$ で，x の変域に 0 を含む場合，$a>0$ ならば y の最小値は 0，$a<0$ ならば y の最大値は 0 になる。

(3) x の増加量は，$5-1=4$
y の増加量は，$a\times5^2-a\times1^2=25a-a=24a$
よって，変化の割合は，$\dfrac{24a}{4}=6a$
変化の割合が -12 になることから，
$6a=-12$, $a=-2$

2

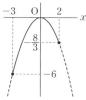

解説 ▼

(1) 対応する x, y の値は下の表のようになる。

x	-6	-4	-2	0	2	4	6
y	9	4	1	0	1	4	9

次に，上の表の x, y の値の組を座標とする点をとる。そして，とった点を通るなめらかな曲線をかく。

(2)
x	-6	-3	0	3	6
y	-8	-2	0	-2	-8

3 (1) $y=\dfrac{1}{3}x^2$ (2) $y=-\dfrac{1}{8}x^2$

解説 ▼

(1) グラフは点 $(3, 3)$ を通る。
よって，$y=ax^2$ に $x=3$, $y=3$ を代入して，
$3=a\times3^2$, $3=9a$, $a=\dfrac{1}{3}$

(2) グラフは点 $(4, -2)$ を通る。
よって，$y=ax^2$ に $x=4$, $y=-2$ を代入して，
$-2=a\times4^2$, $-2=16a$, $a=-\dfrac{1}{8}$

別解

(1) グラフは点$(-3, 3)$を通るから，この点の座標を代入してもよい。

(2) グラフは点$(-4, -2)$を通るから，この点の座標を代入してもよい。

---

4 イ，エ

解説

ア $y=x^2$ に $x=3$ を代入すると，$y=3^2=9$
$y=6$ が成り立たないから，正しくない。

イ 関数 $y=ax^2$ のグラフは放物線で，y軸について対称である。よって，正しい。

ウ 関数 $y=x^2$ について，$-1≦x≦2$ に対応する部分は，右の図の実線部分になる。
$x=0$ のとき y は最小値 0
$x=2$ のとき y は最大値 4
をとる。y の変域は，$0≦y≦4$
よって，正しくない。

エ 変化の割合は，$\dfrac{4^2-2^2}{4-2}=\dfrac{12}{2}=6$ よって，正しい。

オ 関数 $y=x^2$ は，$x<0$ の範囲では，x の値が増加するとき，y の値は減少するから，正しくない。

---

5 毎秒 $3m$

解説

かかった時間は，$3-1=2$(秒)
自動車が進んだ距離は，$\dfrac{3}{4}×3^2-\dfrac{3}{4}×1^2=\dfrac{27}{4}-\dfrac{3}{4}=6$(m)
よって，平均の速さは，$\dfrac{6}{2}=3$(m/秒)

くわしく

平均の速さ

平均の速さの求め方は，関数 $y=\dfrac{3}{4}x^2$ で，x の値が 1 から 3 まで増加するときの変化の割合の求め方と同じである。

---

6 (1) 4 (2) $y=12$
   (3) $x=4\sqrt{2}$，$\dfrac{38}{3}$

解説

(1) x の増加量は，$6-2=4$
y の増加量は，$\dfrac{1}{2}×6^2-\dfrac{1}{2}×2^2=18-2=16$
よって，変化の割合は，$\dfrac{16}{4}=4$

(2) $x=14$ のとき，点 P，Q は右の図のような位置にある。
よって，$y=\dfrac{1}{2}×AD×DP$
$=\dfrac{1}{2}×6×(6-2)$
$=12$(cm^2)

(3) 点 P が辺 BC 上にあるとき，$y=\dfrac{1}{2}×6×6=18$(cm^2) で一定だから，$y=16$ になるのは，点 P が辺 AB 上，辺 CD 上にあるときである。
点 P が辺 AB 上にある，すなわち，$0≦x≦6$ のとき，
$y=\dfrac{1}{2}x^2$ より，$16=\dfrac{1}{2}x^2$，$x^2=32$，$x=\sqrt{32}=4\sqrt{2}$
点 P が辺 CD 上にある，すなわち，$12≦x≦18$ のとき，
$y=\dfrac{1}{2}×6×(18-x)=-3x+54$
よって，$16=-3x+54$，$3x=38$，$x=\dfrac{38}{3}$

---

7 $a=\dfrac{5}{3}$

解説

点 B は $y=ax^2$ のグラフ上の点だから，y 座標は，
$y=a×1^2=a$ これより，B$(1, a)$
点 A は y 軸について点 B と対称な点だから，A$(-1, a)$
よって，$AB=1-(-1)=2$
点 C は $y=-ax^2$ のグラフ上の点だから，y 座標は，
$y=-a×1^2=-a$
よって，$BC=a-(-a)=2a$
したがって，$AB+BC=2+2a$
$AB+BC=\dfrac{16}{3}$ だから，$2+2a=\dfrac{16}{3}$，$2a=\dfrac{10}{3}$，$a=\dfrac{5}{3}$

---

8 (1) $a=2$ (2) $y=2x+4$
   (3) 6

解説

(1) $y=ax^2$ のグラフは点 A$(-1, 2)$を通るから，$y=ax^2$ に $x=-1$，$y=2$ を代入して，$2=a×(-1)^2$，$a=2$

(2) 点 B は $y=2x^2$ のグラフ上の点だから，y 座標は，
$y=2×2^2=8$ これより，B$(2, 8)$
直線 ℓ の式を $y=ax+b$ とおくと，直線 ℓ は，
点 A$(-1, 2)$を通るから，$2=-a+b$ ……①
点 B$(2, 8)$を通るから，$8=2a+b$ ……②
①，②を連立方程式として解くと，$a=2$，$b=4$
よって，$y=2x+4$

(3) 直線 ℓ と y 軸との交点を C とすると，C$(0, 4)$
$△AOB=△AOC+△BOC$
$=\dfrac{1}{2}×4×1+\dfrac{1}{2}×4×2$
$=2+4=6$

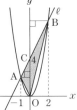

9 P$(1, -5)$

解説 ▼

点 A, B は $y=-\dfrac{1}{2}x^2$ のグラフ上
の点だから, それぞれの y 座標は,
A…$y=-\dfrac{1}{2}\times(-2)^2=-2$
B…$y=-\dfrac{1}{2}\times4^2=-8$
よって, A$(-2, -2)$, B$(4, -8)$

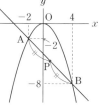

直線 OP が △OAB の面積を 2 等分するとき, 直線 OP は
線分 AB の中点を通るから, 点 P は線分 AB の中点である。
よって, P$\left(\dfrac{-2+4}{2}, \dfrac{-2-8}{2}\right)$, つまり P$(1, -5)$

STEP03 実戦問題
本冊088ページ

1 (1) ア…-9　イ…-4　ウ…-16
　　(2) ①, ④　　　　(3) $a=-3$
　　(4) $a=-3$　　　　(5) $a=\dfrac{1}{4}$

解説 ▼

(1) y は x の 2 乗に比例するから, 比例定数を a とすると,
$y=ax^2$ とおける。
表から, $x=-2$ のとき $y=-1$ だから,
$-1=a\times(-2)^2$, $-1=4a$, $a=-\dfrac{1}{4}$
よって, 式は, $y=-\dfrac{1}{4}x^2$
ア…$y=-\dfrac{1}{4}\times(-6)^2=-\dfrac{1}{4}\times36=-9$
イ…$y=-\dfrac{1}{4}\times4^2=-\dfrac{1}{4}\times16=-4$
ウ…$y=-\dfrac{1}{4}\times8^2=-\dfrac{1}{4}\times64=-16$
(2) ① y は x に比例し, 比例定数が正だから, x の値が
増加すると, y の値も増加する。
② y は x に反比例し, 比例定数が正だから, $x<0$
の範囲で, x の値が増加すると, y の値は減少する。
③ y は x の 1 次関数で, x の係数が負だから, x の
値が増加すると, y の値は減少する。
④ y は x の 2 乗に比例し, 比例定数が負だから, $x<0$
の範囲で, x の値が増加すると, y の値も増加する。
(3) 関数 $y=ax^2$ は, y の変域が
$-12\leqq y\leqq0$ より, グラフは x 軸の下
側にあるから, $a<0$
これより, 関数 $y=ax^2$ のグラフで,
$-1\leqq x\leqq2$ に対応する部分は, 右の
図の実線部分になる。
よって, $x=2$ のとき y は最小値
-12 をとるから,
$-12=a\times2^2$, $-12=4a$, $a=-3$

(4) x の増加量は, $(a+1)-a=1$
y の増加量は,
$-(a+1)^2-(-a^2)=-a^2-2a-1+a^2=-2a-1$
よって, 変化の割合は, $-2a-1$
これが 5 になることから,
$-2a-1=5$, $-2a=6$, $a=-3$
(5) 点 A, B は $y=ax^2$ のグラフ上の点だから, それぞれ
の y 座標は,
A…$y=a\times(-6)^2=36a$, B…$y=a\times4^2=16a$
よって, A$(-6, 36a)$, B$(4, 16a)$
これより, 直線 AB の傾きを a を使って表すと,
$\dfrac{16a-36a}{4-(-6)}=\dfrac{-20a}{10}=-2a$
したがって, $-2a=-\dfrac{1}{2}$, $a=\dfrac{1}{4}$

2 (1) $y=\dfrac{1}{8}x^2$, $\dfrac{3}{2}$ 倍　　(2) 秒速 $6m$

解説 ▼

(1) y は x の 2 乗に比例するから, 比例定数を a とすると,
$y=ax^2$ とおける。
$x=2$ のとき $y=0.5$ だから,
$0.5=a\times2^2$, $\dfrac{1}{2}=4a$, $a=\dfrac{1}{8}$
よって, 式は, $y=\dfrac{1}{8}x^2$
x の増加量は, $7-5=2$
y の増加量は, $\dfrac{1}{8}\times7^2-\dfrac{1}{8}\times5^2=\dfrac{49}{8}-\dfrac{25}{8}=\dfrac{24}{8}=3$
よって, $\dfrac{3}{2}$ 倍。
(2) 自転車の速さを秒速 am とすると, 地点 A からブレ
ーキをかけた地点までに進んだ道のりは, $1.5a$(m)
ブレーキをかけた地点から停止した地点まで進んだ道
のりは, $\dfrac{1}{8}a^2$(m)
よって, $\dfrac{1}{8}a^2+1.5a=13.5$
これを解くと, $a^2+12a-108=0$, $(a-6)(a+18)=0$,
$a=6$, $a=-18$
$a>0$ だから, $a=6$

3 (1) $y=\dfrac{1}{2}x^2$ $(0\leqq x\leqq4)$, $y=4x-8$ $(4\leqq x\leqq8)$
　　(2)

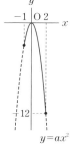

　　(3) 5 秒後

解説 ▼

(1) 点 C と点 F が重なってから 4 秒後に，点 D は点 E に重なる。

よって，$0 \leqq x \leqq 4$ のとき，2 つの図形が重なる部分は，直角をはさむ 2 辺が $x$cm の直角二等辺三角形になる。

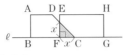

したがって，$y = \dfrac{1}{2} \times x \times x = \dfrac{1}{2}x^2$

点 C と点 F が重なってから 8 秒後に，点 C は点 G に重なる。

よって，$4 \leqq x \leqq 8$ のとき，2 つの図形が重なる部分は，上底 $(x-4)$cm，下底 $x$cm，高さ 4cm の台形になる。

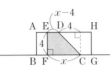

したがって，$y = \dfrac{1}{2}\{(x-4)+x\} \times 4 = 4x-8$

(3) 2 つの図形が重なる部分の面積が台形 ABCD の面積の半分になるのは，$4 \leqq x \leqq 8$ のときである。

台形 ABCD の面積の半分は，$\dfrac{1}{2} \times (4+8) \times 4 \times \dfrac{1}{2} = 12$

よって，$4x-8 = 12$，$4x = 20$，$x = 5$

4 **(1)** ① 18cm²

②ア…9
イ…$2x^2$
ウ…$8x$
グラフは右の図

(2) 6 秒後

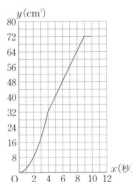

解説 ▼

(1)① 3 秒後の △PQR は右の図のようになる。よって，

$\triangle PQR = \dfrac{1}{2} \times 6 \times 6 = 18$(cm²)

②点 P が A を出発してから 4 秒後に点 Q は A に到着する。

よって，$0 \leqq x \leqq 4$ のとき，
AP$=2x$cm，QR$=2x$cm で，
△PQR は右の図のようになる。

したがって，$y = \dfrac{1}{2} \times 2x \times 2x = 2x^2$

点 P が A を出発してから 9 秒後に点 P は B に到着する。

よって，$4 \leqq x \leqq 9$ のとき，
AP$=2x$cm，DQ$=8$cm で，
△PQR は右の図のようになる。

したがって，$y = \dfrac{1}{2} \times 2x \times 8 = 8x$

(2) 線分 PR が対角線 AC の中点を通るとき，長方形 ABCD は線分 PR によって 2 つの合同な四角形 APRD と四角形 CRPB に分けられる。

よって，RD＝PB

AP$=2x$，DR$=3(x-4)$，AP+PB$=18$(cm)だから，

$2x + 3(x-4) = 18$，$5x = 30$，$x = 6$(秒後)

5 **(1)** A(2, 4)　　**(2)** $y = x+6$

(3) 12　　**(4)** $a = \dfrac{5}{6}$

解説 ▼

(1) 点 A は $y = x^2$ のグラフ上の点だから，y 座標は，$y = 2^2 = 4$　よって，A(2, 4)

(2) 点 B は $y = x^2$ のグラフ上の点だから，y 座標は，$y = 3^2 = 9$　よって，B(3, 9)

直線 BP は点 P(0, 6) を通るから，その式は，$y = mx+6$ とおける。

また，直線 BP は点 B(3, 9) を通るから，

$9 = 3m+6$，$3m = 3$，$m = 1$

よって，直線 BP の式は，$y = x+6$

(3) AB∥CP ならば，△ABC＝△ABP となる。

点 A，B は $y = 2x^2$ のグラフ上の点だから，座標は，A(2, 8)，B(3, 18)

直線 AB の傾きは，$\dfrac{18-8}{3-2} = 10$

これより，点 C を通り，直線 AB と傾きが等しい直線の式は，$y = 10x+n$ とおける。

この直線は点 C(−1, 2) を通るから，$2 = 10 \times (-1)+n$，$n = 12$

よって，この直線の式は，$y = 10x+12$

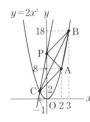

したがって，点 P の y 座標は 12

(4) 点 B と y 軸について対称な点を D とすると，点 P は線分 AD と y 軸との交点である。

点 A，B の座標はそれぞれ A(2, 4a)，B(3, 9a) と表せる。

また，D(−3, 9a)

これより，直線 AD の傾きは，$\dfrac{9a-4a}{-3-2} = -a$

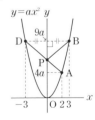

直線 AD の式を，$y = -ax+b$ とおくと，$4a = -a \times 2+b$，$b = 6a$

よって，直線 AD の式は，$y = -ax+6a$

点 P の x 座標は 0，y 座標は 5 だから，$6a = 5$，$a = \dfrac{5}{6}$

6 **(1)** t^2+4t　　**(2)** ア…$t = 6$　イ…$-\dfrac{25}{2}$

(1) $y=ax^2$ のグラフは点 A(2, 2)を通るから,

$2=a\times2^2$, $2=4a$, $a=\dfrac{1}{2}$

点 P は $y=\dfrac{1}{2}x^2$ のグラフ上の点だから, $P\left(t,\ \dfrac{1}{2}t^2\right)$

点 Q は $y=x^2$ のグラフ上の点で, x 座標が t だから,

$Q(t,\ t^2)$

点 R は y 軸について点 Q と対称な点だから,

$R(-t,\ t^2)$

よって, $PQ=t^2-\dfrac{1}{2}t^2=\dfrac{1}{2}t^2$, $QR=t-(-t)=2t$

四角形 PQRS は長方形だから, その周の長さは,

$(PQ+QR)\times2=\left(\dfrac{1}{2}t^2+2t\right)\times2=t^2+4t$

(2)ア 四角形 PQRS の周の長さが 60 だから, $t^2+4t=60$

これを解くと, $t^2+4t-60=0$, $(t-6)(t+10)=0$,

$t=6$, $t=-10$ $t>0$ だから, $t=6$

イ 長方形の面積は 2 本の対角線の交点を通る直線で
2 等分される。

よって, 四角形 PQRS の対角線 PR と QS の交点を
M とすると, 求める直線の傾きは, 2 点 A, M を通
る直線の傾きになる。

点 M は y 軸上の点で,
P(6, 18), Q(6, 36)から,
点 M の y 座標は,

$\dfrac{18+36}{2}=27$

よって, M(0, 27)

したがって, 直線 AM の

傾きは, $\dfrac{2-27}{2-0}=-\dfrac{25}{2}$

7 (1) $a=\dfrac{2}{9}$　　　(2) 12

(1) 点 A は $y=2x^2$ のグラフ上の点だから, A(2, 8)

点 B は y 軸について点 A と対称な点だから,

B(-2, 8)

よって, AB$=2-(-2)=4$

BA$=$CE より, CE$=4$

CD$=$DE より, CD$=$ED$=\dfrac{1}{2}$CE$=\dfrac{1}{2}\times4=2$

また, CE と y 軸との交点を G とすると, 点 C と点
D は y 軸について対称な点だから, CG$=$DG より,

DG$=\dfrac{1}{2}$CD$=\dfrac{1}{2}\times2=1$

よって, 点 E の x 座標は, DG$+$ED$=1+2=3$

点 D の y 座標は, $y=2\times1^2=2$

これより, 点 E の y 座標も 2 だから, E(3, 2)

$y=ax^2$ のグラフは点 E を通るから,

$2=a\times3^2$, $2=9a$, $a=\dfrac{2}{9}$

(2) BA∥CE, BA$=$CE より, 四角形 ABCE は, 1 組の
向かい合う辺が平行で, その長さが等しいから, 平
行四辺形である。

よって, BC∥AE

△BCF と△BCE で, それぞ
れの底辺を BC とみると,
BC∥AE より, 高さは等しい
から, △BCF$=$△BCE

△BCE の面積は平行四辺形
ABCE の面積の半分だから,

△BCE$=\dfrac{1}{2}\times4\times(8-2)=12$　よって, △BCF$=12$

8 (1) $a=2$, $b=\dfrac{9}{2}$　　　(2) B(2, 8)

(3) $D\left(-\dfrac{1}{2},\ \dfrac{11}{2}\right)$

(1) 点 $A\left(-\dfrac{3}{2},\ b\right)$ は $y=x+6$ のグラフ上の点だから,

$b=-\dfrac{3}{2}+6=\dfrac{9}{2}$

点 $A\left(-\dfrac{3}{2},\ \dfrac{9}{2}\right)$ は $y=ax^2$ のグラフ上の点だから,

$\dfrac{9}{2}=a\times\left(-\dfrac{3}{2}\right)^2$, $\dfrac{9}{2}=\dfrac{9}{4}a$, $a=\dfrac{9}{2}\times\dfrac{4}{9}=2$

(2) $y=2x^2$ と $y=x+6$ を連立させて解くと,

$2x^2=x+6$, $2x^2-x-6=0$

$x=\dfrac{-(-1)\pm\sqrt{(-1)^2-4\times2\times(-6)}}{2\times2}=\dfrac{1\pm\sqrt{49}}{4}$

　$=\dfrac{1\pm7}{4}$, $x=2$, $x=-\dfrac{3}{2}$

よって, 点 B の x 座標は 2 だから, B(2, 8)

(3) 直線 AB と y 軸との交点を E とすると, E(0, 6)

また, $M\left(\dfrac{0+2}{2},\ \dfrac{0+8}{2}\right)=(1,\ 4)$

△OAB$=$△OAE$+$△OBE

$=\dfrac{1}{2}\times6\times\dfrac{3}{2}+\dfrac{1}{2}\times6\times2=\dfrac{21}{2}$

(四角形 BECM の面積)

$=$△OBE$-$△OMC

$=\dfrac{1}{2}\times6\times2-\dfrac{1}{2}\times3\times1=\dfrac{9}{2}$

四角形 BECM の面積は △OAB
の面積の半分より小さいから,
点 D は y 軸の左側にある。

すなわち, 点 D の x 座標は負になる。

(四角形 BDCM の面積)$=\dfrac{1}{2}$△OAB$=\dfrac{1}{2}\times\dfrac{21}{2}=\dfrac{21}{4}$

よって, △EDC$=\dfrac{21}{4}-\dfrac{9}{2}=\dfrac{3}{4}$

△EDC で, EC を底辺とみたときの高さを h とすると,

$\dfrac{1}{2}\times3\times h=\dfrac{3}{4}$, $\dfrac{3}{2}h=\dfrac{3}{4}$, $h=\dfrac{1}{2}$

よって,点 D の x 座標は $-\dfrac{1}{2}$, y 座標は $-\dfrac{1}{2}+6=\dfrac{11}{2}$

図形編

1 平面図形

STEP01 要点まとめ
本冊092ページ

1 01 右の図

2 02 B

03 半径

04 円

05 交点

06 下の左図

3 07 O

08 OB 09 Q

10 OC 11 下の右図

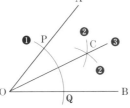

4 12 右の図

5 13 3

14 120

15 4

16 2

17 2

6 18 10 19 144

20 8π 21 10

22 144 23 40π

STEP02 基本問題
本冊094ページ

1

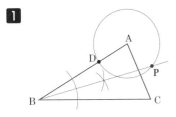

解説 ▼

条件①より，AP＝AD だから，点 P は，点 A を中心とする半径 AD の円周上にある。

また，条件②より，点 P は，直線 AB と直線 BC から等しい距離にあるから，∠ABC の二等分線上にある。

したがって，点 A を中心とする半径 AD の円と，∠ABC の二等分線をそれぞれ作図し，2 つの交点のうち，△ABC の外部の点（条件②）を P とすればよい。

ミス注意

条件②の「点 P は △ABC の外部の点」を見落として，2 つの交点を P としないように。

2

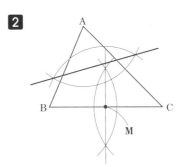

解説 ▼

まず，線分 BC の垂直二等分線の作図によって，辺 BC の中点 M を求める。

頂点 A が点 M の位置にくるように折るのだから，折り目の線は，線分 AM の垂直二等分線になる。

したがって，線分 AM の垂直二等分線を作図すればよい。

3

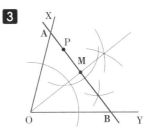

解説 ▼

OA＝OB の二等辺三角形 OAB の底辺 AB が点 P を通ると考えればよい。

△OAB は，∠AOB の二等分線を折り目にして折ると，ぴったり重なるから，まず，∠XOY の二等分線をひく。

∠XOY の二等分線と底辺 AB との交点を M とすると，△OAB は直線 OM を対称の軸とした線対称な図形で，∠OMA＝∠OMB＝180°÷2＝90° より，OM⊥AB だから，点 P を通る半直線 OM への垂線をひき，この垂線と半直線 OX，OY との交点をそれぞれ A，B とすればよい。

④

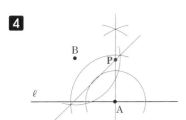

解説 ▼

円の接線は接点を通る半径に垂直だから，円の中心 P は，
A を通る直線 ℓ の垂線上にある。
したがって，まず，A を通る直線 ℓ の垂線をひく。
この円は，2 点 A，B を通るから，円の中心 P は，弦 AB
の垂直二等分線上にある。
したがって，弦 AB の垂直二等分線をひき，A を通る直
線 ℓ の垂線との交点を P とすればよい。

⑤

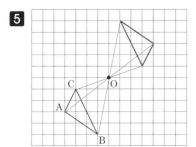

解説 ▼

点対称移動では，対応する点を結ぶ線分は回転の中心を
通り，回転の中心によって 2 等分される。
したがって，頂点 A，B，C から点 O を通る直線をそれぞれ
ひき，方眼のマス目を利用して，対応する点を決めればよい。

⑥ (1)　△OFG
　　(2)　点 E を回転の中心として，時計の針の回転と
　　　　同じ方向に $90°$ 回転させる。
　　(3)　線分 HF(HO) を対称の軸として対称移動させ，
　　　　線分 HE(GF) の長さだけその方向に平行移動
　　　　させる。

解説 ▼

(1)　△AEH を，線分 EF の長さだけその方向に平行移
　　動させると，△OFG に重なる。
(2)　回転の角の大きさは，辺 AE が辺 OE に重なるから，
　　∠AEO$=90°$ である。
(3)　△AEH を，線分 HF(HO) を対称の軸として対称移
　　動させると，△DGH に重なる。
　　△DGH を，線分 HE(GF) の長さだけその方向に平
　　行移動させると，△OFE に重なる。

⑦ (1)　弧の長さ…8πcm，面積…40πcm²
　　(2)　150°

解説 ▼

(1)　このおうぎ形の弧の長さは，
　　　$2\pi\times10\times\dfrac{144}{360}=8\pi$(cm)
　　　このおうぎ形の面積は，
　　　$\pi\times10^2\times\dfrac{144}{360}=40\pi$(cm²)
(2)　このおうぎ形の中心角を $x°$ とすると，
　　　$2\pi\times6\times\dfrac{x}{360}=5\pi$，　$x=\dfrac{5\pi\times360}{2\pi\times6}=150$

⑧ (1)　120°　　　　　　(2)　36πcm²

解説 ▼

(1)　辺 AC が辺 A′C に重なるから，回転した角度は，
　　　∠ACA′$=180°-60°=120°$
(2)　右の図のように一部
　　分の面積を移すと，
　　辺 AB が通過した
　　部分の面積は，中
　　心角が $120°$ の 2 つ
　　のおうぎ形の面積の
　　差で求められるから，

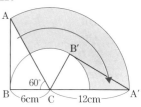

　　　$\pi\times12^2\times\dfrac{120}{360}-\pi\times6^2\times\dfrac{120}{360}$
　　　$=48\pi-12\pi=36\pi$(cm²)

STEP03　実戦問題　　本冊096ページ

① エ

解説 ▼

アの位置のひし形は，①の回転移動でウの位置に，②の
平行移動でキの位置に，③の対称移動でエの位置にくる。

②

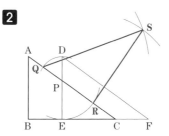

解説 ▼

P を中心として半径 PD の円をかき，線分 AP との交点
のうち，点 A に近いほうの点を Q とする。
P を中心として半径 PE の円をかき，線分 PC との交点
のうち，点 C に近いほうの点を R とする。
Q を中心とした半径 DF の円と，R を中心とした半径 EF
の円をかき，辺 AC について頂点 D と同じ側の交点を S
とする。

3 （例）

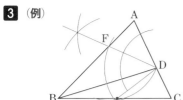

解説 ▼

角の二等分線の作図と正三角形の作図を利用する。

∠ADB の二等分線を作図し，辺 AB との交点を F とすると，

∠FDB=80°÷2=40°

正三角形の 1 つの角は 60° だから，20°=60°−40° より，辺 DF を 1 辺とする正三角形を頂点 A の反対側に作図し，この正三角形と辺 BC との交点のうち，頂点 C に近いほうの点を E とすればよい。

別解 ➕

∠BDC=180°−80°=100°，

100°−60°=40°，

40°÷2=20° より，

辺 CD を 1 辺とする正三角形を頂点 B のあるほうに作図し，この正三角形の辺と線分 BD がつくる角の二等分線を作図し，辺 BC との交点を E としてもよい。

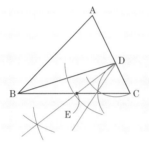

4 （1） $\dfrac{1}{2}\pi$　　（2） 12 倍　　（3） $\dfrac{49}{4}\pi$

解説 ▼

（1） AB=8 より，OA=OB=8÷2=4，OC=CB=4÷2=2，OD=DC=2÷2=1

したがって，中心が D の半円の面積は，

$\pi\times1^2\times\dfrac{1}{2}=\dfrac{1}{2}\pi$

（2） 斜線部分の面積は，

$\pi\times4^2\times\dfrac{1}{2}-\pi\times2^2\times\dfrac{1}{2}=8\pi-2\pi=6\pi$

したがって，斜線部分の面積は，中心が D の半円の面積の

$6\pi\div\dfrac{1}{2}\pi=12$（倍）

（3） $\overset{\frown}{AB}+\overset{\frown}{OB}+\overset{\frown}{OC}=8\pi\times\dfrac{1}{2}+4\pi\times\dfrac{1}{2}+2\pi\times\dfrac{1}{2}$

$=4\pi+2\pi+\pi=7\pi$

これが円周となる円の半径は，

$7\pi\div\pi\div2=\dfrac{7}{2}$

したがって，この円の面積は，

$\pi\times\left(\dfrac{7}{2}\right)^2=\dfrac{49}{4}\pi$

5 $\dfrac{7}{2}\pi$

解説 ▼

右の図のように，半直線 OO_1 と $\overset{\frown}{AB}$ との交点を P，円 O_1 と円 O_2 との接点を Q とする。

また，点 O_1，O_2 から辺 OA にひいた垂線と辺 OA との交点をそれぞれ R，S とすると，点 R，S はそれぞれ 2 つの円と辺 OA の接点である。

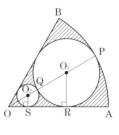

∠AOB=60° より，$\angle O_1OR=60°\div2=30°$

これより，$\triangle O_1OR$ は正三角形の半分の形だから，

$OO_1:O_1R=OO_1:O_1P=2:1$

OP=9 より，

$O_1P=9\times\dfrac{1}{2+1}=9\times\dfrac{1}{3}=3$ ←円 O_1 の半径

同様に，$\triangle O_2OS$ で，

$OO_2:O_2S=OO_2:O_2Q=2:1$

OQ=9−3×2=9−6=3 より，

$O_2Q=3\times\dfrac{1}{2+1}=3\times\dfrac{1}{3}=1$ ←円 O_2 の半径

したがって，斜線部分の面積は，

$\pi\times9^2\times\dfrac{60}{360}-(\pi\times3^2+\pi\times1^2)=\dfrac{27}{2}\pi-10\pi=\dfrac{7}{2}\pi$

6 （1） $\dfrac{5}{72}\pi$　　（2） $\dfrac{11}{10}\pi$　　（3） 5 秒後

解説 ▼

（1） 円 O_1 の面積は，$\pi\times1^2=\pi$

点 P は 72 秒で円 O_1 の周を 1 周するから，点 P が点 A を出発してから 5 秒後（点 Q はまだ出発していない）に黒く塗りつぶされている図形（おうぎ形 OAP）の面積は，

$\pi\times\dfrac{5}{72}=\dfrac{5}{72}\pi$

（2） 黒く塗りつぶされている図形の面積は，

（おうぎ形 OAP の面積）＋（おうぎ形 OBQ の面積）−（おうぎ形 OAR の面積）

で求められる。

点 P は点 Q が点 B を出発する 27 秒前に点 A を出発しているから，おうぎ形 OAP の面積は，

$\pi\times\dfrac{27+9}{72}=\pi\times\dfrac{36}{72}=\dfrac{1}{2}\pi$

円 O_2 の面積は，$\pi\times2^2=4\pi$

点 Q は 45 秒で円 O_2 の周を 1 周するから，点 Q が点 B を出発してから 9 秒後のおうぎ形 OBQ の面積は，

$4\pi\times\dfrac{9}{45}=\dfrac{4}{5}\pi$

おうぎ形 OAR の面積は，

$\pi \times \dfrac{9}{45} = \dfrac{1}{5}\pi$

したがって，点 Q が点 B を出発してから 9 秒後に黒く塗りつぶされている図形の面積は，

$\dfrac{1}{2}\pi + \dfrac{4}{5}\pi - \dfrac{1}{5}\pi = \dfrac{5}{10}\pi + \dfrac{8}{10}\pi - \dfrac{2}{10}\pi = \dfrac{11}{10}\pi$

(3) $S_1 = S_2$ より，

$S_1 + (おうぎ形 OAR の面積)$

$= S_2 + (おうぎ形 OAR の面積)$

すなわち，

(おうぎ形 OBQ の面積) = (おうぎ形 OAP の面積)

だから，点 Q が点 B を出発してから t 秒後に $S_1 = S_2$ となるとすると，

$4\pi \times \dfrac{t}{45} = \pi \times \dfrac{27+t}{72}$

両辺に $\dfrac{360}{\pi}$ をかけて，

$32t = 5(27+t)$，$27t = 135$，$t = 5$

これは問題にあっている。

2 空間図形

STEP01 要点まとめ 　　本冊098ページ

1 01 4　　02 四
03 正三角錐　　04 正四面体

2 05 5　　06 10π
07 12　　08 10π
09 150

3 10 DC, EF, HG
11 CG, DH, EH, FG
12 EF, FG, HG, HE
13 AE, BF, CG, DH

4 14 10　　15 300
16 12　　17 30
18 300　　19 30
20 360　　21 4
22 16π　　23 16π
24 48π

5 25 4　　26 3
27 36π　　28 $\dfrac{4}{3}$
29 3　　30 36π

解説 ▼

3 空間内の 2 直線の位置関係は，
①交わる　②平行である　③ねじれの位置にある
空間内の直線と平面の位置関係は，

①交わる　②平行である　③直線は平面上にある
空間内の 2 平面の位置関係は，
①交わる　②平行である

STEP02 基本問題 　　本冊100ページ

1 ③

解説 ▼

展開図を組み立てたとき，辺 AB と辺 CD が交わらず，平行でもないものを選べばよい。

① 点 B と点 D が重なるから，辺 AB と辺 CD は交わる。
② 辺 AB と辺 CD は平行になる。
③ 辺 AB と辺 CD は交わらず，平行でもない。
④ 点 A と点 D が重なるから，辺 AB と辺 CD は交わる。

2 (1)

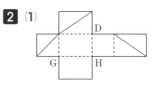

(2) $16\mathrm{cm}^3$

解説 ▼

(1) 図 2 の展開図に，図 1 の見取図に対応する頂点の記号を書き入れると，右のようになる。

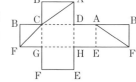

面 ABCD の A と C，
面 AEFB の A と F，
面 BFGC の C と F をそれぞれ線分で結べばよい。

(2) 三角錐 ABCF の底面を △BFC，高さを AB と考えると，その体積は，

$\dfrac{1}{3} \times \dfrac{1}{2} \times 4 \times 4 \times 6 = 16 (\mathrm{cm}^3)$

3 (1) 144°　　(2) 6cm

解説 ▼

(1) 側面になるおうぎ形の中心角を $x°$ とすると，側面のおうぎ形の弧の長さと底面の円周の長さは等しいから，

$2\pi \times 5 \times \dfrac{x}{360} = 2\pi \times 2$，$\dfrac{x}{360} = \dfrac{2\pi \times 2}{2\pi \times 5} = \dfrac{2}{5}$，

$x = 360 \times \dfrac{2}{5} = 144$

(2) 底面の円の半径を r cm とすると，

$2\pi \times 16 \times \dfrac{135}{360} = 2\pi r$，$r = 16 \times \dfrac{3}{8} = 6$

4 (1) $112\pi\,\mathrm{cm}^3$　　(2) $30\pi\,\mathrm{cm}^3$

図形

1
平面図形

2
空間図形

3
平行と合同

4
図形の性質

5
円

6
相似な図形

7
三平方の定理

解説 ▼

(1) 大きい円柱から小さい円柱をくりぬいた立体ができる。

EF＝BE＝4cm, AE＝AB＋BE＝4＋4＝8(cm)

BG＝BE＝4cm, CG＝BG÷2＝4÷2＝2(cm)

DC＝AB＝4cm

したがって，できる立体の体積は，

$\pi \times 4^2 \times 8 - \pi \times 2^2 \times 4 = 128\pi - 16\pi = 112\pi \text{(cm}^3)$

(2) 半球と円錐を組み合わせた立体ができるから，体積は，

$\frac{1}{2} \times \frac{4}{3}\pi \times 3^3 + \frac{1}{3}\pi \times 3^2 \times 4 = 18\pi + 12\pi = 30\pi \text{(cm}^3)$

5 (1) 144cm²   (2) 12πcm²

解説 ▼

(1) 上下の面の面積の和は，

$2 \times 10 \times 2 = 40 \text{(cm}^2)$

左右の面の面積の和は，

$(4+2) \times 2 \times 2 = 6 \times 2 \times 2 = 24 \text{(cm}^2)$

手前と奥の面の面積の和は，

$(4 \times 5 + 2 \times 10) \times 2 = (20+20) \times 2 = 40 \times 2 = 80 \text{(cm}^2)$

したがって，この立体の表面積は，

$40 + 24 + 80 = 144 \text{(cm}^2)$

(2) この円錐の側面積は，公式を利用して，

$\pi \times 2 \times 4 = 8\pi \text{(cm}^2)$

したがって，この円錐の表面積は，

$8\pi + \pi \times 2^2 = 8\pi + 4\pi = 12\pi \text{(cm}^2)$

別解 ➕

円錐の側面積を求める公式を忘れたときは，次のように，側面となるおうぎ形の中心角を利用すればよい。

側面のおうぎ形の中心角を $x°$ とすると，側面のおうぎ形の弧の長さと底面の円周の長さは等しいから，

$2\pi \times 4 \times \frac{x}{360} = 2\pi \times 2$, $\frac{x}{360} = \frac{2\pi \times 2}{2\pi \times 4} = \frac{1}{2}$

したがって，この円錐の表面積は，

$\pi \times 4^2 \times \frac{1}{2} + \pi \times 2^2 = 8\pi + 4\pi = 12\pi \text{(cm}^2)$

6 $x = 15$

解説 ▼

切る前の木材の表面積は，

$(20 \times 30 + 30x + 20x) \times 2 = (600 + 50x) \times 2 = 1200 + 100x \text{(cm}^2)$

木材を10個に切り分けるとき，切る回数は，10－1＝9(回)で，1回切るごとに，表面積の和は，（切り口の面積）×2ずつ増える。

切り分けた10個の木材の表面積の和が，切る前の木材の表面積の3倍になるから，

$1200 + 100x + 20x \times 2 \times 9 = 3(1200 + 100x)$,

$1200 + 100x + 360x = 3600 + 300x$, $160x = 2400$, $x = 15$

これは問題にあっている。

STEP03 実戦問題   本冊102ページ

1 (1) 7本

(2) ① ア…B, イ…D

② 14cm

③ 最長…34cm, 最短…22cm

解説 ▼

(1) 立方体の辺を1本切ると，展開図では2本の辺になる。展開図の周の辺の数は14本だから，切った辺の数は，

$14 \div 2 = 7\text{(本)}$

別解 ➕

立方体の辺の数は12本で，展開図で切っていない辺は破線で表された5本だから，切った辺の数は，

$12 - 5 = 7\text{(本)}$

(2) ① 図3の展開図に，図2の見取図に対応する頂点の記号を書き入れると，次のようになるから，ア の点は B，イ の点は D に対応する。

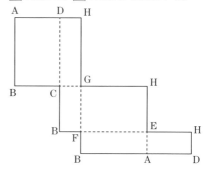

② 次の図のように考えると，展開図の周の長さの合計は，縦が 3＋2＋1＝6(cm)，

横が 2＋1＋3＋2＝8(cm)の長方形の周の長さと等しいから，

$(6+8) \times 2 = 14 \times 2 = 28\text{(cm)}$

したがって，切った辺の長さの合計は，

$28 \div 2 = 14\text{(cm)}$

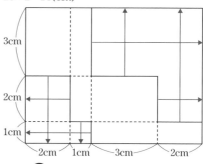

ミス注意 ❗

展開図の周の長さの合計を答えとしないように。求めるのは，切った辺の長さの合計だから，展開図の

周の長さの合計を2でわること。

③ 展開図の周の長さの合計が最長となるのは、面が切れて落ちないように長い辺から順に7本切ったとき、つまり、図2の見取図で、例えば、辺AB, EF, HG, DC, BC, FG, BFを切ったときで、その長さは、

$(3×4+2×2+1×1)×2=17×2=34$（cm）

展開図の周の長さの合計が最短となるのは、面が切れて落ちないように短い辺から順に7本切ったとき、つまり、図2の見取図で、例えば、辺AE, BF, CG, DH, AD, BC, ABを切ったときで、その長さは、

$(1×4+2×2+3×1)×2=11×2=22$（cm）

2 面イと面コ、面ウと面サ、面エと面キ、面オと面ク、面カと面ケ

解説 ▼

問題の展開図で、面アと面シのような位置関係（間に面を2つはさむ位置関係）にある面は、平行であると考えられるから、まず、面エと面キ、面カと面ケはそれぞれ平行である。

また、右の図で、面イの赤い辺と面キの赤い辺は重なるから、面イと面コも、面アと面シと同じような位置関係にあり、平行である。

同様に考えると、面ウと面サ、面オと面クもそれぞれ平行である。

3 16cm²

解説 ▼

この三角錐 B-AFC を辺 AB, BC, BF で切り開いた展開図は、右の図のように、1辺が4cm の正方形になるから、この三角錐の表面積は、

$4×4=16$（cm²）

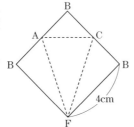

底面が1辺 a の正方形で、高さが $2a$ の直方体を、この問題のように3つの頂点を通る平面で切ってできる三角錐は、展開図が1辺 $2a$ の正方形になる。

4 (1) ① 72π cm³　② $\dfrac{32}{3}\pi$ cm³

(2) あふれない

(理由) 容器 A の容積は、

$\dfrac{1}{3}\pi×5^2×5=\dfrac{125}{3}\pi$（cm³）

容器 B の容積は、

$\pi×5^2×5-\dfrac{1}{2}×\dfrac{4}{3}\pi×5^3=\dfrac{125}{3}\pi$（cm³）

したがって、容器 A と容器 B の容積は等しいから、水はあふれない。

(3) $\dfrac{17}{3}\pi$ cm³

解説 ▼

(1) ① $\dfrac{1}{3}\pi×6^2×6=72\pi$（cm³）

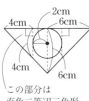

この部分は直角二等辺三角形

② 容器を真正面から見た右の図より、球は完全に水の中に沈むから、あふれ出た水の体積は球の体積に等しく、

$\dfrac{4}{3}\pi×2^3=\dfrac{32}{3}\pi$（cm³）

(3) 下の図4や図5で、斜線部分の三角形は直角二等辺三角形だから、直角をはさむ2辺の長さは等しい。

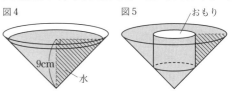

図4の水面の円の半径は、水の深さと等しく9cm だから、図4の水の体積は、

$\dfrac{1}{3}\pi×9^2×9=243\pi$（cm³）

図5の円柱の底面の半径は4cm だから、高さは、

$10-4=6$（cm）

図5の水の体積は、

$\dfrac{1}{3}\pi×10^2×10-\pi×4^2×6=\dfrac{712}{3}\pi$（cm³）

したがって、あふれ出た水の体積は、

$243\pi-\dfrac{712}{3}\pi=\dfrac{17}{3}\pi$（cm³）

5 $\dfrac{7}{2}$

解説 ▼

次の図のように、この直方体を、さらに点 K を通り面

ABCD に平行な面で切って
3 つの立体に分け，それぞれの
立体を**ア**，**イ**，**ウ**とする。

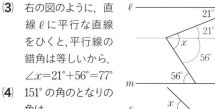

体積の比について，
(**ア**+**イ**)：**ウ**=5：3 で，
イ=**ウ**だから，
ア：**イ**：**ウ**=(5−3)：3：3
　　　　　　=2：3：3
これより，
CK：KG=**ア**：(**イ**+**ウ**)=2：(3+3)=2：6=1：3
CG=AE=8 より，
KG=8×$\frac{3}{1+3}$=8×$\frac{3}{4}$=6
ここで，IF=x とすると，JH=IF−1=x−1
JH+IF=KG より，
x−1+x=6，2x=7，x=$\frac{7}{2}$
これは問題にあっている。

3 平行と合同

STEP01 要点まとめ

本冊104ページ

1	01	180	02	60
	03	**同位角**	04	60
	05	60	06	130
	07	**錯角**	08	130
	09	130		
2	10	65	11	180
	12	180	13	65
	14	75		
3	15	145	16	145
	17	70		
4	18	8	19	1080
	20	1080	21	135
5	22	DC	23	6
	24	H	25	85
6	26	DE	27	**対頂角**
	28	DEC	29	**錯角**
	30	BAE		
	31	**1 組の辺とその両端の角**		

解説 ▼

4 多角形の外角の和は 360° であることを利用すると，
次のように求めることができる。
　　正八角形の 1 つの外角の大きさは，360°÷8=45°
　　よって，1 つの内角の大きさは，180°−45°=135°

6 すでに正しいと認められたことがらを根拠にして，す

じ道を立てて，仮定から結論を導くことを証明という。

STEP02 基本問題

本冊106ページ

1 80°

解説 ▼

対頂角は等しいことと，一直線の角は 180° であることから，
30°+∠x+70°=180°，∠x=80°

2 (1) 130°　　(2) 75°
　　(3) 77°　　(4) 43°

解説 ▼

(1) 平行線の同位角(錯角)は等しいことと，一直線の角
は 180° であることから，
∠x+50°=180°，∠x=130°

(2) (**1**)と同様に，
∠x+105°=180°，∠x=75°

(3) 右の図のように，直
線 ℓ に平行な直線
をひくと，平行線の
錯角は等しいから，
∠x=21°+56°=77°

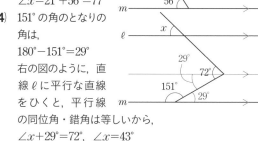

(4) 151° の角のとなりの
角は，
180°−151°=29°
右の図のように，直
線 ℓ に平行な直線
をひくと，平行線
の同位角・錯角は等しいから，
∠x+29°=72°，∠x=43°

3 (1) 70°　　(2) 32°
　　(3) 80°　　(4) 34°

解説 ▼

(1) 三角形の 3 つの内角の和は 180° だから，
∠x+48°+62°=180°，∠x=180°−110°=70°

(2) 三角形の内角の和より，
58°+∠x+90°=180°，∠x=180°−148°=32°

(3) 三角形の 1 つの外角は，それととなり合わない 2 つ
の内角の和に等しいから，
∠x=44°+36°=80°

(4) 2 つの三角形に共通な外
角に着目すると，三角形の
内角と外角の関係より，
56°+60°=82°+∠x，
∠x=116°−82°=34°

共通な外角

1 平面図形

2 空間図形

3 平行と合同

4 図形の性質

5 円

6 相似な図形

7 三平方の定理

4 (1) 900°　　　　(2) 70°

解説 ▼
(1) $180°×(7-2)=180°×5=900°$
(2) 多角形の外角の和は 360° だから，
　　$∠x+60°+90°+35°+105°=360°$，
　　$∠x=360°-290°=70°$

5 $△ACM≡△BDM$
合同条件…2 組の辺とその間の角がそれぞれ等しい

解説 ▼
$△ACM$ と $△BDM$ において，
点 M は線分 AB, CD の中点だから，
　　　　AM=BM　　……①
　　　　CM=DM　　……②
対頂角は等しいから，
　　　　∠AMC=∠BMD……③
①，②，③より，2 組の辺とその間の角がそれぞれ等しい
から，$△ACM≡△BDM$

ミス注意
対応する頂点の順に，$△ACM≡△BDM$ と書くこと。
$△ACM≡△DBM$ などとしないように。また，頂点
が対応していれば，$△AMC≡△BMD$ などでもよい。

6 (1) **仮定…AC=AE, ∠C=∠E**
　　　結論…△ABC≡△ADE
(2) ア　AC=AE
　　イ　∠A=∠A
　　ウ　1 組の辺とその両端の角

解説 ▼
(1) 「○○○ ならば ●●●」で，「ならば」の前の○○○
　　が仮定，「ならば」のあとの●●●が結論である。
(2) 三角形の合同の証明では，③の根拠のように，共通
　　な角や共通な辺がよく使われる。

7 （証明）$△ABM$ と $△CDN$ において，
長方形の向かい合う辺だから，
　　　　　　AB=CD　　　　　……①
　　　　　　AD=BC　　　　　……②
点 M, N はそれぞれ辺 AD, BC の中点だから，
　　　　AM=$\frac{1}{2}$AD,　CN=$\frac{1}{2}$BC……③
②，③より，AM=CN　　　　　……④
長方形の角だから，
　　　　　　∠A=∠C=90°　　……⑤
①，④，⑤より，2 組の辺とその間の角がそれぞれ

等しいから，$△ABM≡△CDN$
合同な図形の対応する角の大きさは等しいから，
　　　　　∠ABM=∠CDN

STEP03 実戦問題
本冊108ページ

1 (1) 110°　　　　(2) 150°
　　(3) 45°　　　　(4) 61°

解説 ▼
(1) 平行線の錯角は等し
　　いことと，三角形の内
　　角と外角の関係より，
　　$∠x=63°+47°=110°$

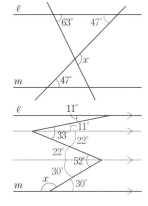

(2) 右の図にように，直
　　線 $ℓ$ に平行な 2 本の
　　直線をひくと，平行
　　線の錯角は等しいから，
　　$∠x$ のとなりの角は，
　　$33°-11°=22°$，
　　$52°-22°=30°$
　　$∠x=180°-30°=150°$

(3) 三角形の内角と外角
　　の関係より，$∠x$ のと
　　なりの角の大きさは，
　　$137°-51°=86°$
　　平行線の同位角は
　　等しいから，
　　$∠x=131°-86°=45°$

(4) 右の図のように，直
　　線 $ℓ$ に平行な直線を
　　ひくと，平行線の同
　　位角・錯角は等しい
　　ことと，三角形の内
　　角と外角の関係より，
　　$∠x+27°=137°-49°$，$∠x=88°-27°=61°$

2 (1) 40°　　　　(2) 100
　　(3) 33°

解説 ▼
(1) $∠E=45°$ だから，三角形の内角と外角の関係より，
　　$∠EGB+45°=25°+60°$，$∠EGB=85°-45°=40°$
　　対頂角は等しいから，
　　$∠x=∠EGB=40°$

(2) 右の図のように，頂点 B と
　　E を結ぶと，三角形の内角
　　と外角の関係と，四角形の

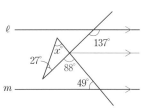

内角の和より,

$80+50+x+y+60+70=360$,

$x+y=360-260=100$

(3) ∠ACB$=x°$ とする
と, 合同な図形の
対応する角の大き
さは等しいことと,
平行線の錯角は等
しいことから, 各
角の大きさは, 右の図のようになる。

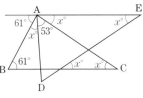

$61°+x°+53°+x°=180°$, $2x°=66°$, $x°=33°$

---

3 (1) 14 個　　　　(2) $n=360$, $x=179$

解説 ▼

(1) この正多角形の頂点の数(角の数)を n 個とすると,

$180°×(n-2)=2160°$, $n-2=12$, $n=14$

(2) $x=\dfrac{180(n-2)}{n}=180-\dfrac{360}{n}$

これより, x の値が自然数となる n のうち,

最も大きい n の値は, $n=360$

このときの x の値は, $180-\dfrac{360}{360}=180-1=179$

別解 ⊕

正 n 角形の 1 つの外角の大きさは $\dfrac{360°}{n}$ だから,

$x=180-\dfrac{360}{n}$ と考えてもよい。

---

4 (1) ア　AB=BC

イ　2 組の辺とその間の角

(2) 120°

解説 ▼

(2) △ABD≡△BCE より,

∠FAB=∠FBD

正三角形の 1 つの内角は,

$180°÷3=60°$ だから,

△ABF の内角と外角の
関係より,

∠BFD

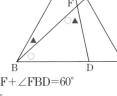

$=∠ABF+∠FAB=∠ABF+∠FBD=60°$

∠AFB$=180°-60°=120°$

---

5 ア　90

イ　2 組の辺とその間の角

ウ　45

解説 ▼

ア　正方形の 1 つの内角は 90° である。

ウ　∠DCG=∠DAE$=90°÷2=45°$

6 (1) ア　d　　　　イ　b

(2) 四角形 ABCD と四角形 AEFG は長方形だから,

∠ABG=∠GFH$=90°$……②

長方形の向かい合う辺だから,

AB=DC=3cm

GF=3cm だから,

AB=GF=3cm……③

①, ②, ③より, 1 組の辺とその両端の角がそ
れぞれ等しいから,

△ABG≡△GFH

7 (説明)右の図のように,
△ABC の辺 BC の延長
線上に点 D をとる。
また, BA∥CE となる
半直線 CE をひくと,
平行線の錯角は等しいから,

∠A=∠ACE

平行線の同位角は等しいから,

∠B=∠ECD

一直線の角は 180° だから,

∠A+∠B+∠ACB=∠ACE+∠ECD+∠ACB=180°

したがって,△ABC の 3 つの内角の和は 180° である。

別解 ⊕

(説明)右の図のように,
△ABC の頂点 A を通
り, BC∥DE となる直
線 DE をひくと, 平行
線の錯角は等しいから,

∠B=∠DAB,

∠C=∠EAC

一直線の角は 180° だから,

∠BAC+∠B+∠C=∠BAC+∠DAB+∠EAC=180°

したがって,△ABC の 3 つの内角の和は 180° である。

8

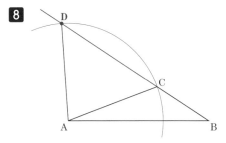

解説 ▼

辺 BC を延長する。

1 平面図形
2 空間図形
3 平行と合同
4 図形の性質
5 円
6 相似な図形
7 三平方の定理

点 A を中心として半径 AC の円をかき，辺 BC の延長線との交点を D とする。

△ABC と △ABD は，

AB=AB，AC=AD，∠ABC=∠ABD で，
対応する 2 組の辺と 1 つの角がそれぞれ等しいが，合同ではない。

別解 +

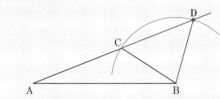

辺 AC を延長する。

点 B を中心として半径 BC の円をかき，辺 AC の延長線との交点を D とする。

△ABC と △ABD は，

AB=AB，BC=BD，∠BAC=∠BAD で，
対応する 2 組の辺と 1 つの角がそれぞれ等しいが，合同ではない。

9 (証明)△ABD と △ACE において，

仮定より，　　　　　AB=AC　　　　……①
　　　　　　　　　　AD=AE　　　　……②
　　　　　　　　　　∠BAC=∠EAD　……③

また，　　　　　　∠BAD=180°−∠BAC ……④
　　　　　　　　　　∠CAE=180°−∠EAD ……⑤

③，④，⑤より，∠BAD=∠CAE　……⑥

①，②，⑥より，2 組の辺とその間の角がそれぞれ等しいから，　　△ABD≡△ACE

合同な図形の対応する辺の長さは等しいから，
　　　　　　　　　　BD=CE

解説 ▼

結論が BD=CE だから，BD を 1 辺とする △ABD と，CE を 1 辺とする △ACE に着目し，この 2 つの三角形の合同から，結論を導く。

10 (証明)△ABF と △BCE において，

四角形 ABCD は正方形だから，
　　　　　　　　　　AB=BC　　　　……①
　　　　　　　　　　∠FAB=∠EBC=90° ……②

また，　　　　　∠ABF=∠ABC−∠FBC
　　　　　　　　　　　　=90°−∠FBC ……③

BF⊥EC より，∠BCE=180°−90°−∠FBC
　　　　　　　　　　　　=90°−∠FBC ……④

③，④より，　∠ABF=∠BCE　……⑤

①，②，⑤より，1 組の辺とその両端の角がそれぞ

れ等しいから，△ABF≡△BCE

11 (証明)△ABD と △ACF において，

△ABC は ∠A=90° の直角二等辺三角形だから，
　　　　　　　　　　AB=AC　　　　……①

四角形 ADEF は正方形だから，
　　　　　　　　　　AD=AF　　　　……②

また，　　　　∠DAB=∠CAB−∠CAD
　　　　　　　　　　=90°−∠CAD……③
　　　　　　　　∠FAC=∠FAD−∠CAD
　　　　　　　　　　=90°−∠CAD……④

③，④より，∠DAB=∠FAC　　……⑤

①，②，⑤より，2 組の辺とその間の角がそれぞれ等しいから，△ABD≡△ACF

12 (証明)△AEF と △CDF において，

四角形 ABCD は長方形だから，
　　　　　　　　　　AB=CD　　　　……①
　　　　　　　　　　∠B=∠D=90°……②

折り返した辺や角は等しいから，
　　　　　　　　　　AE=AB　　　　……③
　　　　　　　　　　∠E=∠B　　　　……④

①，③より，　　　AE=CD　　　　……⑤

②，④より，　　　∠E=∠D　　　　……⑥

また，対頂角は等しいから，
　　　　　　　　　　∠AFE=∠CFD　……⑦

⑥，⑦より，残りの角も等しいから，
　　　　　　　　　　∠EAF=∠DCF　……⑧

⑤，⑥，⑧より，1 組の辺とその両端の角がそれぞれ等しいから，△AEF≡△CDF

13 (証明)右の図のように，

点 E から辺 BC に垂線をひき，BC との交点を I とする。また，CG と EF, EI の交点をそれぞれ J, K とする。△CGB と △EFI において，四角形 ABCD は正方形，四角形 EICD は長方形だから，CB=DC, DC=EI より，

　　　　　　　　　　CB=EI　　　　……①
　　　　　　　　　　∠CBG=∠EIF=90° ……②

四角形 EDCF と四角形 EHGF は線分 EF について対称で，対応する点を結ぶ線分は，対称の軸 EF によって垂直に 2 等分されるから，CG⊥EF

ここで，△CKI と △EKJ において，
　　∠CIK=∠EJK=90°，∠CKI=∠JKE(対頂角)
より，残りの角も等しいから，
　　　　　　　　　　∠ICK=∠KEJ

すなわち，　　　∠BCG=∠IEF　　　……③

1 平面図形

2 空間図形

3 平行と合同

4 図形の性質

5 円

6 相似な図形

7 三平方の定理

①，②，③より，1組の辺とその両端の角がそれぞ
れ等しいから，△CGB≡△EFI
合同な図形の対応する辺の長さは等しいから，
CG=EF

解説 ▼

結論が CG=EF だから，辺 CG，EF をそれぞれ 1 辺と
する三角形に着目する。この問題では，点 E から辺 BC
に垂線をひいて，辺 EF を 1 辺とする三角形をつくる。

14 （証明）∠BPR=∠QPR=$\angle x$，∠PQR=∠DQR=$\angle y$
とする。
AB∥CD より，平行線の錯角は等しいから，
　∠PQD=∠APQ
∠PQD+∠BPQ=∠APQ+∠BPQ=180° より，
　$2\angle x+2\angle y=180°$，$2(\angle x+\angle y)=180°$，
　$\angle x+\angle y=180°÷2=90°$
△PQR の内角の和より，
　∠PRQ+$\angle x$+$\angle y$=180°
　∠PRQ=180°−($\angle x$+$\angle y$)=180°−90°=90°

4 図形の性質

STEP01 要点まとめ

本冊112ページ

1 01 C　　　　　　　　02 80
　03 50
2 04 CDB　　　　　　　05 90
　06 CB　　　　　　　　07 EBC
　08 DCB　　　　　　　09 斜辺と 1 つの鋭角
　10 ECB　　　　　　　11 DBC
3 12 対角　　　　　　　13 130
　14 65　　　　　　　　15 65
　16 対辺　　　　　　　17 8
　18 5　　　　　　　　 19 9
　20 5　　　　　　　　 21 3
4 22 角　　　　　　　　23 等しい
　24 辺　　　　　　　　25 垂直
5 26 AP　　　　　　　　27 BC
　28 AC　　　　　　　　29 AC
　30 CQ　　　　　　　　31 CQ(AB)
　32 BA(QC)
　33 △ACP，△ACQ，△BCQ

解説 ▼

5 △PAB と △QAB の頂点 P，Q が，
直線 AB に関して同じ側にあるとき，

① PQ∥AB ならば，△PAB=△QAB
② △PAB=△QAB ならば，PQ∥AB

STEP02 基本問題

本冊114ページ

1 (1)　80°　　　　　　　　(2)　74°

解説 ▼

二等辺三角形の底角は等しい。
(1)　AB=AC より，∠B=∠C=50° だから，
　　∠x=180°−50°×2=180°−100°=80°
(2)　AB=BC より，∠A=∠C=∠x だから，
　　∠x=(180°−32°)÷2=148°÷2=74°

くわしく 🔍

二等辺三角形の底角と頂角
頂角が a° の二等辺三角形の底角は，
(180°−a°)÷2
底角が b° の二等辺三角形の頂角は，
180°−b°×2

2 仮定から，　　　　　∠ADB=∠ADC=90° ……①
　　　　　　　　　　　　AB=AC　　　……②
　共通な辺だから，　　　AD=AD　　　……③
　①，②，③より，直角三角形の斜辺と他の 1 辺がそ
　れぞれ等しいから，△ABD≡△ACD

3 (1)　$x=42$　　　　　　　(2)　$x=36$

解説 ▼

(1)　平行四辺形の対角は等しいから，
　　∠C=∠A=110°
　　△BCD の内角の和より，
　　28+110+x=180，x=180−138=42
(2)　平行四辺形のとなり合う 2 つの角の大きさの和は
　　180° だから，
　　$2x+3x$=180，$5x$=180，x=36

4 仮定から，　　　　　∠AEB=∠CFD=90° ……①
　平行四辺形の対辺は等しいから，
　　　　　　　　　　　　AB=CD　　　……②
　AB∥DC より，平行線の錯角は等しいから，
　　∠BAE=∠DCF　　　……③
　①，②，③より，直角三角形の斜辺と 1 つの鋭角が
　それぞれ等しいから，△ABE≡△CDF

5 ウ，エ

解説 ▼

ア，イは，次の図のような台形も考えられるので，必ず平行四辺形になるとはいえない。

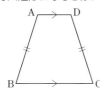 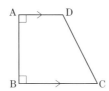

ウ 右の図で，AD∥BC より，
平行線の錯角は等しいから，
∠A＝∠ABE
∠A＝∠C より，
∠ABE＝∠C
同位角が等しいから，
AB∥DC
したがって，四角形 ABCD は，2 組の対辺がそれぞれ平行だから，平行四辺形である。

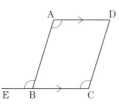

エ 4 つの角がすべて等しいから，四角形 ABCD は長方形で，特別な平行四辺形である。

6 （証明）四角形 ABCD は平行四辺形だから，
　　　AD∥BC……①　　　AD＝BC……②
四角形 BEFC は平行四辺形だから，
　　　BC∥EF……③　　　BC＝EF……④
①，③より，AD∥EF
②，④より，AD＝EF
したがって，四角形 AEFD は，1 組の対辺が平行でその長さが等しいから，平行四辺形である。

7 （1）ア…A　　　　　　　イ…PM
（2）

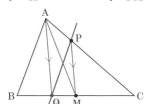

解説 ▼

点 M は辺 BC の中点だから，
△ABM＝△ACM
AQ∥PM より，
△AMP＝△PQM
△AMC＝△AMP＋△PMC
　　　＝△PQM＋△PMC＝△PQC
したがって，直線 PQ は △ABC の面積を 2 等分する。

STEP03 実戦問題
本冊116ページ

1 （1）27°　　　　　　　（2）105°

（3）24°　　　　　　　　（4）35°
（5）54°

解説 ▼

（1）AB＝AC より，
∠ABC＝(180°－42°)÷2＝138°÷2＝69°
AD＝BD より，∠ABD＝∠A＝42° だから，
∠x＝69°－42°＝27°

（2）AB＝AC＝AE，∠BAE＝60°＋90°＝150° より，
∠AEF＝(180°－150°)÷2＝30°÷2＝15°
△AEF の内角と外角の関係より，
∠EFC＝15°＋90°＝105°

（3）ℓ∥m より，平行線の錯角は等しいことから，
∠BAC＝114°－45°＝69°
AB＝BC より，
∠ABC＝180°－69°×2＝180°－138°＝42°
∠x＝180°－(114°＋42°)＝180°－156°＝24°

（4）AB＝AC より，
∠ACB＝∠B＝65°
△CEF の内角と外角の関係より，
∠CEF＝65°－30°＝35°
対頂角は等しいから，
∠DEA＝∠CEF＝35°

（5）∠OAC＝∠x，∠OBD＝∠y
とする。
点 O と C，点 O と D を
結ぶと，OA＝OC より，
∠AOC＝180°－2∠x
OB＝OD より，
∠BOD＝180°－2∠y
OA＝5cm，⌢CD＝2πcm より，
$\angle COD=360°×\dfrac{2\pi}{2\pi×5}=360°×\dfrac{1}{5}=72°$
∠AOB＝180° より，
180°－2∠x＋72°＋180°－2∠y＝180°，
2∠x＋2∠y＝252°，∠x＋∠y＝252°÷2＝126°
△EAB の内角の和より，
∠CED＋∠x＋∠y＝180°，∠CED＝180°－126°＝54°

2 （1）112°　　　　　　（2）21°
（3）x＝50，y＝41

解説 ▼

（1）平行四辺形の対角は等しいから，
∠B＝∠D＝65°
△ABE の内角と外角の関係より，
∠x＝47°＋65°＝112°

（2）ひし形の対角は等しいから，
∠ADC＝∠ABC＝48°
∠CDF＝90°－48°＝42°

DA＝DC，DA＝DF より，DC＝DF だから，

∠DFC＝（180°−42°）÷2＝138°÷2＝69°

∠CFE＝90°−69°＝21°

(3) AE＝CE だから，△ABE と

△CFE を，辺 AE と 辺 CE

が重なるように合わせると，

△ABF は，AB＝CF より，

頂角が 48°＋32°＝80° の二等

辺三角形になる。

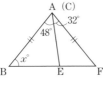

∠B は，この二等辺三角形の底角だから，

x＝（180−80）÷2＝100÷2＝50

もとの図の平行四辺形 ABCD で，となり合う角の大

きさの和は 180° だから，

∠ECD＝180°−50°＝130°

∠FCD＝130°−32°＝98°

ここで，AB＝CD，AB＝CF より，CD＝CF

したがって，△CDF は二等辺三角形だから，

y＝（180−98）÷2＝82÷2＝41

3 (1) $3cm^2$ (2) $\dfrac{1}{3}$倍

     (3) 10cm

【解説 ▼】

(1) 平行四辺形の面積は，

1 本の対角線によっ

て 2 等分されるから，

△ABD＝△DBC

また，右の図で，同じ

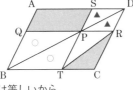

印をつけた部分の面積は等しいから，

▱PTCR＝▱AQPS＝$6cm^2$

△RTC＝6÷2＝$3（cm^2）$

(2) △OCE と △DOF において，

仮定から，   ∠OEC＝∠DFO＝90° ……①

おうぎ形の半径だから，OC＝DO   ……②

また，仮定から，

∠BOC＝∠COD＝∠DOA＝90°÷3＝30° だから，

∠EOC＝30°

∠FDO＝180°−（90°＋30°×2）＝180°−150°＝30°

よって，   ∠EOC＝∠FDO   ……③

①，②，③より，直角三角形の斜辺と 1 つの鋭角が

それぞれ等しいから，△OCE≡△DOF

したがって，   △OCE＝△DOF

ここで，△OGF は 2 つの三角形に共通だから，共

通部分を除いた四角形 EFGC と △ODG の面積は

等しい。

これより，

▨部分の面積＝（四角形 EFGC＋図形 CGD）の面積

    ＝（△ODG＋ 図形 CGD）の面積

    ＝ おうぎ形 ODC の面積

＝（おうぎ形 OAB の面積）×$\dfrac{30}{90}$

＝（おうぎ形 OAB の面積）×$\dfrac{1}{3}$

(3) ∠A＋∠C

＝360°−90°×2

＝360°−180°＝180°

DA＝DC より，

△DAB を，辺 DA が

辺 DC に重なるようにに移すと，できた三角形は，

直角二等辺三角形になる。

面積は変わらないから，

BD×BD÷2＝50，BD×BD＝100

10×10＝100 より，BD＝10（cm）

4 a…90 b…180

Ⅰ，Ⅱ，Ⅲの組み合わせ…ウ

5 (1) （証明）折り返した角は等しいから，

    ∠FAC＝∠DAC ……①

AD／／BC より，平行線の錯角は等しいから，

    ∠DAC＝∠FCA ……②

①，②より，   ∠FAC＝∠FCA

したがって，2 つの角が等しいから，△FAC

は二等辺三角形である。

(2) （証明）△ABF と △CEF において，

四角形 ABCD は長方形だから，

    AB＝CD   ……①

    ∠B＝∠D   ……②

折り返した辺や角は等しいから，

    CE＝CD   ……③

    ∠D＝∠E   ……④

①，③より，   AB＝CE   ……⑤

②，④より，   ∠B＝∠E   ……⑥

また，対頂角は等しいから，

    ∠AFB＝∠CFE   ……⑦

⑥，⑦より，残りの角も等しいから，

    ∠BAF＝∠ECF   ……⑧

⑤，⑥，⑧より，1 組の辺とその両端の角がそ

れぞれ等しいから，△ABF≡△CEF

合同な図形の対応する辺の長さは等しいから，

    FA＝FC

したがって，2 つの辺が等しいから，△FAC

は二等辺三角形である。

【参考】

実際の入試問題では，特にことわりがない限り，(1)，

(2)のどちらの考え方で証明してもかまわない。

6 （証明）△EBG と △FBD において，

1 平面図形

2 空間図形

3 平行と合同

4 図形の性質

5 円

6 相似な図形

7 三平方の定理

AC∥FB より，平行線の錯角は等しいから，
$$∠EBF=∠DAE=60° ……①$$
$$∠EFB=∠ADE=60° ……②$$
①，②より，△EBF は正三角形だから，
$$EB=FB ……③$$
AC∥EG より，平行線の同位角は等しいから，
$$∠GEB=∠DAE=60° ……④$$
②，④より， $∠GEB=∠DFB$ ……⑤
また， $∠EBG=∠EBD+∠DBG$
$$=∠EBD+60°$$
$$=∠EBD+∠FBE$$
$$=∠FBD ……⑥$$
③，⑤，⑥より，1 組の辺とその両端の角がそれぞれ等しいから，△EBG≡△FBD

7 (証明)△ABB′ と △D′BC′ において，
正方形の辺だから， $AB′=D′C′$ ……①
$∠BAD′=90°-30°=60°$，AB=AD′ より，
△ABD′ は正三角形だから，AB=D′B ……②
$∠BAB′=∠B′AD′-∠BAD′=90°-60°=30°$
$∠BD′C′=∠AD′C′-∠AD′B=90°-60°=30°$ より，
$$∠BAB′=∠BD′C′ ……③$$
①，②，③より，2 組の辺とその間の角がそれぞれ等しいから， △ABB′≡△D′BC′
合同な図形の対応する辺の長さは等しいから，
$$BB′=BC′$$

解説 ▼

結論が BB′＝BC′ だから，BB′ を 1 辺とする △ABB′ と，BC′ を 1 辺とする △D′BC′ に着目し，この 2 つの三角形の合同から，結論を導く。

8 (証明)△EBA と △DBC において，
正三角形 ABC の辺だから，BA=BC ……①
正三角形 BDE の辺だから，EB=DB ……②
正三角形の 1 つの内角は 60° だから，
$$∠EBA=60°-∠ABD$$
$$∠DBC=60°-∠ABD$$
よって， $∠EBA=∠DBC$ ……③
①，②，③より，2 組の辺とその間の角がそれぞれ等しいから， △EBA≡△DBC
合同な図形の対応する辺の長さは等しいから，
$$AE=CD ……④$$
正三角形 DCF の辺だから，CD=FD ……⑤
④，⑤より， $AE=FD$ ……⑥
次に，△DBC と △FAC において，
同様に， △DBC≡△FAC
$$BD=AF ……⑦$$
正三角形 BDE の辺だから，BD=ED ……⑧
⑦，⑧より， $AF=ED$ ……⑨

⑥，⑨より，四角形 AEDF は 2 組の対辺がそれぞれ等しいから，平行四辺形である。

9 (証明)右の図のように，
AC の延長と BE の延長との交点を F とする。
△ADC と △FEC において，仮定から，
$$DC=EC……①$$
$$∠ADC=∠FEC$$
$$=90°……②$$

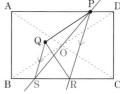

対頂角は等しいから，∠ACD=∠FCE ……③
①，②，③より，1 組の辺とその両端の角がそれぞれ等しいから， △ADC≡△FEC
合同な図形の対応する辺の長さは等しいから，
$$AC=FC ……④$$
$$AD=FE ……⑤$$
次に，△BAC と △BFC において，
共通な辺だから， $BC=BC$ ……⑥
仮定から， $∠BCA=∠BCF=90°$ ……⑦
④，⑥，⑦より，2 組の辺とその間の角がそれぞれ等しいから， △BAC≡△BFC
合同な図形の対応する辺の長さは等しいから，
$$AB=FB ……⑧$$
⑤，⑧より， $AB=FB=FE+BE$
$$=AD+BE$$

10 (1) 対角線 AC と BD の交点を O とする。
直線 PO をひき，辺 BC との交点を S とする。
点 P を通り，線分 QS に平行な直線をひき，辺 BC との交点を R とする。

(2) (証明)長方形の面積は，対角線の交点を通る直線によって 2 等分されるから，
四角形 PSCD
$$=\frac{1}{2}×(長方形 ABCD)$$
△PQR と △PSR は底辺 PR が共通で，QS∥PR より高さが等しいから，
$$△PQR=△PSR$$
したがって，
五角形 PQRCD=△PQR＋四角形 PRCD
$$=△PSR＋四角形 PRCD$$
$$=四角形 PSCD$$
$$=\frac{1}{2}×(長方形 ABCD)$$

5 円

本冊120ページ

STEP01 要点まとめ

1 01 130 　　　 02 65

2 03 BAD 　　　 04 30

　 05 DEF 　　　 06 40

　 07 30 　　　 08 40

　 09 70

3 10 **直径** 　　 11 90

　 12 45

4 13 **垂直** 　　 14 PBO

　 15 90 　　　 16 **半径**

　 17 OB 　　　 18 **斜辺と他の1辺**

5 19 180 　　　 20 180

　 21 100 　　　 22 DCE

　 23 85

6 24 ABS 　　　 25 70

　 26 70 　　　 27 70

　 28 40

解説 ▼

3 半円の弧に対する中心角は $180°$
だから，同じ弧に対する円周角
は，$\frac{1}{2}×180°=90°$ である。

STEP02 基本問題

本冊122ページ

1 (1) 133° 　　 (2) 30°

　 (3) 65° 　　 (4) 130°

解説 ▼

1つの弧に対する円周角の大きさは一定で，その弧に対
する中心角の半分である。
また，半円の弧に対する円周角は $90°$ である。

(1) 点 B をふくまない $\overarc{AC}$ に対する中心角は，
　 $360°-94°=266°$
　 $\angle x=\frac{1}{2}\angle AOC=\frac{1}{2}×266°=133°$

(2) $\angle AOB=2\angle ACB=2×20°=40°$
　 2つの三角形の共通な外角より，
　 $\angle x+40°=50°+20°, \quad \angle x=70°-40°=30°$

(3) AB は円 O の直径だから，
　 $\angle ADB=90°$
　 △ABD の内角の和より，

$\angle ABD=180°-(25°+90°)=180°-115°=65°$
$\overarc{AD}$ に対する円周角は等しいから，
$\angle x=\angle ABD=65°$

(4) 点 A と D を結ぶと，
　 BD は円 O の直径だから，
　 $\angle BAD=90°$
　 $\overarc{ED}$ に対する円周角は等しい
　 から，
　 $\angle EAD=\angle ECD=40°$
　 $\angle x=\angle BAD+\angle EAD$
　 　 $=90°+40°=130°$

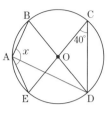

2 (1) 20° 　　 (2) 20°

解説 ▼

(1) 1つの円で，等しい弧に対する円周角は等しい。
　 $\overarc{AD}$ に対する円周角は等しいから，
　 $\angle ACD=\angle ABD=35°$
　 $\overarc{AD}=\overarc{DC}$ より，等しい弧に対する円周角は等しいから，
　 $\angle DAC=\angle ACD=35°$
　 AB は半円の直径だから，
　 $\angle ADB=90°$
　 △ABD の内角の和より，
　 $\angle x=180°-(90°+35°+35°)=180°-160°=20°$

(2) 1つの円で，弧の長さと円周角の大きさは比例する。
　 点 B と C を結ぶと，
　 $\overarc{AD}:\overarc{DC}=2:3$,
　 $\angle ABD=28°$ より，
　 $\angle DBC=28°×\frac{3}{2}=42°$
　 BD は円 O の直径だから，
　 $\angle BCD=90°$
　 △EBC の内角の和より，
　 $\angle x=180°-(28°+42°+90°)$
　 　 $=180°-160°=20°$

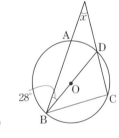

3 (1) **点 B，C，D，E** 　　 (2) 64°

解説 ▼

(1) 2点 D，E は直線 BC について同じ側にあって，
　 $\angle BDC=\angle BEC=65°$ だから，円周角の定理の逆より，
　 4点 B，C，D，E は1つの円周上にある。

(2) (1)より，$\overarc{BD}$ に対する円周角は等しいから，
　 $\angle BED=\angle BCD=51°$
　 $\angle AEC=180°$ より，
　 $\angle x=180°-(51°+65°)=180°-116°=64°$

4 (1) 24cm 　　 (2) 24cm²

(1) 右の図のように，
三角形の頂点を A，
B，C，円の中心を
O，三角形の辺と
円の接点を P，Q，
R とする。

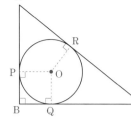

円外の 1 点からそ
の円にひいた 2 つ
の接線の長さは等しいから，
AP=AR，CQ=CR
AP+CQ=AR+CR=AC=10cm，
BP=BQ=OP=2cm より，
この直角三角形の周の長さは，
AB+BC+CA=(AP+BP)+(BQ+CQ)+CA
　　　　　　=(AP+CQ)+BP+BQ+CA
　　　　　　=10+2+2+10=24(cm)

(2) △ABC=△OAB+△OBC+△OCA
　　　　 =$\frac{1}{2}$×AB×2+$\frac{1}{2}$×BC×2+$\frac{1}{2}$×CA×2
　　　　 =AB+BC+CA=24(cm²)

5 49° ※解き方は解説参照

(1) 点 A と C を結ぶと，$\overset{\frown}{AB}$ に
対する円周角は等しいから，
∠ACB=∠ADB=41°
BC は円 O の直径だから，
∠BAC=90°
△ABC の内角の和より，
∠ABC=180°−(90°+41°)
　　　　=180°−131°=49°

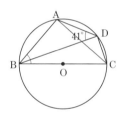

(2) BC は円 O の直径だから，
∠BDC=90°
∠ADC=41°+90°=131°
四角形 ABCD は円 O に内接し，対角の和は 180° だから，
∠ABC+131°=180°，∠ABC=180°−131°=49°

6 62° ※解き方は解説参照

(1) 点 O と A，点 O と B を
それぞれ結ぶと，円の
接線は接点を通る半径
に垂直だから，
∠PAO=∠PBO=90°
四角形 PAOB の内角の
和より，
∠AOB=360°−(56°+90°+90°)=360°−236°=124°

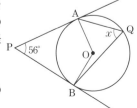

$\overset{\frown}{AB}$ に対する中心角と円周角の関係より，
∠x=$\frac{1}{2}$×124°=62°

(2) 点 A と B を結ぶと，円
外の 1 点からその円に
ひいた 2 つの接線の長
さは等しいから，△PAB
は二等辺三角形で，
∠PAB=(180°−56°)÷2
　　　　=124°÷2=62°
接弦定理より，
∠x＝∠PAB=62°

7 40°

点 O と C を結ぶと，円の接線は
接点を通る半径に垂直だから，
∠OCD=90°
OB=OC より，
∠OCB=∠OBC=25°
∠BCD=25°+90°=115°
△BCD の内角の和より，
∠BDC=180°−(25°+115°)=180°−140°=40°

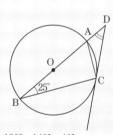

別解 ⊕

点 A と C を結ぶと，AB は
円 O の直径だから，
∠ACB=90°
接弦定理より，
∠ACD=∠ABC=25°
∠BCD=90°+25°=115°
△BCD の内角の和より，
∠BDC=180°−(25°+115°)=180°−140°=40°

STEP 03 実戦問題 本冊124ページ

1 (1) 100°　　　　　　　　(2) 112°
　　(3) ∠x=28°，∠y=52°
　　(4) ∠ACD=23°，∠AED=69°
　　(5) 67°

(1) BD は円 O の直径だから，
∠BAD=90°
∠CAD=90°−32°=58°
$\overset{\frown}{AB}$ に対する円周角は等しいから，
∠ADB＝∠ACB=42°

三角形の内角と外角の関係より，
$\angle x=58°+42°=100°$
(2) $\overgroup{AD}$ に対する円周角は等しいから，
$\angle ABD=\angle ACD=28°$
$\angle ABC=42°+28°=70°$
AB＝AC より，
$\angle ACB=\angle ABC=70°$
三角形の内角と外角の関係より，
$\angle x=42°+70°=112°$
(3) △ACE の内角と外角の関係より，
$\angle x+24°=\angle y$……①
$\overgroup{AB}$ に対する円周角は等しいから，
$\angle ADB=\angle ACB=\angle y$
△ADF の内角と外角の関係より，
$80°-\angle x=\angle y$……②
①，②を連立方程式として解くと，
$\angle x=28°$，$\angle y=52°$
(4) AB＝AC より，
$\angle ACB=(180°-46°)\div2=134°\div2=67°$
BD は円 O の直径だから，
$\angle BCD=90°$
$\angle ACD=90°-67°=23°$
$\overgroup{BC}$ に対する円周角は等しいから，
$\angle BDC=\angle BAC=46°$
△CDE の内角と外角の関係より，
$\angle AED=23°+46°=69°$
(5) 右の図のように，点 E と A，B，
C をそれぞれ結び，BC と ED
の交点を M とする。
$\overgroup{BC}$ に対する円周角は等しいから，
$\angle BEC=\angle BAC=46°$
△EBM≡△ECM より，△EBC
は EB＝EC の二等辺三角形で，
$\angle BCE=(180°-46°)\div2=134°\div2=67°$
$\overgroup{BE}$ に対する円周角は等しいから，
$\angle BAE=\angle BCE=67°$

2 (1) 56° (2) 75°
(3) 72° (4) 78°
(5) 58° (6) 51°

 解説 ▼

(1) $\angle AEB=180°-80°=100°$
△BCE の内角と外角の関係より，
$\angle CBE=100°-76°=24°$
$\overgroup{BC}=\overgroup{CD}$ より，
$\angle BAE=\angle CBE=24°$
△ABE の内角と外角の関係より，
$\angle ABE=80°-24°=56°$

(2) 点 C と E を結ぶと，$\overgroup{BC}$ に
対する円周角は等しいから，
$\angle BEC=\angle BAC=15°$
AC は円 O の直径だから，
$\angle AEC=90°$
$\angle AEF=90°-15°=75°$
$\overgroup{BC}=\overgroup{CD}=\overgroup{DE}$ より，$\overgroup{CE}=2\overgroup{BC}$ だから，
$\angle CAE=2\angle BAC=2\times15°=30°$
△AEF の内角の和より，
$\angle AFE=180°-(75°+30°)=180°-105°=75°$

(3) 点 B と C を結ぶと，1 つの円で，円周角の和は 180° で，
$\overgroup{AB}:\overgroup{BC}:\overgroup{CD}:\overgroup{DA}=1:2:3:4$ だから，
$\angle ACB=180°\times\dfrac{1}{1+2+3+4}$
$=180°\times\dfrac{1}{10}=18°$
$\angle CBD=180°\times\dfrac{3}{1+2+3+4}$
$=180°\times\dfrac{3}{10}=54°$
三角形の内角と外角の関係より，
$\angle x=18°+54°=72°$

(4) 点 O と B を結ぶと，
$\overgroup{AB}:\overgroup{BC}:\overgroup{CA}=4:6:5$ より，
$\angle AOB=360°\times\dfrac{4}{4+6+5}$
$=360°\times\dfrac{4}{15}=96°$
OA＝OB より，
$\angle OBA=(180°-96°)\div2$
$=84°\div2=42°$
$\angle ABC=180°\times\dfrac{5}{4+6+5}=180°\times\dfrac{5}{15}=60°$
$\angle OBC=60°-42°=18°$
三角形の内角と外角の関係より，
$\angle x=96°-18°=78°$

(5) 点 B と点 D を結ぶと，
AB：DE＝3：4 より，
$\angle DBE=\dfrac{4}{3}\angle ACB$
$=\dfrac{4}{3}\times24°=32°$
AD は円 O の直径だから，
$\angle ABD=90°$
$\angle x=90°-32°=58°$

(6) 円の中心を O とし，点 O と A，
点 O と F をそれぞれ結ぶと，
大きいほうの $\angle AOF$ は，
$95°\times2=190°$
小さいほうの $\angle AOF$ は，
$360°-190°=170°$
$\overgroup{AB}=\overgroup{BC}=\overgroup{CD}=\overgroup{DE}=\overgroup{EF}$ より，
$\angle BOE=170°\times\dfrac{3}{5}=102°$
$\angle BFE=\dfrac{1}{2}\angle BOE=\dfrac{1}{2}\times102°=51°$

3 (1) $40\pi\text{cm}^2$ (2) $\dfrac{3}{5}\pi$

     (3) $\dfrac{48}{5}\pi\text{cm}$

解説 ▼

(1) $\angle BOC=2\angle BAC=2\times72°=144°$
    斜線部分の面積は，
    $\pi\times10^2\times\dfrac{144}{360}=40\pi(\text{cm}^2)$

(2) 点 A と Q を結ぶと，AB
は半円の直径だから，

    $\angle AQB=90°$
    $\triangle AQR$ の内角と外角の関
係より，
    $\angle PAQ=90°-72°=18°$
    $\angle POQ=2\angle PAQ=2\times18°=36°$
    $\overset{\frown}{PQ}=2\pi\times3\times\dfrac{36}{360}=\dfrac{3}{5}\pi$

(3) $\angle AOB=2\angle APB=2\times75°=150°$
    円 O の周の長さを $x\text{cm}$ とすると，$\overset{\frown}{AB}=4\pi\text{cm}$ より，
    $x:4\pi=360:150,\ x=4\pi\times360\div150=\dfrac{48}{5}\pi(\text{cm})$

4 (1) $44°$ (2) $\dfrac{23}{10}\pi\text{cm}^2$

解説 ▼

(1) 点 O′ と D を結ぶと，円の
接線は接点を通る半径に
垂直だから，

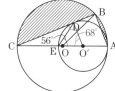

    $\angle O'DC=90°$
    $O'D=O'E,\ \angle DEA=56°$
より，
    $\angle DO'E=180°-56°\times2$
            $=180°-112°=68°$
    $\triangle O'CD$ の内角の和より，
    $\angle DCO'=180°-(90°+68°)=180°-158°=22°$
    $\angle BOA=2\angle BCA=2\angle DCO'=2\times22°=44°$

(2) $OC=OA$ より，$\triangle BCO\equiv\triangle BOA$ だから，図の 2 つ
の斜線部分の面積の差は，おうぎ形 OBC とおうぎ
形 OAB の面積の差になる。
    (1)より，$\angle BOA=44°$
    $\angle BOC=180°-44°=136°$ だから，面積の差は，
    $\pi\times3^2\times\dfrac{136}{360}-\pi\times3^2\times\dfrac{44}{360}$
    $=\pi\times3^2\times\dfrac{92}{360}=\pi\times9\times\dfrac{23}{90}=\dfrac{23}{10}\pi(\text{cm}^2)$

5 $95°$

解説 ▼

$\angle ABC=\angle DEC$ より，
$\angle FBC=\angle FEC$

2 点 B，E は線分 CF の同じ側にあって，$\angle FBC=\angle FEC$
だから，円周角の定理の逆より，
4 点 B，C，F，E は 1 つの円
周上にある。

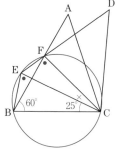

したがって，
$\angle BEC=\angle BFC$ だから，
$\triangle FBC$ の内角の和より，
  $\angle BEC+\angle ECF$
$=\angle BFC+\angle ECF$
$=180°-(60°+25°)=180°-85°$
$=95°$

6 (証明)対角線 AC をひく
と，$\overset{\frown}{BC}=\overset{\frown}{AP}$ より，等し
い弧に対する円周角は等
しいから，

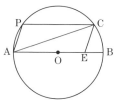

      $\angle BAC=\angle PCA$
錯角が等しいから，
      $PC\,/\!/\,AE……①$
また，仮定から，
      $PC=AE……②$
①，②より，四角形 AECP は 1 組の対辺が平行で
その長さが等しいから，平行四辺形である。

7 (1) $120°$
(2) (証明)$\triangle BCD$ は正三角形だから，
        $\angle BDC=60°$
    $\overset{\frown}{BC}$ に対する円周角は等しいから，
        $\angle BAP=\angle BDC=60°$ ……①
    仮定より，$AP=BP$ だから，
        $\angle ABP=\angle BAP=60°$ ……②
    $\triangle PAB$ の内角の和より，
        $\angle APB=180°-60°\times2=60°$ ……③
    ①，②，③より，$\triangle PAB$ は 3 つの角が等しい
から，正三角形である。

解説 ▼

(1) $\triangle BCD$ は正三角形だから，
    $\angle BDC=\angle CBD=60°$
    $\overset{\frown}{BC}$ に対する円周角は等しいから，
    $\angle BAC=\angle BDC=60°$
    $\overset{\frown}{CD}$ に対する円周角は等しいから，
    $\angle CAD=\angle CBD=60°$
    $\angle BAD=\angle BAC+\angle CAD=60°+60°=120°$

1 平面図形

2 空間図形

3 平行と合同

4 図形の性質

5 円

6 相似な図形

7 三平方の定理

別解 ⊕

三角形 BCD は正三角形だから,

∠BCD=60°

四角形 ABCD は円に内接し, 対角の和は 180° だから,

∠BAD=180°−∠BCD＝180°−60°＝120°

---

8 (1) 43cm　　　　(2) 10cm

解説 ▼

(1) 円に外接する四角形の対辺の和は等しいから,

AD+BC＝AB+DC＝86÷2＝43(cm)

(2) 円 O の半径を $r$cm とすると, 四角形 ABCD の各辺
と円の半径は垂直だから,

四角形 ABCD＝△OAB+△OBC+△OCD+△ODA

$=\frac{1}{2}×AB×r+\frac{1}{2}×BC×r+\frac{1}{2}×CD×r+\frac{1}{2}×DA×r$

$=\frac{1}{2}×r×(AB+BC+CD+DA)=\frac{1}{2}×r×86=43r\ (cm^2)$

四角形 ABCD の面積は 430cm² だから,

43r＝430, r＝10(cm)

くわしく 🔍

円に外接する四角形の対辺の和は等しい

右の図のように, 四角
形 ABCD の各辺と円
O の接点をそれぞれ
P, Q, R, S とすると,
円外の 1 点からその円
にひいた 2 つの接線の
長さは等しいから,

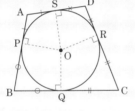

AP＝AS, BP＝BQ, CQ＝CR, DR＝DS

したがって,

AB+CD＝(AP+BP)+(CR+DR)

　　　　＝AS+BQ+CQ+DS

　　　　＝(BQ+CQ)+(AS+DS)

　　　　＝BC+DA

---

9 104°

解説 ▼

点 A と D を結ぶと, $\overset{\frown}{CD}$ に対
する円周角は等しいから,

∠CAD＝∠CED＝32°

∠BAD＝44°+32°＝76°

四角形 ABCD は円に内接し,
対角の和は 180° だから,

∠BCD＝180°−76°＝104°

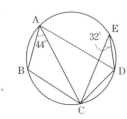

---

10 42°

解説 ▼

AB＝AC より,

∠ACB＝∠ABC＝74°

∠BAC＝180°−74°×2＝180°−148°＝32°

接弦定理より,

∠ABX＝∠ACB＝74°

AD∥XY より, 平行線の錯角は等しいから,

∠DAB＝∠ABX＝74°

∠DAC＝∠DAB−∠BAC＝74°−32°＝42°

---

6 相似な図形

STEP01 要点まとめ

本冊128ページ

1
01	DE	02	20
03	3	04	5
05	3	06	5
07	15	08	3
09	5	10	6

2
11	4	12	3
13	2	14	6
15	3	16	2
17	2 組の辺の比とその間の角		

3
18	15	19	12
20	18	21	5
22	8	23	4

4
24	8	25	4
26	180	27	180
28	70	29	∥
30	70		

5
31	12	32	3
33	4	34	3
35	4	36	9
37	16	38	16
39	9	40	48

STEP02 基本問題

本冊130ページ

1 (1) 2:3　　　　(2) 29°

　　(3) 18cm

解説 ▼

(1) △ABC∽△DEF で, 辺 AB と辺 DE が対応するから,
相似比は, AB:DE＝10:15＝2:3

(2) 相似な図形の対応する角の大きさは等しく,

∠B と ∠E が対応するから，
∠B＝∠E＝180°－(126°＋25°)＝180°－151°＝29°

(3) 相似比が 2：3 で，辺 AC と辺 DF が対応するから，
AC：DF＝2：3，12：DF＝2：3，
DF＝12×3÷2＝18(cm)

2 (1) (証明)△ABC と △EBD において，
　　　AB：EB＝(6＋4)：5＝10：5＝2：1……①
　　　BC：BD＝(5＋3)：4＝8：4＝2：1 ……②
　　共通な角だから，
　　　∠ABC＝∠EBD　　　　　……③
　　①，②，③より，2 組の辺の比とその間の角が
　　それぞれ等しいから，
　　　△ABC∽△EBD

(2) (証明)△ACE と △FDE において，
　⌢AE に対する円周角は等しいから，
　　　∠ACE＝∠FDE ……①
　⌢AB＝⌢BC＝⌢CD より，⌢AC＝⌢BD で，
　1 つの円で等しい弧に対する円周角は等しいから，
　　　∠AEC＝∠FED ……②
　①，②より，2 組の角がそれぞれ等しいから，
　　　△ACE∽△FDE

(3) (証明)△PAB と △PDC において，
　⌢BC に対する円周角は等しいから，
　　　∠BAP＝∠CDP ……①
　対頂角は等しいから，
　　　∠APB＝∠DPC ……②
　①，②より，2 組の角がそれぞれ等しいから，
　　　△PAB∽△PDC
　相似な図形の対応する辺の長さの比は等しい
　から，
　　　PA：PD＝PB：PC

3 (1) $x＝\dfrac{72}{5}$(14.4)，$y＝12$

(2) $x＝4$，$y＝12$

(1) DE∥BC より，AD：AB＝DE：BC
　　12：20＝x：24，$x＝12×24÷20＝\dfrac{72}{5}$
　また，AD：DB＝AE：EC
　　12：(20－12)＝18：y，$y＝8×18÷12＝12$

(2) ED∥BC より，AD：AB＝AE：AC
　　x：8＝5：10，$x＝8×5÷10＝4$
　また，AE：AC＝DE：BC
　　5：10＝6：y，$y＝10×6÷5＝12$

4 (1) $x＝10.8$　　　　(2) $x＝10$

---

(1) ℓ∥m∥n より，9：6＝x：7.2，$x＝9×7.2÷6＝10.8$

(2) ℓ∥m∥n より，x：25＝8：(8＋12)，$x＝25×8÷20＝10$

5 (証明)点 E と F を結ぶと，
　△ADC において，点 E，F
　はそれぞれ辺 AD，AC の中
　点だから，中点連結定理より，
　　　　EF∥DC
　すなわち，　EF∥BD
　　　　　……①
　また，　　　EF＝$\dfrac{1}{2}$DC……②
　BD：DC＝1：2 より，
　　　　　BD＝$\dfrac{1}{2}$DC……③
　②，③より，EF＝BD　　……④
　①，④より，四角形 EBDF は，1 組の対辺が平行で，
　その長さが等しいから，平行四辺形である。
　平行四辺形の対辺は等しいから，
　　　　　BE＝DF

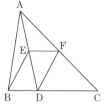

6 (1) 18cm²　　　　(2) $\dfrac{117}{8}$倍

(1) △ABC∽△DEF で，相似比が 2：3 だから，
　面積の比は，
　△ABC：△DEF＝2²：3²＝4：9
　△ABC の面積が 8cm² だから，
　8：△DEF＝4：9，△DEF＝8×9÷4＝18(cm²)

(2) 面 ABC と面 DEF は平行だから，
　三角錐 OABC と三角錐 ODEF は相似で，
　相似比は，AB：DE＝5：2
　体積の比は，5³：2³＝125：8
　立体 P と Q の体積の比は，8：(125－8)＝8：117
　したがって，Q の体積は P の体積の$\dfrac{117}{8}$倍。

STEP03 実戦問題

本冊132ページ

1 (1) 4m　　　　(2) 5.2m

1m の棒とその影がつくる三角形を △PQR とする。

(1) 右の図で，
　△AGC∽△PQR より，
　AG：PQ＝GC：QR
　(AB＋0.8)：1
　＝(4＋3.2)：1.5
　　AB＋0.8＝1×7.2÷1.5
　＝4.8

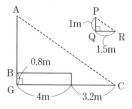

AB＝4.8－0.8＝4(m)

(2) 右の図で，
△DHF∽△PQR より，
DH：PQ＝HF：QR
(DE－1.2)：1＝6：1.5
DE－1.2＝1×6÷1.5＝4
DE＝4＋1.2＝5.2(m)

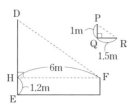

2 **(1)** $\dfrac{5}{2}$ cm(2.5cm)　　　**(2)** 4：5

　　(3) 11：6

解説 ▼

(1) DF∥BC より，DF：BC＝DE：EC
DF：5＝(3－2)：2，DF＝5×1÷2＝$\dfrac{5}{2}$(cm)

(2) AB∥EC より，$\underset{\text{BE}}{\underline{\text{BG：GE}}}$＝AB：EC＝3：2
また，BE：EF＝CE：ED＝2：1
ここで，BE の長さを(3＋2＝)5 と 2 の最小公倍数 10
にそろえると，
BG：GE＝3：2＝6：4
BE：EF＝2：1＝10：5
したがって，BG：GE：EF＝6：4：5 だから，
GE：EF＝4：5

(3) △ABG∽△CEG で，AB：CE＝3：2 より，
△ABG：△CEG＝3²：2²＝9：4
△ABG＝9s，△CEG＝4s(s は定数)とすると，
AG：GC＝3：2 より，
△BCG＝$\dfrac{2}{3}$△ABG＝$\dfrac{2}{3}$×9s＝6s
△ABC＝9s＋6s＝15s，△ACD＝△ABC＝15s
(四角形 AGED)：△BCG＝(15－4)s：6s＝11：6

3 **(1)** 3：1　　　　**(2)** 7：6

　　(3) 18：7　　　**(4)** 1：4

解説 ▼

(1) AD∥EG より，
AE：DG＝BA：BD＝6：2＝3：1

(2) FG∥AD より，
AF：DG＝AC：DC＝7：(8－2)＝7：6

(3) (1)と(2)の結果から，DG の長さを 1 と 6 の最小公倍
数 6 にそろえると，
AE：DG＝3：1＝18：6
AF：DG＝7：6
したがって，AE：AF＝18：7

(4) △CFG と △AEF は，底辺の比を CF：FA とすると，
高さの比は，GF：FE となるから，面積の比は，
三角形の面積の比 ＝(底辺 × 高さ)の比より，
△CFG：△AEF＝(CF×GF)：(FA×FE)
まず，CF：FA を求めると，FG∥AD，DG＝3cm より，

CF：FA＝CG：GD＝(8－3－2)：3＝3：3＝1：1
次に，GF：FE を求めると，
FG：AD＝CF：CA＝1：(1＋1)＝1：2
AD：EG＝BD：BG＝2：(2＋3)＝2：5 より，
FG：EG＝1：5 だから，
GF：FE＝1：(5－1)＝1：4
△CFG：△AEF＝(CF×GF)：(FA×FE)
　　　　　　＝(1×1)：(1×4)＝1：4

4 **(1)** 2：3　　　　**(2)** $\dfrac{10}{3}$cm

　　(3) 8：15

解説 ▼

(1) FE∥CD より，AF：AC＝FE：CD＝2：5
AF：FC＝2：(5－2)＝2：3

(2) FE∥AG より，FE：AG＝CF：CA
2：AG＝3：5，AG＝2×5÷3＝$\dfrac{10}{3}$(cm)

(3) AB＝DC，AB＝DE より，
DC＝DE だから，
△DCE は二等辺三角形で
ある。
したがって，点 H は線分
CE の中点で，EH＝HC
EF∥GA より，
GE：EC＝AF：FC＝2：3 だから，
$\underline{\text{GE}}$：$\underline{\text{EH}}$：$\underline{\text{HC}}$＝2：$\dfrac{3}{2}$：$\dfrac{3}{2}$＝4：3：3
また，AE：ED＝AF：FC＝2：3 より，
$\underline{\text{AE}}$：$\underline{\text{BC}}$＝AE：AD＝2：(2＋3)＝2：5
△AEG：△BCH＝(AE×GE)：(BC×HC)
　＝(2×4)：(5×3)＝8：15

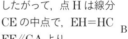

5 **(1)** 9cm　　　　**(2)** $\dfrac{32}{5}$倍

解説 ▼

(1) DE∥BC より，AD：AB＝DE：BC
AD：12＝2：8，AD＝12×2÷8＝3(cm)
DB＝12－3＝9(cm)
ここで，線分 BG は ∠ABC の二等分線だから，
∠DBG＝∠GBC
DG∥BC より，平行線の錯角は等しいから，
∠DGB＝∠CBG
したがって，∠DBG＝∠DGB だから，
△DBG は二等辺三角形で，
DG＝DB＝9cm

(2) EG∥BC より，
$\underset{\text{EC}}{\underline{\text{EF：FC}}}$＝EG：BC＝(9－2)：8＝7：8
DE∥BC より，

AE : EC＝AD : DB＝3 : 9＝1 : 3

EC の長さを(7＋8＝)15 と 3 の最小公倍数 15 に

そろえると，

AE : EC＝1 : 3＝5 : 15

これより，AE : EF : FC＝5 : 7 : 8

△FBC : △ADE＝(BC×FC) : (DE×AE)

＝(8×8) : (2×5)＝32 : 5

したがって，△FBC の面積は △ADE の面積の $\dfrac{32}{5}$ 倍。

6 (1) 5 : 3　　　　(2) $\dfrac{24}{5}$ cm

解説 ▼

(1) 線分 CF は ∠ACD の二等分線だから，

AF : FD＝AC : CD＝5 : 3

(2) 題意より，等しい角に同
じ印をつけると，右の図
のようになる。

△ABD の内角と外角の
関係より，

∠CDF＝▲＋○

△ACF の内角と外角の関係より，

∠CFD＝▲＋○

したがって，∠CDF＝∠CFD だから，

CF＝CD＝3cm

2 組の角がそれぞれ等しいから，△ABD∽△ACF で，

相似比は，AD : AF＝(5＋3) : 5＝8 : 5 だから，

BD : CF＝8 : 5，BD : 3＝8 : 5

BD＝3×8÷5＝$\dfrac{24}{5}$(cm)

7 (例)

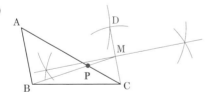

解説 ▼

平行四辺形 ABCD をつくり，辺 CD の中点を M とする。
辺 AC と線分 BM の交点を P とすると，AB∥MC より，

AP : PC＝AB : MC＝1 : $\dfrac{1}{2}$＝2 : 1

作図は，次の手順でかけばよい。

❶点 A を中心として，半径 BC の円をかく。

❷点 C を中心として，半径 BA の円をかき，❶の円との
交点を D とする。

❸辺 CD の垂直二等分線をひき，辺 CD との交点を M
とする。

❹辺 AC と線分 BM との交点を P とする。

8 (1) 3cm

(2) ① （証明）△BAC において，点 P，Q はそれ
ぞれ辺 BA，BC の中点だから，中点連結
定理より，

PQ∥AC，PQ＝$\dfrac{1}{2}$AC

△DAC において，点 S，R はそれぞれ辺
DA，DC の中点だから，中点連結定理より，

SR∥AC，SR＝$\dfrac{1}{2}$AC

よって，PQ∥SR，PQ＝SR

したがって，四角形 PQRS は，1 組の対
辺が平行でその長さが等しいから，平行
四辺形である。

② I　イ

II　△ABD において，点 P，S はそれぞ
れ辺 AB，AD の中点だから，中点連
結定理より，

PS∥BD，PS＝$\dfrac{1}{2}$BD

AC⊥BD，PQ∥AC，PS∥BD より，

PQ⊥PS

AC＝BD，PQ＝$\dfrac{1}{2}$AC，PS＝$\dfrac{1}{2}$BD より，

PQ＝PS

解説 ▼

(1) △BAC において，中点連結定理より，

PQ＝$\dfrac{1}{2}$AC＝$\dfrac{1}{2}$×6＝3(cm)

(2) ② 正方形は特別な平行四辺形で，長方形とひし形
の性質をもっている。

平行四辺形 PQRS が正方形になる条件は，

長方形になる条件より，PQ⊥PS

かつ，ひし形になる条件より，PQ＝PS

9 (1) $\dfrac{1}{2}$　　　　(2) 9 : 1

(3) 1

解説 ▼

(1) 線分 AP は ∠BAC の二等分線だから，

BP : PC＝AB : AC＝10 : 8＝5 : 4

BC＝9 より，BP＝9×$\dfrac{5}{9}$＝5，BM＝9×$\dfrac{1}{2}$＝$\dfrac{9}{2}$

MP＝BP－BM＝5－$\dfrac{9}{2}$＝$\dfrac{1}{2}$

(2) 右の図のように，AC の延長
と BD の延長の交点を E と
する。

△ABD と △AED において，

AD＝AD(共通)

∠BAD＝∠EAD(仮定)

∠ADB＝∠ADE＝90°

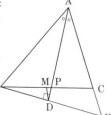

より，1組の辺とその両端の角がそれぞれ等しいから，
$\triangle ABD \equiv \triangle AED$
合同な図形の対応する辺の長さは等しいから，
$AE = AB = 10$
$CE = AE - AC = 10 - 8 = 2$
$\triangle BCE$ において，点 M，D はそれぞれ辺 BC，BE
の中点だから，中点連結定理より，
$MD = \dfrac{1}{2}CE = \dfrac{1}{2} \times 2 = 1 \leftarrow$ (3)の解答
$MD \parallel CE$，すなわち，$MD \parallel AC$ より，
$AP : PD = AC : MD = 8 : 1$ だから，
$AD : PD = (8+1) : 1 = 9 : 1$

(3) (2)の解説より，$MD = 1$

10 (1) $4 : 1$ (2) $\dfrac{9}{7}$倍

(3) $27 cm^3$

解説 ▼

(1) $FC = AC - AF = 12 - 9 = 3$(cm)
$\triangle ABC \backsim \triangle DCE$ より，$\angle ACB = \angle DEC$ で，
同位角が等しいから，$FC \parallel HE$
したがって，$FC : HE = BC : BE$
$BC : CE = 6 : 5$ より，
$3 : HE = 6 : (6+5)$，$HE = 3 \times 11 \div 6 = \dfrac{11}{2}$(cm)
$DE = \dfrac{5}{6}AC = \dfrac{5}{6} \times 12 = 10$(cm)
$DH = DE - HE = 10 - \dfrac{11}{2} = \dfrac{9}{2}$(cm)
$\triangle ABF$ と $\triangle DGH$ において，
$\angle A = \angle D$（相似な図形の対応する角）
$\angle AFB = \angle DHG$（平行線の同位角）
より，2組の角がそれぞれ等しいから，
$\triangle ABF \backsim \triangle DGH$
相似比が，$AF : DH = 9 : \dfrac{9}{2} = 2 : 1$ だから，
面積の比は，$S : T = 2^2 : 1^2 = 4 : 1$

(2) $\triangle APQ$ と $\triangle ACD$ において，
$AP : AC = 3 : (3+1) = 3 : 4$
$AQ : AD = 3 : (3+1) = 3 : 4$
$\angle A = \angle A$
2組の辺の比とその間の角がそれぞれ等しいから，
$\triangle APQ \backsim \triangle ACD$ で，相似比は $3 : 4$ だから，
面積の比は，$3^2 : 4^2 = 9 : 16$
$\triangle APQ$ と四角形 PCDQ の面積の比は，
$9 : (16-9) = 9 : 7$
三角錐 A-BPQ と四角錐 B-PCDQ は，
底面積の比が $9 : 7$ で，高さが等しいから，
体積の比は，$9 : 7$
したがって，三角錐 A-BPQ の体積は，
四角錐 B-PCDQ の体積の $\dfrac{9}{7}$倍。

(3) 正四面体 ACFH の体積は，
$6^3 - \dfrac{1}{3} \times \dfrac{1}{2} \times 6^3 \times 4 = 216 - 144 = 72$(cm³)
立体 PQTSHF の体積は，立体 PQTSCA と同じ形
の立体だから，
$72 \div 2 = 36$(cm³)
立体 ARQP は正四面体 ACFH と相似で，
相似比が，$AR : AC = \dfrac{1}{2} : 1 = 1 : 2$ だから，
体積の比は，$1^3 : 2^3 = 1 : 8$
立体 ARQP の体積は，
$72 \times \dfrac{1}{8} = 9$(cm³)
したがって，立体 PQR-STC の体積は，
$72 - (36+9) = 72 - 45 = 27$(cm³)

11 (1) $6 : 1$ (2) $3 : 1$

(3) $2 : 3$

解説 ▼

(1) $\triangle ABC : \triangle ADC = AB : AD = (1+2) : 1 = 3 : 1$
$\triangle ADC : \triangle AEC = DC : EC = (1+1) : 1 = 2 : 1$
$\triangle ADC$ の面積を 1 と 2 の最小公倍数 2 にそろえると，
$\triangle ABC : \triangle ADC : \triangle AEC = 6 : 2 : 1$
したがって，$\triangle ABC : \triangle AEC = 6 : 1$

(2) $\triangle PBQ = \dfrac{BQ}{BC} \times \dfrac{PB}{AB} \times \triangle ABC$
$= \dfrac{2}{3} \times \dfrac{1}{3} \times \triangle ABC = \dfrac{2}{9} \triangle ABC$
同様に，$\triangle QCR = \triangle RAP = \dfrac{2}{9} \triangle ABC$ だから，
$\triangle ABC : \triangle PQR = 1 : \left(1 - \dfrac{2}{9} \times 3\right) = 1 : \dfrac{1}{3} = 3 : 1$

(3) 線分 AE，BF，CD の交点
を P とする。
$\triangle PAB : \triangle PBC = AF : FC$
$\qquad = 4 : 3$
$\triangle PCA : \triangle PBC = AD : DB$
$\qquad = 2 : 1$
$\triangle PBC$ の面積を 3 と 1 の最
小公倍数 3 にそろえると，
$\triangle PAB : \triangle PBC : \triangle PCA = 4 : 3 : 6$ だから，
$BE : EC = \triangle PAB : \triangle PCA = 4 : 6 = 2 : 3$

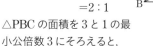

別解 ➕

チェバの定理より，
$\dfrac{AD}{DB} \times \dfrac{BE}{EC} \times \dfrac{CF}{FA} = 1$
$\dfrac{2}{1} \times \dfrac{BE}{EC} \times \dfrac{3}{4} = 1$
$\dfrac{BE}{EC} = \dfrac{2}{3}$ より，$BE : EC = 2 : 3$

12 (1) （証明）$\triangle GAD$ と $\triangle GBF$ において，

共通な角だから，∠AGD＝∠BGF ……①
$\overparen{DE}=\overparen{EC}$ より，等しい弧に対する中心角は等しいから， ∠GAD＝$\frac{1}{2}$∠CAD ……②

$\overparen{CD}$ に対する円周角と中心角の関係より，
∠GBF＝$\frac{1}{2}$∠CAD ……③

②，③より， ∠GAD＝∠GBF ……④
①，④より，2組の角がそれぞれ等しいから，
△GAD∽△GBF

(2) $\frac{32}{5}$ cm

【解説】▼

(2) △CAF と △GBF において，
$\overparen{CE}=\overparen{ED}$ より，等しい弧に対する中心角は等しいから， ∠CAF＝∠GAD……⑤

⑤と(1)の証明の④より， ∠CAF＝∠GBF ……⑥
対頂角は等しいから， ∠CFA＝∠GFB ……⑦
⑥，⑦より，2組の角がそれぞれ等しいから，
△CAF∽△GBF

(1)の証明より，△GAD∽△GBF だから，
△CAF∽△GAD

相似な図形の対応する辺の長さの比は等しいから，
CA：GA＝AF：AD

AC＝AE＝AD＝8cm，EG＝2cm より，
8：(8＋2)＝AF：8，AF＝8×8÷10＝$\frac{32}{5}$(cm)

⓭ (1) (証明)△ABC と △DAF において，
半円の弧に対する円周角だから，∠ACB＝90°
仮定から，∠DFA＝90°
よって，∠ACB＝∠DFA ……①
∠CAB＋∠CBA＝90°，∠CAB＋∠FAD＝90° より，
∠CBA＝∠FAD ……②
①，②より，2組の角がそれぞれ等しいから，
△ABC∽△DAF

(2) $\frac{32}{35}$ cm

【解説】▼

(2) 相似な図形の対応する辺の長さの比は等しいから，
AB：DA＝BC：AF
DA＝AC＝8cm より，
10：8＝6：AF，AF＝8×6÷10＝$\frac{24}{5}$(cm)

また，∠DAC＝∠ACB＝90° より，AD∥CB だから，
AE：EB＝AD：CB＝8：6＝4：3

AE＝$\frac{4}{7}$AB＝$\frac{4}{7}$×10＝$\frac{40}{7}$(cm)

FE＝AE－AF＝$\frac{40}{7}$－$\frac{24}{5}$＝$\frac{200}{35}$－$\frac{168}{35}$＝$\frac{32}{35}$(cm)

⓮ (証明)△GHI と △GED において，

∠GAD＋∠GDA＝$\frac{1}{2}$∠BAD＋$\frac{1}{2}$∠CDA
＝$\frac{1}{2}$(∠BAD＋∠CDA)
＝$\frac{1}{2}$×180°＝90°

∠AGD＝180°－90°＝90°
よって， ∠IGH＝∠DGE……①
対頂角は等しいから， ∠HIG＝∠CID ……②
AD∥BC より，平行線の錯角は等しいから，
∠CID＝∠ADG……③
DI は ∠D の二等分線だから，
∠ADG＝∠EDG……④
②，③，④より， ∠HIG＝∠EDG ……⑤
①，⑤より，2組の角がそれぞれ等しいから，
△GHI∽△GED

⓯ (証明)点 A と C，点 B と D をそれぞれ結ぶ。
△EPG と △FQG において，対頂角は等しいから，
∠EGP＝∠FGQ…①

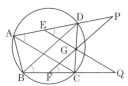

△DAC において，点 E，G は，それぞれ線分 DA，DC の中点だから，中点連結定理より，EG∥AC
平行線の同位角は等しいから，∠PEG＝∠DAC…②
△CBD において，同様に， ∠QFG＝∠CBD…③
$\overparen{CD}$ に対する円周角だから， ∠DAC＝∠CBD…④
②，③，④より， ∠PEG＝∠QFG…⑤
①，⑤より，2組の角がそれぞれ等しいから，
△EPG∽△FQG

相似な図形の対応する角の大きさは等しいから，
∠EPG＝∠FQG

すなわち， ∠APF＝∠BQE

⓰ (1) 108°

(2) (証明)△ABE と △CAG において，
$\overparen{AF}$ に対する円周角は等しいから，
∠ABE＝∠ACF ……①
仮定から， ∠ADB＝90°
半円の弧に対する円周角だから，
∠FCB＝90°
よって，∠ADB＝∠FCB より，AD∥FC で，
平行線の錯角は等しいから，
∠CAG＝∠ACF ……②
①，②より， ∠ABE＝∠CAG ……③
△OFC において，EG∥FC より，
OE：OF＝OG：OC
OF＝OC より，OE＝OG だから，
∠OEG＝∠OGE ……④
ここで， ∠AEB＝180°－∠OEG ……⑤
∠CGA＝180°－∠OGE ……⑥

④，⑤，⑥より，∠AEB＝∠CGA　　……⑦
③，⑦より，2組の角がそれぞれ等しいから，
　　　　　　　　　△ABE∽△CAG

(3) $\dfrac{16}{3}$ cm

解説▼

(1) $\overparen{AB}:\overparen{AF}=4:1$ より，

$\angle ACF=\dfrac{1}{5}\angle FCB=\dfrac{1}{5}\times 90°=18°$

$\angle ADB=\angle FCB=90°$ より，AD∥FC で，
平行線の錯角は等しいから，

$\angle DAC=\angle ACF=18°$

$\angle BAC=\angle BAD+\angle DAC=36°+18°=54°$

$\overparen{BC}$ に対する中心角と円周角の関係より，

$\angle BOC=2\angle BAC=2\times 54°=108°$

(3) AE=4cm，AE：EG=3：1 より，

$AG=\dfrac{4}{3}AE=\dfrac{4}{3}\times 4=\dfrac{16}{3}$(cm)

OG=GC より，OE=OG=GC=$x$cm とおくと，

BE=BO+OE=CO+OE=$2x+x=3x$(cm)

(2)より，△ABE∽△CAG だから，AE：CG=BE：AG

$4:x=3x:\dfrac{16}{3}$，$3x^2=\dfrac{64}{3}$，$x^2=\dfrac{64}{9}$，$x=\pm\dfrac{8}{3}$

$x>0$ より，$x=\dfrac{8}{3}$

したがって，円 O の半径は，

$OC=2x=2\times\dfrac{8}{3}=\dfrac{16}{3}$(cm)

17 (1) 7：5：16　　　(2) 3：35

解説▼

(1) 接点 A を通る2円 C_1, C_2
の共通接線 ST をひくと，
接弦定理より，
∠FEA＝∠FAS ……①
∠CBA＝∠CAT ……②
対頂角は等しいから，
∠FAS＝∠CAT ……③
①，②，③より，
∠FEA＝∠CBA
よって，錯角が等しいから，FE∥BH
三角形と線分の比より，
EA：AB=EF：BC=3：4
EG：GB=EF：BH=3：(4+5)=3：9=1：3
EB の長さを(3+4=)7 と(1+3=)4 の最小公倍数 28
にそろえると，
EA：AB=3：4=12：16
EG：GB=1：3=7：21
したがって，
EG：GA：AB=7：(12−7)：16=7：5：16

(2) △GAD と △DCH は，底辺の比を GD：DH とすると，

高さの比は，FA：FC となるから，面積の比は，
三角形の面積の比 =(底辺 × 高さ)の比より，
△GAD：△DCH=(GD×FA)：(DH×FC)
まず，GD：DH を求めると，三角形と線分の比より，
FG：GH=EG：GB=1：3←(1)より
FD：DH=EF：CH=3：5
FH の長さを(1+3=)4 と(3+5=)8 の最小公倍数 8
にそろえると，
FG：GH=2：6
FG：GD：DH=2：(3−2)：5=2：1：5 だから，
GD：DH=1：5
次に，FA：FC を求めると，
FA：AC=EF：BC=3：4 だから，
FA：FC=3：(3+4)=3：7
△GAD：△DCH=(GD×FA)：(DH×FC)
　　　　　　　=(1×3)：(5×7)=3：35

くわしく

三角形の面積と底辺，高さの比

右の図の △GAD と △DCH
において，底辺をそれぞれ
GD，DH とすると，高さ
はそれぞれ h，h'
高さの比は，
$h:h'=FA:FC$ だから，
面積の比は，
(底辺 × 高さ)の比で，
△GAD：△DCH=(GD×FA)：(DH×FC)

7　三平方の定理

STEP01　要点まとめ　本冊138ページ

1	01	6	02	45
	03	45	04	$3\sqrt{5}$
	05	$3\sqrt{5}$	06	4
	07	4	08	2
2	09	49	10	74
	11	81	12	キ
	13	**(は)ない**	14	＞
	15	48	16	64
	17	64	18	＝
	19	**ある**		
3	20	4	21	2
	22	2	23	$2\sqrt{3}$
4	24	$\sqrt{2}$	25	$\sqrt{2}$
	26	$\sqrt{2}$	27	$3\sqrt{2}$

5 28　6　　　　　　　　　29　3
　　30　$\sqrt{61}$
6 31　13　　　　　　　　32　5
　　33　144　　　　　　　　34　12
　　35　5　　　　　　　　　36　12
　　37　100π

STEP02 基本問題
本冊140ページ

1 (1) $x=\sqrt{13}$　　　　(2) $x=4$

解説 ▼

(1) $2^2+3^2=x^2$,　$4+9=x^2$,　$x^2=13$
　　$x>0$ より，$x=\sqrt{13}$
(2) $x^2+(4\sqrt{3})^2=8^2$,　$x^2+48=64$,　$x^2=16$
　　$x>0$ より，$x=\sqrt{16}=4$

2 (1) a, b, c の間に，$a^2+b^2=c^2$ が成り立つかどう
　　　　かを調べる。
　　(2) イ，ウ

解説 ▼

(1) 三平方の定理の逆を利用する。
(2) ア　$4^2=16$,　$6^2=36$,　$7^2=49$
　　　　$16+36\neq49$ だから，これは直角三角形ではない。
　　イ　$8^2=64$,　$15^2=225$,　$17^2=289$
　　　　$64+225=289$ だから，これは 17cm の辺を斜辺
　　　　とする直角三角形である。
　　ウ　$(\sqrt{7})^2=7$,　$(\sqrt{5})^2=5$,　$(2\sqrt{3})^2=12$
　　　　$7+5=12$ だから，これは $2\sqrt{3}$ cm の辺を斜辺と
　　　　する直角三角形である。
　　エ　$5^2=25$,　$(2\sqrt{5})^2=20$,　$(\sqrt{6})^2=6$
　　　　$20+6\neq25$ だから，これは直角三角形ではない。

3 (1) $x=2\sqrt{2}$　　　　(2) $x=2\sqrt{2}$, $y=4\sqrt{2}$
　　(3) $x=6\sqrt{3}$　　　　(4) $x=4\sqrt{6}$, $y=6\sqrt{2}+2\sqrt{6}$

解説 ▼

(1) $x:4=1:\sqrt{2}$,　$x=4\times1\div\sqrt{2}=2\sqrt{2}$
(2) $x:2\sqrt{6}=1:\sqrt{3}$,　$x=2\sqrt{6}\times1\div\sqrt{3}=2\sqrt{2}$
　　$x:y=1:2$,　$2\sqrt{2}:y=1:2$,　$y=2\sqrt{2}\times2\div1=4\sqrt{2}$
(3) 右の図で，
　　$h:6=\sqrt{3}:2$,
　　$h=6\times\sqrt{3}\div2=3\sqrt{3}$,
　　$h:x=1:2$,
　　$3\sqrt{3}:x=1:2$,
　　$x=3\sqrt{3}\times2\div1=6\sqrt{3}$

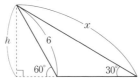

(4) 右の図で，
　　$a:12=1:\sqrt{2}$,
　　$a=12\times1\div\sqrt{2}=6\sqrt{2}$
　　$x:a=2:\sqrt{3}$,
　　$x:6\sqrt{2}=2:\sqrt{3}$,
　　$x=6\sqrt{2}\times2\div\sqrt{3}=4\sqrt{6}$
　　$x:b=2:1$,
　　$4\sqrt{6}:b=2:1$,
　　$b=4\sqrt{6}\times1\div2=2\sqrt{6}$
　　$y=a+b=6\sqrt{2}+2\sqrt{6}$

4 (1) $x=3\sqrt{5}$　　　　(2) $x=24$

解説 ▼

(1) 円の中心 O から弦 AB にひいた
　　垂線を OH とすると，
　　$\triangle$OAH$\equiv\triangle$OBH より，
　　AH＝BH＝$12\div2=6$
　　$x^2+6^2=9^2$,　$x^2+36=81$,
　　$x^2=45$
　　$x>0$ より，$x=\sqrt{45}=3\sqrt{5}$
(2) 円の接線は，接点を通る半径に垂直だから，
　　$\angle$OPA＝$90°$
　　$x^2+10^2=26^2$,　$x^2+100=676$,　$x^2=576$
　　$x>0$ より，$x=\sqrt{576}=24$

5 （AB＝BC，$\angle$B＝$90°$ の）直角二等辺三角形

解説 ▼

$AB^2=\{1-(-3)\}^2+(1-4)^2=4^2+(-3)^2=16+9=25$
$BC^2=(4-1)^2+(5-1)^2=3^2+4^2=9+16=25$
$CA^2=(-3-4)^2+(4-5)^2=(-7)^2+(-1)^2=49+1=50$
$AB^2=BC^2$ より，AB＝BC
$AB^2+BC^2=CA^2$ より，$\angle$B＝$90°$
したがって，$\triangle$ABC は，AB＝BC，$\angle$B＝$90°$ の直角二等
辺三角形である。

6 12

解説 ▼

BH＝x とすると，CH＝$14-x$
$\triangle$ABH において，三平方の定理より，
$AH^2=13^2-x^2$
$\triangle$ACH において，三平方の定理より，
$AH^2=15^2-(14-x)^2$
したがって，
$13^2-x^2=15^2-(14-x)^2$,　$169-x^2=225-(196-28x+x^2)$,
$169-x^2=29+28x-x^2$,　$28x=140$,　$x=5$
これより，$\triangle$ABH において，
$AH^2=13^2-5^2=169-25=144$

AH>0 より，AH=$\sqrt{144}$=12

7 (1) $5\sqrt{5}$ cm　　(2) $5\sqrt{3}$ cm

解説 ▼

(1) $\sqrt{5^2+8^2+6^2}=\sqrt{25+64+36}=\sqrt{125}=5\sqrt{5}$ (cm)
(2) $\sqrt{5^2+5^2+5^2}=\sqrt{5^2\times3}=5\sqrt{3}$ (cm)

8 (1) 100π cm^3　　(2) $36\sqrt{7}$ cm^3

解説 ▼

(1) 底面の円の半径は，
$\sqrt{13^2-12^2}=\sqrt{169-144}=\sqrt{25}=5$ (cm)
この円錐の体積は，
$\frac{1}{3}\pi\times5^2\times12=100\pi$ (cm^3)

(2) 底面の正方形の対角線の
交点を H とすると，AH
がこの正四角錐の高さで
ある。
BH：BC=1：$\sqrt{2}$，
BH：6=1：$\sqrt{2}$，
BH=$6\times1\div\sqrt{2}$
　　=$3\sqrt{2}$ (cm)

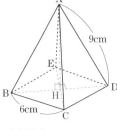

△ABH において，三平方の定理より，
AH^2+$(3\sqrt{2})^2$=9^2，AH^2+18=81，AH^2=63
AH>0 より，AH=$3\sqrt{7}$ (cm)
この正四角錐の体積は，
$\frac{1}{3}\times6^2\times3\sqrt{7}=36\sqrt{7}$ (cm^3)

STEP03 実戦問題

本冊142ページ

1 (1) $2\sqrt{6}$　　(2) $7\sqrt{7}$

解説 ▼

(1) GE=AE=AB−BE=12−5=7
△EBG において，三平方の定理より，
5^2+BG^2=7^2，25+BG^2=49，BG^2=24
BG>0 より，BG=$\sqrt{24}=2\sqrt{6}$

(2) 点 F から辺 BC にひい
た垂線を FH とする。
GF=AF=x とすると，
GH=BH−BG
　　=AF−BG
　　=$x-2\sqrt{6}$
△FGH において，三
平方の定理より，
$(x-2\sqrt{6})^2+12^2=x^2$，$x^2-4\sqrt{6}x+24+144=x^2$，
$4\sqrt{6}x=168$，$x=7\sqrt{6}$
△EFG において，三平方の定理より，

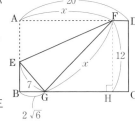

$7^2+(7\sqrt{6})^2$=EF^2，EF^2=49+294=343
EF>0 より，EF=$\sqrt{343}=7\sqrt{7}$

2 (1) $x-1$　または，$\sqrt{2-x^2}$
(2) ① （証明）AB=FE，AF∥BE で，点 S，U は
それぞれ辺 AB，FE の中点だから，
AF∥SU∥BE
△BFA において，SP∥AF だから，
BP：PF=BS：SA=1：1
したがって，点 P は線分 BF の中点である。

② $\dfrac{4\sqrt{15}}{3}$　　③ $\dfrac{25\sqrt{3}}{2}$

解説 ▼

(1) △CEF は直角二等辺三角形だから，
CE：EF=1：$\sqrt{2}$
EF=$\sqrt{2}$ より，CE=1
BE=BC−CE=$x-1$

別解 ⊕

△ABE において，三平方の定理より，
BE^2=AE^2−AB^2=$(\sqrt{2})^2-x^2$
BE>0 より，BE=$\sqrt{2-x^2}$

(2) ② 正六角形は，合同な 6 つの正三角形に分けるこ
とができる。
正六角形 ABCDEF の面積は $40\sqrt{3}$ だから，正
六角形 ABCDEF の 1 辺の長さを x とすると，
$\frac{1}{2}\times x\times\frac{\sqrt{3}}{2}x\times6=40\sqrt{3}$，$x^2=\frac{80}{3}$
$x>0$ より，$x=\sqrt{\frac{80}{3}}=\frac{4\sqrt{5}}{\sqrt{3}}=\frac{4\sqrt{15}}{3}$

③ 正三角形 BDF の面積
は正六角形 ABCDEF
の面積の $\frac{3}{6}=\frac{1}{2}$ で，
$40\sqrt{3}\times\frac{1}{2}=20\sqrt{3}$
右の図の正三角形 PQR
の面積は正三角形 BDF
の面積の $\frac{1}{4}$ で，
$20\sqrt{3}\times\frac{1}{4}=5\sqrt{3}$

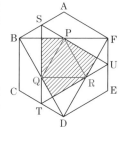

したがって，斜線部分の面積は，
$5\sqrt{3}\times\left(1+\frac{1}{2}\times3\right)=5\sqrt{3}\times\frac{5}{2}=\frac{25\sqrt{3}}{2}$

参考 📖

正六角形は，次の図のように，合同な 6 つの正三角
形や，合同な 6 つの二等辺三角形に分割できる。

1 平面図形
2 空間図形
3 平行と合同
4 図形の性質
5 円
6 相似な図形
7 三平方の定理

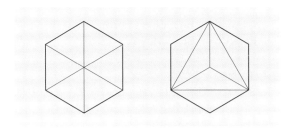

3 （例）

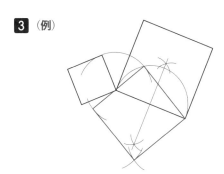

解説 ▼

小さい正方形の1辺の長さをa，大きい正方形の1辺の長さをbとすると，2つの正方形の面積の差は，b^2-a^2
作図する正方形の1辺の長さをxとすると，$b^2-a^2=x^2$
これより，$a^2+x^2=b^2$
したがって，まず，大きい正方形の1辺の長さを斜辺とし，直角をはさむ1辺が小さい正方形の1辺の長さとなるような直角三角形を作図する。直角の作図は，半円の弧に対する円周角は90°であることを利用すればよい。
次に，もう一方の直角をはさむ辺を1辺の長さとする正方形を作図する。

別解 ⊕

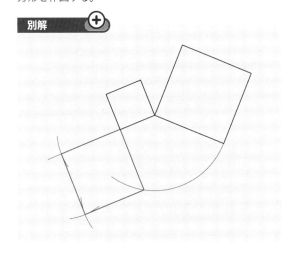

4 （1） $2\sqrt{7}\,\text{cm}$ （2） $\dfrac{18\sqrt{7}}{7}\,\text{cm}^3$

解説 ▼

（1）辺BCの中点をMとすると，
AM⊥BC
BM$=6\div2=3$(cm)
BD$=\dfrac{1}{3}\times6=2$(cm)
DM$=3-2=1$(cm)
AM$=\dfrac{\sqrt{3}}{2}\times6=3\sqrt{3}$(cm)

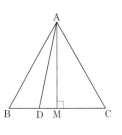

△ADMにおいて，三平方の定理より，
$1^2+(3\sqrt{3})^2=\text{AD}^2$，$1+27=\text{AD}^2$，$\text{AD}^2=28$
AD＞0より，AD$=\sqrt{28}=2\sqrt{7}$(cm)

（2）頂点Cから線分ADにひいた垂線をCHとすると，できる立体は，底面が△ABDで，高さがCHの三角錐である。
AH$=x$cmとすると，
HD$=2\sqrt{7}-x$(cm)
AC$=6$cm，DC$=6-2=4$(cm)
△CAHにおいて，三平方の定理より，
$\text{CH}^2=6^2-x^2$
△CDHにおいて，三平方の定理より，
$\text{CH}^2=4^2-(2\sqrt{7}-x)^2$
したがって，$6^2-x^2=4^2-(2\sqrt{7}-x)^2$，
$36-x^2=16-(28-4\sqrt{7}x+x^2)$，$4\sqrt{7}x=48$，
$\sqrt{7}x=12$，$x=\dfrac{12}{\sqrt{7}}$
△CAHにおいて，三平方の定理より，
$\left(\dfrac{12}{\sqrt{7}}\right)^2+\text{CH}^2=6^2$，$\dfrac{144}{7}+\text{CH}^2=36$，$\text{CH}^2=\dfrac{108}{7}$
CH＞0より，CH$=\sqrt{\dfrac{108}{7}}=\dfrac{6\sqrt{3}}{\sqrt{7}}=\dfrac{6\sqrt{21}}{7}$
$\triangle\text{ABD}=\dfrac{1}{3}\triangle\text{ABC}=\dfrac{1}{3}\times\dfrac{1}{2}\times6\times\dfrac{\sqrt{3}}{2}\times6=3\sqrt{3}$(cm²)
したがって，求める立体の体積は，
$\dfrac{1}{3}\times3\sqrt{3}\times\dfrac{6\sqrt{21}}{7}=\dfrac{18\sqrt{7}}{7}$(cm³)

5 （1） $\sqrt{3}\,\text{cm}$
（2） ① （説明）∠OBP＝60°，OP＝OBより，
　　　△OBPは正三角形である。
　　　また，(1)より，PM$=\sqrt{3}$cm
　　　PBの長さを求めると，AB：PB＝2：1より，
　　　6：PB＝2：1，PB$=6\times1\div2=3$(cm)
　　　PM：PB$=\sqrt{3}$：3＝1：$\sqrt{3}$だから，
　　　∠PBM＝30°
　　　したがって，線分BQは∠OBPの二等分線
　　　で，OB＝BPだから，点Pは点Oと重なる。
　② $\dfrac{3\pi-3\sqrt{3}}{2}\,\text{cm}^2$

解説 ▼

(1) AB は半円 O の直径だから，∠APB＝90°
∠ABP＝60° より，AB：AP＝2：$\sqrt{3}$，6：AP＝2：$\sqrt{3}$
AP＝6×$\sqrt{3}$÷2＝3$\sqrt{3}$(cm)
AM：MP＝2：1 より，
MP＝$\frac{1}{3}$AP＝$\frac{1}{3}$×3$\sqrt{3}$＝$\sqrt{3}$(cm)

(2) ① △OBP は正三角形，∠PBM＝30° まで導いたら，
「線分 BQ は線分 OP の垂直二等分線となるから，点 P は点 O と重なる。」としてもよい。

② △ABP と △BAQ において，
∠APB＝∠BQA＝90°，AB＝BA，
∠PAB＝∠QBA＝30° だから，
△ABP≡△BAQ(直角三角形の斜辺と 1 つの鋭角)
したがって，△OAQ は正三角形で，△OPQ も正三角形になるから，∠POQ＝60°
ここで，QP∥AB より，△OPQ＝△BPQ だから，かげをつけた部分の面積は，おうぎ形 OPQ の面積から，△BPM の面積をひいて求めることができる。
AB＝6cm より，OP＝6÷2＝3(cm)だから，
おうぎ形 OPQ の面積は，
π×3²×$\frac{60}{360}$＝$\frac{3\pi}{2}$(cm²)
△BPM は ∠BPM＝90° の直角三角形で，
MP＝$\sqrt{3}$ cm，PB＝3cm だから，
△BPM＝$\frac{1}{2}$×$\sqrt{3}$×3＝$\frac{3\sqrt{3}}{2}$(cm²)
したがって，かげをつけた部分の面積は，
$\frac{3\pi}{2}-\frac{3\sqrt{3}}{2}＝\frac{3\pi-3\sqrt{3}}{2}$(cm²)

6 (1) 9 　　　　(2) 3$\sqrt{34}$
(3) 255 　　　(4) $\frac{425}{2}\pi$

解説 ▼

(1) 右の図のように，点 B から半径 AD にひいた垂線を BH とし，円 B の半径を r とすると，
AB＝AC＋CB＝25＋r
HB＝DE＝30
AH＝AD－HD＝AD－BE＝25－r
△ABH において，三平方の定理より，
30²＋(25－r)²＝(25＋r)²，
900＋625－50r＋r²＝625＋50r＋r²，100r＝900，r＝9

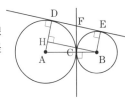

(2) 円外の 1 点から円にひいた接線の長さは等しいから，
DF＝CF＝EF＝30÷2＝15
△BEF において，三平方の定理より，
15²＋9²＝BF²，225＋81＝BF²，BF²＝306

BF>0 より，BF＝$\sqrt{306}$＝3$\sqrt{34}$

(3) △ADF≡△ACF，△BCF≡△BEF より，
△AFB＝△ACF＋△BCF
＝$\frac{1}{2}$×(台形 ABED)＝$\frac{1}{2}$×$\frac{1}{2}$×(9＋25)×30＝255

(4) ∠ACF＝∠ADF＝90° より，対角の和が 180° だから，四角形 ACFD は円に内接し，AF は円の直径である。
△ADF において，三平方の定理より，
25²＋15²＝AF²，625＋225＝AF²，AF²＝850
AF>0 より，AF＝$\sqrt{850}$＝5$\sqrt{34}$
したがって，求める円の面積は，
π×$\left(\frac{5\sqrt{34}}{2}\right)^2$＝$\frac{425}{2}\pi$

7 (1) 12$\sqrt{5}$ cm²　　(2) $\sqrt{5}$ cm
(3) $\frac{21\sqrt{5}}{10}$ cm　　(4) 3$\sqrt{5}$ cm

解説 ▼

(1) 右の図のように，頂点 A から辺 BC にひいた垂線を AH とし，BH＝xcm とすると，
CH＝8－x(cm)
△ABH において，三平方の定理より，
AH²＝9²－x²
△ACH において，三平方の定理より，
AH²＝7²－(8－x)²
したがって，9²－x²＝7²－(8－x)²，
81－x²＝49－(64－16x＋x²)，
81－x²＝49－64＋16x－x²，16x＝96，x＝6
AH²＝9²－6²＝81－36＝45
AH>0 より，AH＝$\sqrt{45}$＝3$\sqrt{5}$(cm)
△ABC＝$\frac{1}{2}$×8×3$\sqrt{5}$＝12$\sqrt{5}$(cm²)

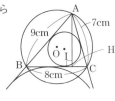

(2) 円 I の半径を rcm とすると，
△ABC＝△IAB＋△IBC＋△ICA より，
$\frac{1}{2}$×9×r＋$\frac{1}{2}$×8×r＋$\frac{1}{2}$×7×r＝12$\sqrt{5}$
(9＋8＋7)×r＝12$\sqrt{5}$×2，24r＝24$\sqrt{5}$，r＝$\sqrt{5}$(cm)

(3) 右の図のように，円 O の直径を AD とすると，
△ABH∽△ADC より，
AB：AD＝AH：AC，
9：AD＝3$\sqrt{5}$：7，
AD＝9×7÷3$\sqrt{5}$
＝$\frac{21\sqrt{5}}{5}$(cm)
したがって，円 O の半径は，
$\frac{1}{2}$AD＝$\frac{1}{2}$×$\frac{21\sqrt{5}}{5}$＝$\frac{21\sqrt{5}}{10}$(cm)

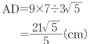

1
平面図形

2
空間図形

3
平行と合同

4
図形の性質

5
円

6
相似な図形

7
三平方の定理

(4) 円 E の半径を s cm として，
四角形 ABEC の面積を 2
通りの式で表すと，

四角形 ABEC
$= \triangle ABC + \triangle EBC$
$= 12\sqrt{5} + \dfrac{1}{2} \times 8 \times s$
四角形 ABEC
$= \triangle ABE + \triangle ACE$
$= \dfrac{1}{2} \times 9 \times s + \dfrac{1}{2} \times 7 \times s$
したがって，
$12\sqrt{5} + 4s = \dfrac{9}{2}s + \dfrac{7}{2}s$, $4s = 12\sqrt{5}$, $s = 3\sqrt{5}$ (cm)

参考 📱

この問題で，点 I，点 O，点 E を，それぞれ $\triangle ABC$
の内心，外心，傍心という。
三角形の五心
・**内心**…3 つの角の二等分線の交点。
　　　　内心は内接円の中心である。
・**外心**…3 つの辺の垂直二等分線の交点。
　　　　外心は外接円の中心である。
・**重心**…3 つの中線(頂点と向かい合う辺の中点を
　　　　結んだ線)の交点。
　　　　重心は中線を 2：1 に分ける。
・**垂心**…3 つの頂点から向かい合う辺にひいた垂線
　　　　の交点。
・**傍心**…1 つの角の二等分線と残りの 2 つの角の外
　　　　角の二等分線の交点。
　　　　傍心は傍接円(この問題の円 E)の中心であ
　　　　る。

8 (1) $x > 2$ 　　(2) $x = \dfrac{7+\sqrt{17}}{4}$, $x = \dfrac{7+\sqrt{33}}{2}$

解説 ▼

(1) 三角形が成り立つ条件は，
(1 辺の長さ)<(他の 2 辺の長さの和)だから，
・$x < x+1+2x-3$, $2x > 2$ より，$x > 1$
・$x+1 < x+2x-3$, $2x > 4$ より，$x > 2$
・$2x-3 < x+x+1$, $-3 < 1$ より，つねに成り立つ。
したがって，x の範囲は，$x > 2$
(2) $x < x+1$ だから，この三角形が直角三角形になると
き，斜辺(最長の辺)は，$x+1$ か $2x-3$ である。
・斜辺が $x+1$ のとき，$x+1 > 2x-3$ より，$x < 4$
(1)より，$x > 2$ だから，$2 < x < 4$
三平方の定理より，$x^2 + (2x-3)^2 = (x+1)^2$
整理して，$2x^2 - 7x + 4 = 0$, $x = \dfrac{7 \pm \sqrt{17}}{4}$
$2 < x < 4$ だから，$4 < \sqrt{17} < 5$ を考えると，

$x = \dfrac{7+\sqrt{17}}{4}$

・斜辺が $2x-3$ のとき，$2x-3 > x+1$, $x > 4$
(1)より，$x > 2$ だから，$x > 4$
三平方の定理より，$x^2 + (x+1)^2 = (2x-3)^2$
整理して，$x^2 - 7x + 4 = 0$, $x = \dfrac{7 \pm \sqrt{33}}{2}$
$x > 4$ だから，$5 < \sqrt{33} < 6$ を考えると，
$x = \dfrac{7+\sqrt{33}}{2}$

したがって，$x = \dfrac{7+\sqrt{17}}{4}$, $x = \dfrac{7+\sqrt{33}}{2}$

9 正しい。
(証明)$\triangle ABC$ と $\triangle A'B'C'$ において，
仮定より，AB：AC＝A'B'：A'C' だから，
AB：A'B'＝AC：A'C'……①
ここで，AB：AC＝A'B'：A'C'＝1：k とすると，
AC＝kAB，A'C'＝kA'B'
$\angle C = \angle C' = 90°$ だから，
$\triangle ABC$ において，三平方の定理より，
$BC^2 = AB^2 - AC^2 = AB^2 - (k AB)^2 = (1-k^2)AB^2$
BC>0 より，BC＝$\sqrt{1-k^2}$AB
$\triangle A'B'C'$ において，三平方の定理より，
$B'C'^2 = A'B'^2 - A'C'^2 = A'B'^2 - (kA'B')^2 = (1-k^2)A'B'^2$
B'C'>0 より，B'C'＝$\sqrt{1-k^2}$A'B'
よって，
BC：B'C'＝$\sqrt{1-k^2}$AB：$\sqrt{1-k^2}$A'B'
　　　＝AB：A'B'……②
①，②より，AB：A'B'＝BC：B'C'＝AC：A'C'
したがって，3 組の辺の比がすべて等しいから，
$\triangle ABC \backsim \triangle A'B'C'$

10 (1) EG＝10cm，EC＝$10\sqrt{2}$ cm
(2) $\dfrac{5}{2}$ cm 　　(3) $\dfrac{25}{4}$ cm²
(4) 10cm³

解説 ▼

(1) 2 辺が 8cm，6cm の長方形の対角線だから，
EG＝$\sqrt{8^2+6^2}$＝$\sqrt{64+36}$＝$\sqrt{100}$＝10(cm)
1 辺が 10cm の正方形の対角線だから，
EC＝$\sqrt{2} \times 10$＝$10\sqrt{2}$ (cm)
(2) EP＝$\dfrac{1}{2}$EG＝$\dfrac{1}{2} \times 10$＝5(cm)
$\triangle CEP$ において，点 M，N はそれぞれ辺 CE，CP
の中点だから，中点連結定理より，
MN＝$\dfrac{1}{2}$EP＝$\dfrac{1}{2} \times 5$＝$\dfrac{5}{2}$(cm)
(3) $\triangle ENM$ の底辺を MN とすると，
高さは，$\dfrac{1}{2}$AE＝$\dfrac{1}{2} \times 10$＝5(cm)だから，

△ENM の面積は，$\dfrac{1}{2}\times\dfrac{5}{2}\times5=\dfrac{25}{4}$(cm²)

(4) 三角錐 BENM の底面を △ENM とすると，高さは頂点 B から面 AEGC にひいた垂線の長さ，すなわち，頂点 B から線分 AC にひいた垂線の長さとなる。この垂線の長さを $h$cm とすると，△ABC の面積より，

$\dfrac{1}{2}\times AC\times h=\dfrac{1}{2}\times AB\times BC$，$\dfrac{1}{2}\times10\times h=\dfrac{1}{2}\times8\times6$，

$5h=24$，$h=\dfrac{24}{5}$(cm)

したがって，三角錐 BENM の体積は，

$\dfrac{1}{3}\times\dfrac{25}{4}\times\dfrac{24}{5}=10$(cm³)

11 (1) $6\sqrt{3}$ cm
　　(2) ① 2：3　　　　② $32\sqrt{2}$ cm³

解説 ▼

(1) $OM=\dfrac{\sqrt{3}}{2}OB=\dfrac{\sqrt{3}}{2}\times12=6\sqrt{3}$(cm)

(2) ① この正四面体を，辺 OB を切らないように展開図に表したとき，点 E は，AD と OB の交点である。点 D，E，R のようすは，次の図のようになる。

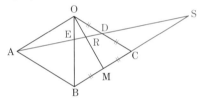

AD の延長と BC の延長の交点を S とすると，
OD=CD(仮定)，∠ADO=∠SDC(対頂角)，
∠AOD=∠SCD(平行線の錯角)より，
△AOD≡△SCD(1 組の辺とその両端の角)だから，
CS=OA=12cm
MC=12÷2=6(cm)，AO∥MC より，
OR：RM=AO：MS=12：(6+12)
　　　　　　=12：18=2：3

② 正四面体 OABC を，線分 OM，AM をふくむ平面で切ったときの切断面は，次の図のようになり，点 Q は線分 OP と AR の交点である。

点 O を通り AM に平行な直線と AR の延長との交点を T とすると，

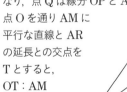

OT：AM
=OR：RM=2：3
AP：PM=4：5
だから，
AM=4+5=9 とすると，
$OT=9\times\dfrac{2}{3}=6$

OQ：QP=OT：AP=6：4=3：2
三角錐 QPBC と正四面体 OABC は，底面積の比が，
△PBC：△ABC=PM：AM=5：(4+5)=5：9
高さの比が，QP：OP=2：(3+2)=2：5
だから，体積の比は，(5×2)：(9×5)=2：9
ここで，正四面体 OABC の体積は，BM=CM，面 MOA⊥BC だから，三角錐 BOAM の体積を 2 倍すれば求められる。
底面の △MOA は，MO=MA の二等辺三角形だから，OA を底辺としたときの高さを $h$cm とすると，三平方の定理より，

$h^2+\left(\dfrac{12}{2}\right)^2=(6\sqrt{3})^2$，$h^2+36=108$，$h^2=72$

$h>0$ より，$h=\sqrt{72}=6\sqrt{2}$(cm)

これより，△MOA の面積は，

$\dfrac{1}{2}\times12\times6\sqrt{2}=36\sqrt{2}$(cm²)

BM=12÷2=6(cm)より，正四面体 OABC の体積は，

$\dfrac{1}{3}\times36\sqrt{2}\times6\times2=144\sqrt{2}$(cm³)

したがって，三角錐 QPBC の体積は，

$144\sqrt{2}\times\dfrac{2}{9}=32\sqrt{2}$(cm³)

参考

1 辺が a の正四面体の高さを h，体積を V とすると，

$$h=\dfrac{\sqrt{6}}{3}a\quad V=\dfrac{\sqrt{2}}{12}a^3$$

12 (1) $36\sqrt{2}$　　　　　　(2) 2
　　(3) $6\sqrt{2}$

解説 ▼

(1) 底面の対角線の交点を O とすると，AO が正四角錐 P の高さである。
BD=$\sqrt{2}$BC=$6\sqrt{2}$ より，
BO=$6\sqrt{2}$÷2=$3\sqrt{2}$
AO⊥BO で，AB：BO=6：$3\sqrt{2}$=$\sqrt{2}$：1 だから，△ABO は，∠O=90° の直角二等辺三角形である。
したがって，AO=BO=$3\sqrt{2}$ だから，立体 P の体積は，

$\dfrac{1}{3}\times6^2\times3\sqrt{2}=36\sqrt{2}$

(2) 立体 P を真横から見た図(AD⊥CE に見える図)に，点 G，H を書き入れると，右の図のようになり，辺 AC，AE，CE の見た目の長さは，実際の

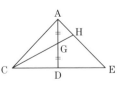

等しい。
これを平面と考えて，点
A を通り CE に平行な直
線と，CH の延長との交
点を I とすると，

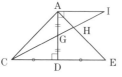

△GAI≡△GDC より，IA＝CD
CD＝DE より，IA：CE＝1：2 だから，
AH：HE＝IA：CE＝1：2
AE＝6，AH：HE＝1：2 より，
AH＝$\frac{1}{3}$AE＝$\frac{1}{3}$×6＝2

(3) AG：AD＝1：2，AH：AE＝1：3 より，
三角錐 ACGH と三角錐 ACDE の底面をそれぞれ
△AGH，△ADE と考えると，高さは等しいから，
体積の比は，底面積の比に等しく，
(AG×AH)：(AD×AE)＝(1×1)：(2×3)＝1：6
よって，四角錐 ACGHF と四角錐 ACDEB の体積の
比も 1：6 だから，点 A をふくむほうの立体の体積は，
$36\sqrt{2}×\frac{1}{6}=6\sqrt{2}$

13 (1) 2：1

(2) $\frac{5\sqrt{39}}{12}$ 　　(3) $\frac{19\sqrt{3}}{36}$

解説 ▼

(1) 投影図に表すと，右のようになる。
平面図で，RX＝1 だから，
立面図で，RY＝$\frac{1}{2}$
立面図で，
XA：AY＝XQ：RY
　　＝1：$\frac{1}{2}$＝2：1

(2) 立面図の △AQX において，
三平方の定理より，
$AQ=\sqrt{\left(\frac{2}{3}\right)^2+1^2}$
　　$=\sqrt{\frac{13}{9}}=\frac{\sqrt{13}}{3}$

立面図の △ARY において，三平方の定理より，
$AR=\sqrt{\left(\frac{1}{3}\right)^2+\left(\frac{1}{2}\right)^2}=\sqrt{\frac{13}{36}}=\frac{\sqrt{13}}{6}$

$PQ=\frac{\sqrt{3}}{2}×2=\sqrt{3}$ より，切断面の面積は
$\sqrt{3}×\frac{\sqrt{13}}{3}+\frac{1}{2}×\sqrt{3}×\frac{\sqrt{13}}{6}=\frac{\sqrt{39}}{3}+\frac{\sqrt{39}}{12}=\frac{5\sqrt{39}}{12}$

(3) 点 X をふくむほうの
立体を，右の図のよ
うに，2 つの三角柱
ア，イ と 1 つの三角
錐ウ に分けると，
三角柱アの体積は，
$\frac{1}{2}×1×\frac{2}{3}×\sqrt{3}$
三角柱イの体積は，
$\frac{1}{2}×\sqrt{3}×\frac{1}{2}×\frac{2}{3}$
三角錐ウの体積は，
$\frac{1}{3}×\frac{1}{2}×\sqrt{3}×\frac{1}{2}×\frac{1}{3}$
ア，イ，ウ の体積の和を求めると，
$\frac{\sqrt{3}}{3}+\frac{\sqrt{3}}{6}+\frac{\sqrt{3}}{36}=\frac{19\sqrt{3}}{36}$

14 (1) $4\sqrt{5}$ cm 　　(2) 10cm
(3) 9cm 　　(4) 25：8
(5) 3cm

解説 ▼

(1) 円錐 A の底面の半径を $r$cm，母線の長さを ℓcm と
すると，底面の周の長さは側面のおうぎ形の弧の長
さに等しいから，
$2\pi r=2\pi\ell×\frac{240}{360}$，$r=\frac{2}{3}\ell$ より，$\ell=\frac{3}{2}r$
図 1 の長方形の横の長さより，
$2r+\frac{3}{2}r+\frac{1}{2}×\frac{3}{2}r=17\sqrt{5}$，$\frac{17}{4}r=17\sqrt{5}$，
$r=4\sqrt{5}$(cm)

(2) $\ell=\frac{3}{2}r=\frac{3}{2}×4\sqrt{5}=6\sqrt{5}$(cm)
円錐 A の高さを $h$cm とすると，三平方の定理より，
$h^2=\ell^2-r^2$，$h^2=(6\sqrt{5})^2-(4\sqrt{5})^2=180-80=100$
$h>0$ より，$h=\sqrt{100}=10$(cm)

(3) 球 O の半径を $s$cm とす
ると，三平方の定理より，
$(4\sqrt{5})^2+(10-s)^2=s^2$，
$80+100-20s+s^2=s^2$，
$20s=180$，$s=9$(cm)

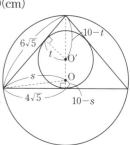

(4) 球 O′ の半径を $t$cm とす
ると，1 つの角を共有する
直角三角形の相似より，
$(10-t)$：$6\sqrt{5}=t$：$4\sqrt{5}$，
$6\sqrt{5}t=4\sqrt{5}(10-t)$，$10\sqrt{5}t=40\sqrt{5}$，$t=4$
円錐 A の体積 V は，$\frac{1}{3}\pi×(4\sqrt{5})^2×10=\frac{800}{3}\pi$(cm³)
球 O′ の体積 W は，$\frac{4}{3}\pi×4^3=\frac{256}{3}\pi$(cm³)
したがって，V：$W=800$：$256=25$：8

(5) 球 O の半径は 9cm，球 O′ の半径は 4cm だから，
中心間の距離は，$9-(10-4)=9-6=3$(cm)

15 (1) 27cm³ (2) $\sqrt{15}$cm

(3) 9cm³

解説 ▼

(1) 辺 BC の中点を M とすると，

$$AM=DM=6\times\frac{\sqrt{3}}{2}$$
$$=3\sqrt{3}\ (cm)$$

AM：DM：AD
$=3\sqrt{3}:3\sqrt{3}:3\sqrt{6}$
$=1:1:\sqrt{2}$

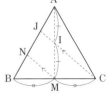

より，△AMD は，AM=DM，∠AMD=90° の直角二等辺三角形である。

したがって，四面体 ABCD の体積は，
$$\frac{1}{3}\times\frac{1}{2}\times6\times3\sqrt{3}\times3\sqrt{3}=27(cm^3)$$

(2) 球 O の半径を $r$cm とすると，

(1)の図の △OMC において，三平方の定理より，

$$OM^2=r^2-3^2\cdots\cdots①$$

次に，3 点 A，D，O を通る平面で球 O を切ると，切断面は，右の図のようになる。

ここで，O から AM にひいた垂線を OH とし，

HM=$x$cm とすると，

△OAH と △OMH において，

共通な辺 OH について，三平方の定理より，

$$r^2-(3\sqrt{3}-x)^2=OM^2-x^2\cdots\cdots②$$

②に①を代入すると，$r^2-(3\sqrt{3}-x)^2=(r^2-3^2)-x^2$

整理して，$6\sqrt{3}\,x=18$，$x=\sqrt{3}\ (cm)$

ここで，△MAD は直線 MO を対称の軸とする線対称な図形で，∠OMH=90°÷2=45° だから，

$$OM=\sqrt{2}\,HM=\sqrt{2}\times\sqrt{3}=\sqrt{6}\ (cm)$$

①より，$(\sqrt{6})^2=r^2-3^2$，$6=r^2-9$，$r^2=15$

$r>0$ より，$r=\sqrt{15}(cm)$

(3) 3 点 O，C，D を通る平面と線分 AM との交点を I とすると，右の図のようになる。

$HO=HM=\sqrt{3}$cm

HO∥MD より，

IH：IM=HO：MD
$=\sqrt{3}:3\sqrt{3}=1:3$

IM：HM=3：(3-1)=3：2 より，

$$IM=\frac{3}{2}HM=\frac{3}{2}\times\sqrt{3}=\frac{3\sqrt{3}}{2}=\frac{1}{2}AM$$

したがって，点 I は線分 AM の中点である。

次に，△ABC で考える。

3 点 O，C，D を通る平面と辺 AB との交点を J とし，CJ∥MN となる点 N を辺 AB 上にとると，右の図のようになる。

△AMN において，

AI=IM，IJ∥MN より，AJ=JN

また，△BCJ において，

BM=MC，MN∥CJ より，BN=NJ

よって，AJ=JN=NB だから，$AJ=\frac{1}{3}AB$

したがって，求める立体の体積は，

$$\frac{1}{3}\times(四面体\ ABCD\ の体積)=\frac{1}{3}\times27=9(cm^3)$$

1 平面図形 2 空間図形 3 平行と合同 4 図形の性質 5 円 6 相似な図形 7 三平方の定理

データの活用編

STEP01 要点まとめ

本冊148ページ

1
01	5m	02	20
03	25	04	20
05	25	06	22.5
07	6	08	30
09	0.2		
10	右の図		

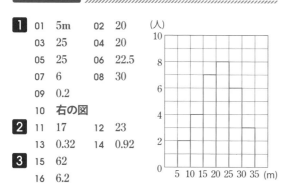

2
11	17	12	23
13	0.32	14	0.92

3
15	62
16	6.2
17	3, 4, 5, 6, 6, 7, 7, 7, 8, 9

18	6	19	7	20	6.5	21	7

4
22	8	23	12	24	15	25	15
26	8	27	7	28	下の図		

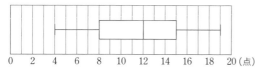

解説 ▼

4

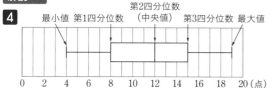

STEP02 基本問題

本冊150ページ

1 (1) 6人　　　　　(2) 7人

解説 ▼

(1) 資料の記録を度数分布表に整理すると,右のようになる。よって,7.0秒以上8.0秒未満の階級の度数は6人。

記録(秒)	度数(人)
以上　　未満	
6.0 〜 7.0	1
7.0 〜 8.0	6
8.0 〜 9.0	4
9.0 〜 10.0	2
10.0 〜 11.0	1
合計	14

(2) 9.0秒以上10.0秒未満の階級に入っている女子の人数を x 人とする。
この階級の相対度数は0.3だから, $\dfrac{2+x}{14+16}=0.3$
これを解いて, $\dfrac{2+x}{30}=\dfrac{3}{10}$, $2+x=9$, $x=7$(人)

---

2 (1) ア…0.18　イ…0.22　(2) ウ…21　エ…45
(3) オ…0.42　カ…0.90
(4)

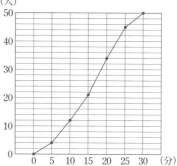

解説 ▼

(1)(2)(3) 度数分布表に整理すると,次のようになる。

通学時間(分)	度数(人)	相対度数	累積度数(人)	累積相対度数
以上　　未満				
0 〜 5	4	0.08	4	0.08
5 〜 10	8	0.16	12	0.24
10 〜 15	9	0.18	21	0.42
15 〜 20	13	0.26	34	0.68
20 〜 25	11	0.22	45	0.90
25 〜 30	5	0.10	50	1.00
合計	50	1.00		

(4) 累積度数折れ線は,累積度数を表したヒストグラムの各長方形の右上の頂点を順に結ぶ。

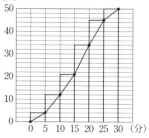

3 18人

解説 ▼

7.4秒以上7.8秒未満の階級の人数を x 人とすると,この階級の相対度数が0.15だから,
$\dfrac{x}{120}=0.15$, $x=120\times0.15=18$(人)

4 (1) 30人　　　　　(2) 3冊
(3) 120人

解説 ▼

(1) ヒストグラムの各階級の人数をたすと,
2+7+3+4+5+4+3+2=30(人)

(2) (1)より, 1年1組の生徒の人数は30人だから, 中央値は, 15番目の冊数と16番目の冊数の平均値である。15番目の冊数も16番目の冊数も3冊だから, 中央値は3冊。

（3） 1年1組で3冊以上の本を読んだ生徒の人数は，
4+5+4+3+2=18（人）
よって，1年1組で3冊以上の本を読んだ生徒の相対
度数は，$\frac{18}{30}=0.6$
この中学校で読んだ本が3冊以上の生徒の人数を x 人
とすると，$\frac{x}{200}=0.6$，$x=200×0.6=120$（人）

5 （1） **75%**　　　　　　（2） **イ，オ**

解説 ▼

（1） 利用した回数が1回以上の生徒の人数は，
11+7+2+3+1=24（人）
よって，$\frac{24}{32}=0.75$

（2）ア （範囲）＝（最大の値）−（最小の値）だから，
利用した回数の範囲は，5−0=5（回）

イ 利用した回数の平均値は，
$\frac{0×8+1×11+2×7+3×2+4×3+5×1}{32}$
$=\frac{0+11+14+6+12+5}{32}=\frac{48}{32}=1.5$（回）

ウ 利用した回数の最頻値は，1回。

エ 利用した回数の中央値は，16番目の回数と17番
目の回数の平均値である。16番目の回数も17番
目の回数も1回だから，中央値は，1回。

オ 利用した回数の最小値は，0回。

6 （1）

最小値	第1四分位数	第2四分位数	第3四分位数	最大値
14	20	27	31.5	37

（2） **11.5kg**

（3）
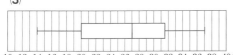

解説 ▼

（1） データを小さい順に並べると，

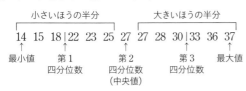

第2四分位数は，中央値だから，27kg
第1四分位数は，$\frac{18+22}{2}=20$（kg）
第3四分位数は，$\frac{30+33}{2}=31.5$（kg）

（2） （四分位範囲）＝（第3四分位数）−（第1四分位数）
だから，31.5−20=11.5（kg）

参考

下の図のように，箱ひげ図に＋印を使って，平均値
の位置を表すこともある。

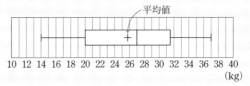

STEP03 実戦問題　　　　本冊152ページ

1 （1） **9分**
（2） **右の図**
（3） **イ，ウ，オ**

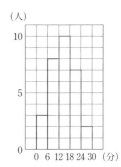

解説 ▼

（1） 3年1組の生徒の人数は29人だから，中央値は，15
番目の通学時間である。15番目の通学時間は6分以
上12分未満の階級に含まれるから，中央値が含ま
れる階級の階級値は，$\frac{6+12}{2}=9$（分）

（2） 3年2組の通学時間を度
数分布表に表すと，右の
ようになる。

通学時間（分）	度数（人）
以上　　未満	
0〜6	3
6〜12	8
12〜18	10
18〜24	7
24〜30	2
合計	30

（3）ア 通学時間が18分未満の
生徒の人数は，
1組…5+11+6=22（人）
2組…3+8+10=21（人）
より，1組のほうが2組より1人多い。

イ 通学時間が24分以上の生徒の，学級全体の生徒
に対する割合は，1組は $\frac{2}{29}$，2組は $\frac{2}{30}$ より，1組の
ほうが2組より大きい。

ウ 1組の通学時間が6分以上18分未満の生徒の人数
は，11+6=17（人），2組の通学時間が12分以上24
分未満の生徒の人数は，10+7=17（人）より，等しい。

エ 1組の通学時間が最も短い生徒は0分以上6分未
満の階級の中にいるから，この中に3分未満の生徒
がいるかもしれない。

オ 1組と2組を合わせた生徒について，24分以上30
分未満の生徒の人数は，2+2=4（人），18分以上24
分未満の生徒の人数は，5+7=12（人）より，値の大き
いほうから数えて16番目の通学時間は，18分以上24

分未満の階級の中で，最も小さい値になる。2 組の資料から，この階級に含まれる最も小さい値は 18 分。

2 (1) $a=4$　　　　　　(2) 4.5 点

解説 ▼

(1) $\dfrac{3+5+2+7+6+5+4+4+9+a}{10}=4.9$，

$\dfrac{45+a}{10}=4.9$，$45+a=49$，$a=4$

(2) $a=4$ のとき，得点を小さい順に並べると，
2，3，4，4，4，5，5，6，7，9
中央値は 5 番目の得点と 6 番目の得点の平均値だから，
$\dfrac{4+5}{2}=4.5$（点）

3 誤っていた得点…72 点，正しい得点…67 点

解説 ▼

訂正前の 5 人の得点の合計は，
$72+84+81+70+68=375$（点）
訂正後の 5 人の得点の合計は，$74\times5=370$（点）
$375-370=5$ より，正しい得点は誤っていた得点より 5 点低い。訂正前の得点を小さい順に並べると，
　68，70，72，81，84
訂正後に中央値が 70 点になるためには，72 点の得点を，
$72-5=67$（点）に訂正すればよい。

4 (1) 30kg　　　　　　(2) ア…10　イ…8
(3) 30 人の握力の平均値が 29kg であることから，
30 人の（階級値）×（度数）の合計は，$29\times30=870$
2，3 年生 24 人の（階級値）×（度数）の合計との差は，$870-720=150$
1 年生 6 人の握力が入った階級の階級値は，$150\div6=25$（kg）
よって，1 年生 6 人の握力が入った階級は，20kg 以上 30kg 未満の階級である。

解説 ▼

(1) （平均値）$=\dfrac{\{（階級値）\times（度数）\}の合計}{（度数の合計）}$ より，

（平均値）$=\dfrac{720}{24}=30$（kg）

(2) ア，イにあてはまる数をそれぞれ x，y として，
（階級値）×（度数）を求めると，次のようになる。

階級(kg)	階級値(kg)	度数(人)	（階級値）×（度数）
以上　　未満			
$10\sim20$	15	3	45
$20\sim30$	25	x	$25x$
$30\sim40$	35	y	$35y$
$40\sim50$	45	2	90
$50\sim60$	55	1	55
合計		24	720

度数から，$3+x+y+2+1=24$，$x+y=18$　……①
（階級値）×（度数）から，
$45+25x+35y+90+55=720$，$5x+7y=106$　……②
①，②を連立方程式として解くと，$x=10$，$y=8$

5 (1) 16 人　　　　　　(2) 38%
(3) 33 番目から 38 番目の間
(4) 8.5 秒以上 9.0 秒未満の階級
(5) 7.75 秒

解説 ▼

(1) グラフから 7.5 秒未満に対応する人数は 16 人。
(2) 8.0 秒未満の生徒の人数は 25 人。
男子生徒の人数は 40 人だから，8.0 秒以上の生徒の人数は，$40-25=15$（人）だから，$\dfrac{15}{40}\times100=37.5$（％）
小数第 1 位を四捨五入して，38%
(3) 8.5 秒未満の生徒の人数は 32 人，9.0 秒未満の生徒の人数は 38 人だから，8.5 秒の生徒は，記録が速いほうから 33 番目から 38 番目の間にいる。
(4) $40\times0.9=36$（人）だから，記録の速いほうから 90% の生徒が含まれるのは，記録の速いほうから 36 番目の記録が入る階級である。
(5) 例えば，6.0 秒以上 6.5 秒未満の階級の度数は，
（6.5 秒の累積度数）$-$（6.0 秒の累積度数）$=3-0=3$（人）
と求められる。
このように，各階級の度数を求め，度数分布表に整理すると，右のようになる。よって，度数の最も大きい階級は 7.5 秒以上 8.0 秒未満の階級だから，この階級の階級値は，$\dfrac{7.5+8.0}{2}=7.75$（秒）

記録(秒)	度数(人)
以上　　未満	
$6.0\sim6.5$	3
$6.5\sim7.0$	5
$7.0\sim7.5$	8
$7.5\sim8.0$	9
$8.0\sim8.5$	7
$8.5\sim9.0$	6
$9.0\sim9.5$	2
合計	40

6 (1) 19m　　　　　　(2) 0.25
(3) $a=17$，$b=19$ と $a=18$，$b=18$
(4) 19.6m

解説 ▼

(1) ヒストグラムから，度数が最も多い階級は 17m 以上 21m 未満の階級である。最頻値は，この階級の階級値だから，$\dfrac{17+21}{2}=19$（m）
(2) 記録が 25m 以上の人数は，$7+3=10$（人）
よって，相対度数は，$\dfrac{10}{40}=0.25$
(3) 中央値 18m は記録が小さいほうから 20 番目の値 a と 21 番目の値 b の平均値だから，$\dfrac{a+b}{2}=18$，$a+b=36$
また，17m 以上 21m 未満の階級に，記録が小さいほうから 14 番目から 24 番目までの値が入るから，a，

b はどちらもこの階級に入る。

この2つの条件を満たす自然数 a, b の値の組は、

$a=17$, $b=19$ と $a=18$, $b=18$

(4) $\dfrac{7\times3+11\times4+15\times6+19\times11+23\times6+27\times7+31\times3}{40}$

$=\dfrac{21+44+90+209+138+189+93}{40}=\dfrac{784}{40}=19.6(\text{m})$

7 $x=16$

解説 ▼

1年生の記録を小さい順に並べると、

9, 10, 11, 15, 16, 18, 20

よって、1年生の記録の中央値は15m

2年生の記録を、x を除いて小さい順に並べると、

10, 12, 13, 14, 17, 20, 22

2年生の記録の中央値も15mになるから、14と x の平均値が15になればよい。

よって、$\dfrac{14+x}{2}=15$, $x=16$

8 0.32

解説 ▼

$a:b=4:3$ より、$a=4x$, $b=3x$ と表せる。

度数の合計は100人だから、

$23+4x+3x+15+6=100$, $7x=56$, $x=8$

よって、$a=4\times8=32$, $b=3\times8=24$

中央値は、50番目の通学時間と51番目の通学時間の平均値である。50番目の通学時間も51番目の通学時間も10分以上20分未満の階級に入るから、中央値が含まれる階級は、この階級である。

よって、中央値が含まれる階級の相対度数は、$\dfrac{32}{100}=0.32$

9 ④

解説 ▼

① 12冊以上16冊未満の階級の相対度数は、

A中学校…$\dfrac{8}{25}=0.32$、B中学校…$\dfrac{9}{40}=0.225$

よって、相対度数はA中学校よりもB中学校のほうが小さい。

② ヒストグラムから、分布の範囲はA中学校よりもB中学校のほうが大きい。

③ A中学校の最頻値は、12冊以上16冊未満の階級値だから14冊、B中学校の最頻値は、16冊以上20冊未満の階級値だから18冊。

よって、最頻値はA中学校よりもB中学校のほうが大きい。

④ A中学校の中央値は、13番目の冊数で、この冊数を含む階級は12冊以上16冊未満の階級。よって、中央値を含む階級の階級値は14冊。B中学校の中央

値は、20番目の冊数と21番目の冊数の平均値で、20番目の冊数と21番目の冊数を含む階級は12冊以上16冊未満の階級。よって、中央値を含む階級の階級値は14冊。したがって、A中学校とB中学校の階級値は等しい。

10 エ

解説 ▼

各ヒストグラムの最頻値は、

ア…8点、イ…8点、ウ…9点、エ…8点

よって、最頻値が8点のヒストグラムは、ア、イ、エ

ア、イ、エについて、中央値を求めると、

ア…20番目の得点は8点、21番目の得点は9点だから、中央値は8.5点。

イ…20番目の得点は8点、21番目の得点は8点だから、中央値は8点。

エ…20番目の得点は8点、21番目の得点は9点だから、中央値は8.5点。

よって、中央値が8.5点のヒストグラムは、ア、エ

ア、エについて、平均値を求めると、

ア…$\dfrac{6\times1+7\times5+8\times14+9\times9+10\times11}{40}$

$=\dfrac{6+35+112+81+110}{40}=\dfrac{344}{40}=8.6(\text{点})$

エ…$\dfrac{4\times1+6\times2+7\times4+8\times13+9\times12+10\times8}{40}$

$=\dfrac{4+12+28+104+108+80}{40}=\dfrac{336}{40}=8.4(\text{点})$

よって、平均値が8.4点のヒストグラムは、エ

11 3組

解説 ▼

中央値は、得点の低いほうから数えて9番目の得点である。

中央値が2点であるためには、ア≧2 ……①

度数の合計から、3+4+ア+イ+4+2=17、ア+イ=4

ア、イは0または自然数だから、ア≦4 ……②

①、②を満たす自然数アの値は、ア=2、3、4

したがって、ア、イの値の組は、

(ア、イ)=(2, 2)、(3, 1)、(4, 0)の3組。

12 $a=8$

解説 ▼

東軍の点数の中央値を a 点として、小さい順に並べると、

5, 5, a, 8, 9

a は整数だから、$a=5$, 6, 7, 8のいずれかである。

a のそれぞれの値について、東軍と西軍の得点を求める。

$a=5$ のとき、

東軍…$\dfrac{5+5+8}{3}=6(\text{点})$、西軍…$\dfrac{5+7+7}{3}=6.3\cdots(\text{点})$

$a=6$ のとき,

東軍 $\cdots \dfrac{5+6+8}{3}=6.3\cdots$(点), 西軍 $\cdots \dfrac{6+7+7}{3}=6.6\cdots$(点)

$a=7$ のとき,

東軍 $\cdots \dfrac{5+7+8}{3}=6.6\cdots$(点), 西軍 $\cdots \dfrac{7+7+7}{3}=7$(点)

$a=8$ のとき,

東軍 $\cdots \dfrac{5+8+8}{3}=7$(点), 西軍 $\cdots \dfrac{7+7+7}{3}=7$(点)

よって, 得点が同じになるのは, $a=8$

13　3, 6, 6, 7, 8, 9, 10

解説 ▼

得点の最小値を a 点とする。

最小値と最頻値の差が 3 だから, 最頻値は $a+3$(点)

中央値は最頻値より 1 大きいから, 中央値は $a+4$(点)

中央値は 4 番目の値, 最頻値は 1 つだけだから, 7 人の得点は, 小さい順に, a, $a+3$, $a+3$, $a+4$, b, c, d と表せる。

点数は 0 以上 10 以下の整数だから,

$a \geqq 0$, $d \leqq 10$ より, $4 \leqq a+4 < b < c < d \leqq 10$ ……①

①より, b, c, d は 5 以上 10 以下の異なる整数である。

よって, $b=5$, $c=6$, $d=7$ のとき, $b+c+d$ は最小値 18, $b=8$, $c=9$, $d=10$ のとき, $b+c+d$ は最大値 27 となるから, $18 \leqq b+c+d \leqq 27$ ……②

また, 7 人の得点の平均値が 7 だから,

$$\dfrac{a+(a+3)+(a+3)+(a+4)+b+c+d}{7}=7$$

$4a+b+c+d=39$, $b+c+d=39-4a$ ……③

②, ③より, $18 \leqq 39-4a \leqq 27$

この不等式を満たす整数 a の値は, $a=3$, 4, 5

$a=3$ のとき, $a+4=7$

よって, ①より, $b=8$, $c=9$, $d=10$

$a=4$ のとき, $a+4=8$

よって, ①を満たす b, c, d の値はない。

$a=5$ のときも同様に, ①を満たす b, c, d の値はない。

したがって, $a=3$ だから, 7 人の得点は小さい順に,

3, 6, 6, 7, 8, 9, 10

14　①…⑦, ②…⑨, ③…⑦, ④…⑦

解説 ▼

ヒストグラムが 1 つの山の形になる分布では, ヒストグラムの形から箱ひげ図のおよその形を推測することができる。ヒストグラムの形が①や④のように, 左右対称になる場合, 箱ひげ図も左右対称になる。そして, ①のように中央の山が高い分布ほど箱ひげ図の箱は短く, ④のように中央の山が低い分布ほど箱ひげ図の箱は長くなる。

よって, ①に対応するのは⑦, ④に対応するのは⑦。

また, ヒストグラムの形が②や③のように, 左右非対称になる場合, 箱ひげ図も左右非対称になる。そして, ②

のように山が左に寄るほど箱ひげ図の箱も左に寄り, ③のように山が右に寄るほど箱ひげ図の箱も右に寄る。

よって, ②に対応するのは⑦, ③に対応するのは⑦。

15　3 番目…4 点, 5 番目…5 点, 7 番目…7 点

解説 ▼

箱ひげ図から, 最小値 3, 第 1 四分位数 3.5, 第 2 四分位数 5, 第 3 四分位数 7.5, 最大値 8

これより, 9 人の得点を小さい順に並べると,

```
    小さいほうの半分              大きいほうの半分
  ┌──────────┐      ┌──────────┐
  3   a │ b   c   5   d   e │ f   8
        ↑                    ↑
   第1四分位数3.5        第3四分位数7.5
```

（a, b, c, d, e, f は整数）

第 1 四分位数 3.5 より, $\dfrac{a+b}{2}=3.5$

また, $3 \leqq a \leqq b \leqq 5$ だから, $a=3$, $b=4$

第 3 四分位数 7.5 より, $\dfrac{e+f}{2}=7.5$

また, $5 \leqq e \leqq f \leqq 8$ だから, $e=7$, $f=8$

よって, 9 人の生徒の得点は小さいほうから順に,

3, 3, 4, c, 5, d, 7, 8, 8

2　確率

STEP01　要点まとめ
本冊156ページ

1	01	6	02	6
	03	1	04	0
	05	0		
2	06	36	07	4
	08	4	09	$\dfrac{1}{9}$
3	10	6	11	6
	12	$\dfrac{1}{6}$	13	$\dfrac{1}{6}$
	14	$\dfrac{5}{6}$		
4	15	10	16	6
	17	6	18	$\dfrac{3}{5}$
5	19	12	20	12, 21, 24, 42
	21	4	22	4
	23	$\dfrac{1}{3}$		

解説 ▼

2 大小 2 つのさいころを同時に投げるとき, 大のさいころの目の出方が 6 通りあり, そのおのおのについ

て，小のさいころの目の出方が6通りずつあるから，
目の出方は全部で，6×6＝36(通り)

STEP02 基本問題

本冊158ページ

1 (1) $\dfrac{7}{8}$　　　　(2) $\dfrac{3}{8}$

解説 ▼

(1) 3枚の硬貨をA，B，Cとすると，
右の樹形図より，3枚の硬貨の表裏
の出方は，全部で8通り。

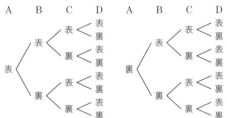

3枚とも裏が出る確率は，$\dfrac{1}{8}$

よって，
(少なくとも1枚は表が出る確率)
＝1－(3枚とも裏が出る確率)

だから，$1-\dfrac{1}{8}=\dfrac{7}{8}$

(2) 4枚の硬貨をA，B，C，Dとすると，下の樹形図より，
4枚の硬貨の表裏の出方は，全部で16通り。

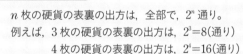

表と裏が2枚ずつ出る場合は，
(表, 表, 裏, 裏)，(表, 裏, 表, 裏)，
(表, 裏, 裏, 表)，(裏, 表, 表, 裏)，
(裏, 表, 裏, 表)，(裏, 裏, 表, 表)の6通り。
よって，求める確率は，$\dfrac{6}{16}=\dfrac{3}{8}$

参考

n枚の硬貨の表裏の出方は，全部で，2^n通り。
例えば，3枚の硬貨の表裏の出方は，$2^3=8$(通り)
　　　　4枚の硬貨の表裏の出方は，$2^4=16$(通り)

2 (1) $\dfrac{5}{36}$　　　　(2) $\dfrac{5}{12}$

　　(3) $\dfrac{11}{36}$　　　　(4) $\dfrac{3}{4}$

解説 ▼

大小2つのさいころの目の出方は全部で36通り。

(1) 目の数の和が8になるのは，(2, 6)，(3, 5)，(4, 4)，
(5, 3)，(6, 2)の5通り。
よって，求める確率は，$\dfrac{5}{36}$

(2) 2以上12以下の素数は，2, 3, 5, 7, 11
目の数の和が素数になるのは，下の表の■の場合で，
(1, 1)，(1, 2)，(1, 4)，(1, 6)，
(2, 1)，(2, 3)，(2, 5)，(3, 2)，
(3, 4)，(4, 1)，(4, 3)，(5, 2)，
(5, 6)，(6, 1)，(6, 5)の15通り。

よって，求める確率は，$\dfrac{15}{36}=\dfrac{5}{12}$

参考

1とその数自身のほかに約数がない数を素数という。
ただし，1は素数ではない。

(3) 目の数の積が5の倍数になるのは，下の表の■の場合で，
(1, 5)，(2, 5)，(3, 5)，(4, 5)，
(5, 5)，(6, 5)，(5, 1)，(5, 2)，
(5, 3)，(5, 4)，(5, 6)の11通り。
よって，求める確率は，$\dfrac{11}{36}$

(4) 目の数の積が偶数になるのは，右の
表の■の場合で，27通り。
よって，求める確率は，$\dfrac{27}{36}=\dfrac{3}{4}$

別解 ＋

目の数の積が奇数になるのは，
(1, 1)，(1, 3)，(1, 5)，(3, 1)，(3, 3)，
(3, 5)，(5, 1)，(5, 3)，(5, 5)の9通り。
目の数の積が奇数になる確率は，$\dfrac{9}{36}=\dfrac{1}{4}$
目の数の積が偶数になる確率は，$1-\dfrac{1}{4}=\dfrac{3}{4}$

3 (1) $\dfrac{2}{5}$　　　　(2) $\dfrac{2}{5}$

　　(3) $\dfrac{21}{25}$

解説 ▼

(1) 白玉を①，②，③，赤玉を❶，❷とし，2回の玉の
取り出し方を樹形図に表すと，次のようになる。

2回の玉の取り出し方は，全部で20通り。
玉の色が同じ取り出し方は，
(①, ②)，(①, ③)，(②, ①)，(②, ③)，(③, ①)，
(③, ②)，(❶, ❷)，(❷, ❶)
の8通り。

よって，求める確率は，$\dfrac{8}{20}=\dfrac{2}{5}$

1 資料の整理

2 確率

3 標本調査

(2) 赤球を①，②，③，青球を❶，白球を⓵とし，2個の
球の取り出し方を樹形図に表すと，次のようになる。

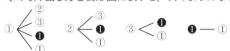

2個の球の取り出し方は，全部で10通り。
白球が含まれる取り出し方は，（①，⓵），（②，⓵），
（③，⓵），（❶，⓵）の4通り。
よって，求める確率は，$\dfrac{4}{10}=\dfrac{2}{5}$

(3) 赤玉を①，②，③，白玉を⓵，⓶とし，2回の玉の
取り出し方を樹形図に表すと，次のようになる。

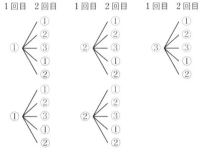

2回の玉の取り出し方は，全部で25通り。
2回とも白玉を取り出す取り出し方は，（⓵，⓵），
（⓵，⓶），（⓶，⓵），（⓶，⓶）の4通りだから，2回
とも白玉を取り出す確率は，$\dfrac{4}{25}$
よって，少なくとも1回は赤玉が出る確率は，
$1-\dfrac{4}{25}=\dfrac{21}{25}$

4 $\dfrac{3}{10}$

解説 ▼

2枚のカードの取り出し方と，カードの数の和を樹形図に
表すと，次のようになる。

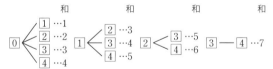

2枚のカードの取り出し方は，全部で10通り。
2枚のカードの和が3の倍数になるのは3通り。
よって，求める確率は，$\dfrac{3}{10}$

5 $\dfrac{1}{2}$

解説 ▼

2個のボールの取り出し方と，できる2けたの整数を樹形
図に表すと，次のようになる。

十の位	一の位			十の位	一の位			十の位	一の位	
②	④…24			④	②…42			⑥	②…62	
	⑥…26				⑥…46				④…64	
	⑧…28				⑧…48				⑧…68	
⑧	②…82									
	④…84									
	⑥…86									

2個のボールの取り出し方は，全部で12通り。
2けたの整数が4の倍数になるのは，2けたの整数が
24，28，48，64，68，84の6通り。
よって，求める確率は，$\dfrac{6}{12}=\dfrac{1}{2}$

6 イ，確率…$\dfrac{8}{15}$

解説 ▼

4人の男子を①，②，③，④，2人の女子を⑤，⑥とし，
2人の選び方を樹形図に表すと，次のようになる。

2人の選び方は，全部で15通り。
ア　2人とも男子が選ばれるのは6通りだから，この確率
　　は，$\dfrac{6}{15}$
イ　男子と女子が1人ずつ選ばれるのは8通りだから，
　　この確率は，$\dfrac{8}{15}$
ウ　2人とも女子が選ばれるのは1通りだから，この確率
　　は，$\dfrac{1}{15}$

7 **(1)** $\dfrac{1}{6}$ 　　　　**(2)** ① $\dfrac{1}{36}$ ② $\dfrac{11}{36}$

解説 ▼

(1) 点Pが3の位置にあるのは，さいころの目が3のとき
　　である。よって，求める確率は，$\dfrac{1}{6}$
(2)① 点Pが2の位置にあるのは，さいころの目が(1, 1)
　　の1通り。
　　よって，求める確率は，$\dfrac{1}{36}$
　② 点Pが -2，-1，0，1，2の位置にあるときである。
　　点Pが -2の位置にあるような目の出方はない。
　　点Pが -1の位置にあるのは，(1, 2)，(2, 1)，
　　(3, 4)，(4, 3)，(5, 6)，(6, 5)の6通り。
　　点Pが0の位置にあるような目の出方はない。
　　点Pが1の位置にあるのは，(2, 3)，(3, 2)，(4, 5)，
　　(5, 4)の4通り。
　　点Pが2の位置にあるのは，①より，1通り。
　　したがって，目の出方は全部で，6+4+1=11(通り)
　　よって，求める確率は，$\dfrac{11}{36}$

STEP03 実戦問題

本冊160ページ

1 (1) $\dfrac{1}{4}$ (2) $\dfrac{1}{6}$

   (3) $\dfrac{29}{36}$ (4) $\dfrac{4}{5}$

   (5) $\dfrac{7}{15}$ (6) $\dfrac{3}{5}$

解説 ▼

(1) 右の樹形図より，4枚の硬貨の表裏の出方は，全部で16通り。表の出た硬貨の合計金額が600円以上になるのは4通り。
よって，求める確率は，
$$\dfrac{4}{16}=\dfrac{1}{4}$$

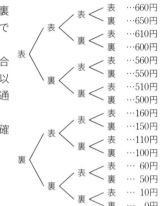

	500円	100円	50円	10円	合計金額

別解 ➕

4枚の硬貨の表裏の出方は，全部で，$2^4=16$(通り)
500円硬貨，100円硬貨，50円硬貨，10円硬貨の表裏の出方を(500円，100円，50円，10円)と表す。表の出た硬貨の合計金額が600円以上になるとき，500円硬貨，100円硬貨は必ず表だから，4枚の硬貨の表裏の出方は，
(表，表，表，表)，(表，表，表，裏)，
(表，表，裏，表)，(表，表，裏，裏)の4通り。
よって，求める確率は，$\dfrac{4}{16}=\dfrac{1}{4}$

(2) 2つのさいころの目の出方は全部で36通り。
十の位，一の位がどちらも1から6までの整数で，7の倍数となる2けたの整数は，14，21，35，42，56，63の6通り。
よって，求める確率は，$\dfrac{6}{36}=\dfrac{1}{6}$

(3) 2つのさいころの目の出方は，全部で36通り。
積 ab の約数の個数が2個以下になるのは，ab が1，または ab が素数のときだから，右の表の■の場合で，
(1, 1)，(1, 2)，(1, 3)，(1, 5)，
(2, 1)，(3, 1)，(5, 1)の7通り。

ab の約数の個数が2個以下になる確率は，$\dfrac{7}{36}$
よって，求める確率は，$1-\dfrac{7}{36}=\dfrac{29}{36}$

(4) 赤玉を①，青玉を❶，❷，白玉を①，②，③とし，2個の玉の取り出し方を樹形図に表すと，次のようになる。

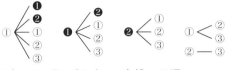

2個の玉の取り出し方は，全部で15通り。
2個の玉が赤玉または青玉である取り出し方は，
(①，❶)，(①，❷)，(❶，❷)の3通り。
赤玉または青玉を取り出す確率は，$\dfrac{3}{15}=\dfrac{1}{5}$
よって，少なくとも1個は白玉である確率は，
$$1-\dfrac{1}{5}=\dfrac{4}{5}$$

(5) 2枚のカードの取り出し方と，大きいほうの数 a を樹形図に表すと，次のようになる。

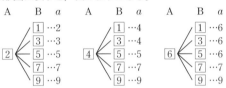

2枚のカードの取り出し方は，全部で15通り。
a が3の倍数になるのは7通り。
よって，求める確率は，$\dfrac{7}{15}$

(6) 3枚のカードの取り出し方と，3つの数の積を樹形図に表すと，次のようになる。

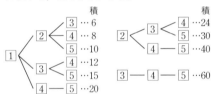

3枚のカードの取り出し方は，全部で10通り。
積が3の倍数になるのは6通り。
よって，求める確率は，$\dfrac{6}{10}=\dfrac{3}{5}$

2 $\dfrac{3}{16}$

解説 ▼

4枚のコインの表裏の出方は，全部で16通り。
点Pが2を表す点の位置にあるのは，表が3回，裏が1回出たときだから，(表，表，表，裏)，(表，表，裏，表)，(表，裏，表，表)，(裏，表，表，表)の4通り。
このうち，(裏，表，表，表)のとき，点Pははじめに -1 を表す点の位置に移動する。
よって，一度も負の数を表す点に移動しない表裏の出方は，(表，表，表，裏)，(表，表，裏，表)，(表，裏，表，表)の3通り。
したがって，求める確率は，$\dfrac{3}{16}$

3 (1)　1　　　　　　　　　(2)　$\dfrac{1}{3}$

　　(3)　$\dfrac{5}{18}$

解説 ▼

(1) さいころの目と塗りつぶされるマスは次のようになる。

1の目　2の目　3の目　4の目　5の目　6の目

よって，どの目が出ても塗りつぶされることのないマスは1のマス。

(2) (1)より，ビンゴになるのは，さいころの目が1，3の2通り。

よって，求める確率は，$\dfrac{2}{6}=\dfrac{1}{3}$

(3) さいころを2回投げたときの目の出方は全部で36通り。(1)より，1回目にビンゴにならないのは，さいころの目が2，4，5，6の4通り。

このそれぞれの目について，2回目にビンゴになるような目の出方を考える。

1回目が2の場合…2回目は1，3，5の3通り。

1回目が4の場合…2回目は1，3の2通り。

1回目が5の場合…2回目は1，2，3の3通り。

1回目が6の場合…2回目は1，3の2通り。

これより，2回目にビンゴになるような目の出方は，

3+2+3+2=10(通り)

よって，求める確率は，$\dfrac{10}{36}=\dfrac{5}{18}$

4 (1)　$\dfrac{5}{12}$　　　　　(2)　ア…4　イ…$\dfrac{7}{12}$

解説 ▼

(1) 箱Aのカードは⑤，⑥，⑦，箱Cのカードは③，④になる。

これより，3枚のカードの取り出し方と，計算の結果を樹形図に表すと，右のようになる。

3枚のカードの取り出し方は，全部で12通り。

このうち，計算の結果が素数になるのは5通り。

よって，求める確率は，$\dfrac{5}{12}$

(2) (1)より，箱Aに⑤を入れたとき，計算の結果が正の奇数になるのは6通り。

箱Aに③または④を入れたとき，3枚のカードの取り出し方と，計算の結果を樹形図に表すと，それぞれ次のようになる。

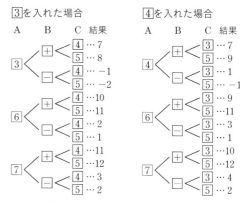

③を入れた場合　　④を入れた場合

箱Aに③を入れたとき，計算の結果が正の奇数になるのは5通り。

箱Aに④を入れたとき，計算の結果が正の奇数になるのは7通り。

よって，計算の結果が正の奇数になる確率は，箱Aに4を入れたときに最も高くなり，その確率は，$\dfrac{7}{12}$

5　$\dfrac{7}{10}$

解説 ▼

2枚のカードの取り出し方と，カードと同じ文字の点と点Aの3点を頂点とする三角形を樹形図に表すと，右のようになる。

2枚のカードの取り出し方は，全部で10通り。

このうち，できる三角形が直角三角形になるのは，

△ABC，△ABD，△ABE，△ABF，△ACF，△ADE，△ADFの7通り。

よって，求める確率は，$\dfrac{7}{10}$

くわしく

直角三角形の見つけ方

△ACFにおいて，

∠CAB=45°，∠BAF=45°だから，

∠CAF=90°

△ADFにおいて，

∠AFB=45°，∠DFE=45°だから，

∠AFD=180°−(45°+45°)=90°

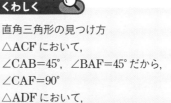

6　$\dfrac{7}{72}$

解説 ▼

3つのさいころの目の出方は，全部で，

6×6×6=216(通り)

点 P が点 A の位置にあるのは，出た目の数の積 n が 60 の倍数になるときである。

また，n の最大値は $6×6×6=216$ だから，$n≦216$

よって，$n=60$，120，180

大中小 3 つのさいころの目の数を(大，中，小)と表す。

$n=60$ となる 3 つのさいころの目の数の組は，

2，5，6 と 3，4，5

2，5，6 となる目の出方は，$(2, 5, 6)$，$(2, 6, 5)$，

$(5, 2, 6)$，$(5, 6, 2)$，$(6, 2, 5)$，$(6, 5, 2)$ の 6 通り。

3，4，5 となる目の出方は，$(3, 4, 5)$，$(3, 5, 4)$，

$(4, 3, 5)$，$(4, 5, 3)$，$(5, 3, 4)$，$(5, 4, 3)$ の 6 通り。

$n=120$ となる 3 つのさいころの目の数の組は，4，5，6

このような目の出方は，$(4, 5, 6)$，$(4, 6, 5)$，$(5, 4, 6)$，

$(5, 6, 4)$，$(6, 4, 5)$，$(6, 5, 4)$ の 6 通り。

$n=180$ となる 3 つのさいころの目の数の組は，5，6，6

このような目の出方は，$(5, 6, 6)$，$(6, 5, 6)$，$(6, 6, 5)$

の 3 通り。

以上から，$n=60$，120，180 となる目の出方は，

$6+6+6+3=21$(通り)

よって，求める確率は，$\dfrac{21}{216}=\dfrac{7}{72}$

くわしく

3 つのさいころの目の出方

大のさいころの目の出方は 6 通りある。そのそれぞれについて，中のさいころの目の出方は 6 通りずつある。さらに，そのそれぞれについて，小のさいころの目の出方は 6 通りずつあるから，全部で，

$6×6×6=216$(通り)

3 標本調査

STEP01 要点まとめ
本冊162ページ

1 01 **全数調査**　　02 **標本調査**
03 **母集団**　　04 **標本**
05 **標本の大きさ**

2 06 **5**　　　　　07 **200**
08 $\dfrac{1}{40}$　　　　09 $\dfrac{1}{40}$
10 **75**

3 11 **50**　　　12 **23**
13 **30**　　　14 **23**
15 **690**　　　16 **345**
17 **350**

STEP02 基本問題
本冊163ページ

1 (1)　**全数調査**　　　(2)　**標本調査**
(3)　**標本調査**　　　(4)　**全数調査**

解説 ▼

(1)　全部の生徒について行う調査である。
(2)　テレビのある全世帯について調査することは，多くの手間や時間，費用などがかかるので現実的でない。
(3)　全部のタイヤを検査すると，販売する製品がなくなってしまうので現実的でない。
(4)　国勢調査は，すべての世帯について行う調査である。

2 エ

解説 ▼

標本はかたよりなく選ばなければならない。アは 1 日 2 時間以上テレビを見る人，イは女子，ウは運動部員とかたよった選び方をしている。

3 (1)　**この都市の有権者**　　(2)　**2000 人**
(3)　**およそ 3710 人**

解説 ▼

(1)　母集団は，標本調査における集団全体である。
(2)　標本の大きさは，世論調査した有権者の人数である。
(3)　$10587×0.35=3705.4…$(人)
四捨五入して，十の位までの概数で表すと約 3710 人。

4 およそ 360 個

解説 ▼

無作為に抽出した 500 個を標本とする。

500 個の製品における不良品の割合は，$\dfrac{6}{500}=\dfrac{3}{250}$

30000 個の製品における不良品の割合は，標本における不良品の割合とほぼ等しいと考えられる。

よって，30000 個の製品に含まれる不良品の個数は，

$30000×\dfrac{3}{250}=360$(個)

5 およそ 600 個

解説 ▼

無作為に抽出した 30 個の球を標本とする。

30 個の球における赤球の割合は，$\dfrac{12}{30}=\dfrac{2}{5}$

1500 個の球における赤球の割合は，標本における赤球の割合とほぼ等しいと考えられる。

よって，1500 個の球に含まれる赤球の個数は，

$1500×\dfrac{2}{5}=600$(個)

6 **およそ 600 本**

解説 ▼

48 人がひいた 48 本のくじを標本とする。
48 本のくじにおける当たりくじの割合は，2：48＝1：24
箱の中のくじにおける当たりくじの割合は，標本における
当たりくじの割合にほぼ等しいと考えられる。
箱の中のくじの本数を x 本とすると，
25：x＝1：24，x＝600

別解 ⊕

48 本における当たりくじの割合は，$\dfrac{2}{48}＝\dfrac{1}{24}$

箱の中のくじの本数を x 本とすると，

$x \times \dfrac{1}{24}＝25$，$x＝25 \times 24＝600$（本）

STEP03 実戦問題　　　　　本冊164ページ

1 (1)　**母集団…ア，標本…ウ**
　　(2)　**およそ 15000 個**

解説 ▼

(2)　無作為に抽出した 300 個のネジを標本とする。
　　300 個のネジにおける印のついたネジの割合は，
　　12：300＝1：25
　　箱の中のネジにおける印のついたネジの割合は，標
　　本における印のついたネジの割合にほぼ等しいと考
　　えられる。箱の中のネジの個数を x 個とすると，
　　600：x＝1：25，x＝15000

2 **およそ 420 匹**

解説 ▼

数日後に捕獲した 27 匹のアユを標本とする。
27 匹のアユにおける目印のついたアユの割合は，
3：27＝1：9
養殖池にいる目印のついたアユの割合は，標本における
目印のついたアユの割合にほぼ等しいと考えられる。
養殖池にいるアユを x 匹とすると，47：x＝1：9，x＝423
よって，養殖池にいるアユはおよそ 420 匹。

3 **およそ 3000 個**

解説 ▼

無作為に抽出した 80 個の玉を標本とする。
80 個の玉における白玉と黒玉の個数の割合は，
5：(80－5)＝5：75＝1：15
箱の中の玉における白玉と黒玉の割合は，標本における
白玉と黒玉の割合とほぼ等しいと考えられる。

箱の中の黒玉の個数を x 個とすると，
200：x＝1：15，x＝3000

別解 ⊕

無作為に抽出した 80 個の玉に対する白玉の割合は，
$\dfrac{5}{80}＝\dfrac{1}{16}$
箱の中の黒玉の個数を x 個とすると，
$(x＋200) \times \dfrac{1}{16}＝200$，$x＋200＝3200$，$x＝3000$

4 **およそ 560 個**

解説 ▼

はじめに袋の中に入っていた黒色の碁石を x 個，白色の
碁石を y 個とする。
はじめに無作為に抽出した 40 個の碁石における黒色の碁
石と白色の碁石の個数の割合は，32：8＝4：1
これより，はじめに袋の中に入っていた黒色の碁石と白色
の碁石の個数の割合は 4：1 と考えられるから，
x：y＝4：1，x＝4y，$y＝\dfrac{x}{4}$　……①
100 個の白色の碁石を加えた後に無作為に抽出した 40 個
の碁石における黒色の碁石と白色の碁石の個数の割合は，
28：12＝7：3
これより，白色の碁石を加えた後に袋の中に入っていた黒
色の碁石と白色の碁石の個数の割合は 7：3 と考えられる
から，x：($y＋100$)＝7：3，$3x＝7y＋700$　……②
②に①を代入して，$3x＝7 \times \dfrac{x}{4}＋700$，$\dfrac{5}{4}x＝700$，
$x＝700 \times \dfrac{4}{5}＝560$（個）

総合問題

本冊166ページ

1 (1) $x=7$

(2) 6段目の式…$10a+5b+32$

（説明）b は2以上の偶数だから，n を自然数とすると，$b=2n$ と表せる。

$10a+5b+32=10a+10n+32=10(a+n+3)+2$

$a+n+3$ は自然数だから，$10(a+n+3)$ は10の倍数となる。よって，$10(a+n+3)+2$ の一の位の数は常に2になる。

解説 ▼

(1) 右の図から，3段目の式は，

$2x+13$

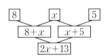

よって，$2x+13=27$，$x=7$

(2) 5段目の左の式は，

$(3a+12)+(3a+b+6)=6a+b+18$

5段目の右の式は，

$(3a+b+6)+(a+3b+8)=4a+4b+14$

よって，6段目の式は，

$(6a+b+18)+(4a+4b+14)=10a+5b+32$

2 (1) ① C, F ② 16回目 ③ C, E, F, H

(2) 9個

解説 ▼

(1)① 1回目から6回目までに裏返す駒は，右の表のようになる。

回目	1	2	3	4	5	6
駒	A	D	G	B	E	H

これより，6回目まで1回裏返した駒は，右の図のようになる。

よって，表が白の駒は，C, F

② 7回目にC，8回目にFを裏返し，8個の駒がすべて黒になる。

この状態から8個の駒をすべて裏返し白にするには，9回目からさらに8回裏返せばよいから，すべての駒が再び白になるのは，$8+8=16$(回目)

③ $100÷16=6…4$ より，100回目は図1の配置に6回戻り，図1の配置から駒を4回目まで裏返した場合である。

これは①の表から右の図のようになる。

よって，表が白の駒は，C, E, F, H

(2) 1回目から11回目までに裏返す駒は，下の表のようになる。

回目	1	2	3	4	5	6	7	8	9	10	11
駒	A	D	G	J	C	F	I	B	E	H	A

これより，10回目までで10個の駒を1回ずつ裏返し，すべての駒が黒になる。さらに，20回目までで再び10個の駒を1回ずつ裏返し，すべての駒が白になり，はじめの状態にもどる。

$2019÷20=100…19$ より，2019回目はすべての駒が白の状態から駒を19回目まで裏返した場合である。19回目は20回目の1回前だから，Hの駒だけが黒である。このとき，H以外の駒はすべて白だから，表が白の駒の個数は，$10-1=9$(個)

3 (1) およそ3000個

(2) ① 2000個

② 機械A…2台，機械B…6台

解説 ▼

(1) 無作為に取り出した150個の品物を標本とする。

150個の品物における印のついた品物の個数の割合は，

$5:150=1:30$

製造した品物における印のついた品物の個数の割合は，標本における印のついた品物の個数の割合とほぼ等しいと考えられる。製造した品物の個数を x 個とすると，

$100:x=1:30$，$x=3000$

(2)① 1台の機械Bが1日に製造した品物の個数を x 個とする。

機械Aから出た不良品の個数は，$3000×\dfrac{2}{100}$(個)

機械Bから出た不良品の個数は，$x×\dfrac{0.5}{100}$(個)

機械A，Bの2台から出た不良品の個数は，

$(3000+x)×\dfrac{1.4}{100}$(個)

よって，$3000×\dfrac{2}{100}+x×\dfrac{0.5}{100}=(3000+x)×\dfrac{1.4}{100}$

これを解くと，

$60000+5x=42000+14x$，$9x=18000$，$x=2000$

② 機械Aが a 台，機械Bが b 台あるとする。

品物の個数の関係から，$3000a+2000b=18000$

これを整理して，$3a+2b=18$ ……①

不良品の個数の関係から，

$3000a×\dfrac{2}{100}+2000b×\dfrac{0.5}{100}=18000×\dfrac{1}{100}$

これを整理して，$6a+b=18$ ……②

①，②を連立方程式として解くと，$a=2$，$b=6$

a，b は正の整数だから，問題に合っている。

4 (1) A会場…$\left(\dfrac{9}{20}x-y\right)$人，B会場…$\left(\dfrac{5}{12}x+2y\right)$人

C会場…$\left(\dfrac{2}{15}x-y\right)$人

(2) $x=1200$，$y=40$

解説 ▼

(1) 受付からP地点に行く人数とQ地点に行く人数の比は3：2だから，

P地点に進む人は，$x×\dfrac{3}{3+2}=\dfrac{3}{5}x$(人)

Q 地点に進む人は，$x \times \dfrac{2}{3+2} = \dfrac{2}{5}x$（人）

P 地点から A 会場に行く人数と B 会場に行く人数の比は 3：1 だから，

A 会場に進む人は，$\dfrac{3}{5}x \times \dfrac{3}{3+1} = \dfrac{9}{20}x$（人）

B 会場に進む人は，$\dfrac{3}{5}x \times \dfrac{1}{3+1} = \dfrac{3}{20}x$（人）

Q 地点から B 会場に行く人数と C 会場に行く人数の比は 2：1 だから，

B 会場に進む人は，$\dfrac{2}{5}x \times \dfrac{2}{2+1} = \dfrac{4}{15}x$（人）

C 会場に進む人は，$\dfrac{2}{5}x \times \dfrac{1}{2+1} = \dfrac{2}{15}x$（人）

さらに，A 会場と C 会場からそれぞれ y 人ずつ B 会場に移動させるから，

A 会場の人数は，$\dfrac{9}{20}x - y$（人）

C 会場の人数は，$\dfrac{2}{15}x - y$（人）

B 会場の人数は，$\dfrac{3}{20}x + \dfrac{4}{15}x + 2y = \dfrac{5}{12}x + 2y$（人）

参考 👆

A 会場，B 会場，C 会場の人数の和が x 人になることから，次のように検算することができる。

$\left(\dfrac{9}{20}x - y \right) + \left(\dfrac{5}{12}x + 2y \right) + \left(\dfrac{2}{15}x - y \right)$

$= \dfrac{27}{60}x + \dfrac{25}{60}x + \dfrac{8}{60}x = \dfrac{60}{60}x = x$

(2) B 会場の人数の関係から，$\dfrac{5}{12}x + 2y = 580$

これを整理して，$5x + 24y = 6960$ ……①

A 会場と C 会場の人数の関係から，

$\left(\dfrac{9}{20}x - y \right) : \left(\dfrac{2}{15}x - y \right) = 25 : 6$

これを整理して，$6\left(\dfrac{9}{20}x - y \right) = 25\left(\dfrac{2}{15}x - y \right)$，

$\dfrac{54}{20}x - 6y = \dfrac{50}{15}x - 25y$，$x - 30y = 0$ ……②

①，②を連立方程式として解くと，$x = 1200$，$y = 40$

x，y は正の整数だから，問題に合っている。

5 (1) 10 枚 (2) 98

(3) 2 が書かれた円盤は 4 枚，3 が書かれた円盤は $4(x-2)$ 枚，4 が書かれた円盤は $(x-2)^2$ 枚。

これより，円盤に書かれた数の合計は，

$2 \times 4 + 3 \times 4(x-2) + 4(x-2)^2$

よって，方程式は，

$8 + 12(x-2) + 4(x-2)^2 = 440$

これを解くと，

$8 + 12x - 24 + 4x^2 - 16x + 16 = 440$，

$4x^2 - 4x - 440 = 0$，$x^2 - x - 110 = 0$，

$(x+10)(x-11) = 0$，$x = -10$，$x = 11$

x は 3 以上の整数だから，$x = 11$

(4) ① 13 ② 15 ③ 168

解説 ▼

(1) $m = 4$，$n = 5$ のとき，円盤に書かれる数字は，右の図のようになる。 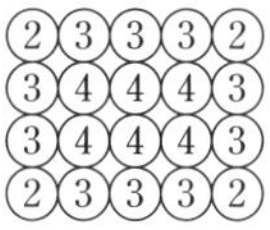
よって，3 が書かれた円盤の枚数は 10 枚。

(2) $m = 5$，$n = 6$ のとき，円盤に書かれる数字は，右の図のようになる。 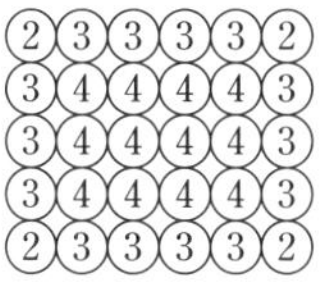
2 が書かれた円盤は 4 枚，3 が書かれた円盤は 14 枚，4 が書かれた円盤は 12 枚だから，数の合計は，
$2 \times 4 + 3 \times 14 + 4 \times 12 = 8 + 42 + 48 = 98$

(3) $m = x$，$n = x$ のとき，円盤に書かれる数字は，右の図のようになる。

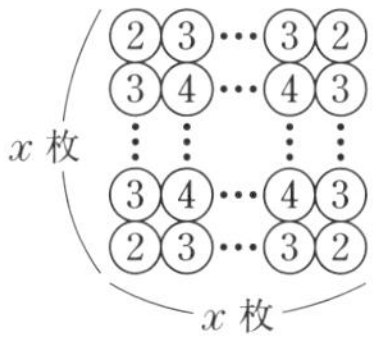

(4) a，b は 2 以上の整数で，$a < b$ だから，m，n は 3 以上の整数で，$m < n$

4 つの角にある円盤の中心を結んでできる長方形の縦の長さは，

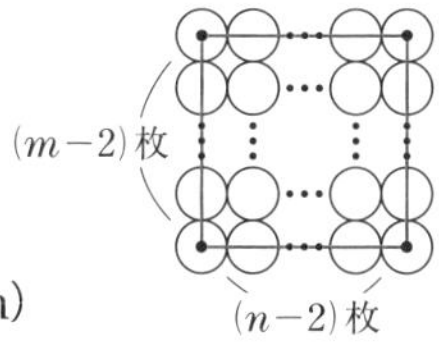

$2(m-2) + 1 \times 2$
$= 2(m-1)$（cm）

横の長さは，

$2(n-2) + 1 \times 2 = 2(n-1)$（cm）

長方形の面積が 780cm² になるから，

$2(m-1) \times 2(n-1) = 780$

$m = a+1$ より，$m-1 = a$，$n = b+1$ より，$n-1 = b$ だから，$2a \times 2b = 780$，$4ab = 780$，$ab = 195$

195 を素因数分解すると，$ab = 3 \times 5 \times 13$

$2 \leqq a < b$ だから，

$(a, b) = (3, 65)$，$(5, 39)$，$(13, 15)$

ここで，4 が書かれた円盤の枚数を S 枚とすると，

$S = (m-2)(n-2)$

$a = 3$，$b = 65$ のとき，$m = 4$，$n = 66$ だから，

$S = (4-2) \times (66-2) = 128$（枚）

$a = 5$，$b = 39$ のとき，$m = 6$，$n = 40$ だから，

$S = (6-2) \times (40-2) = 152$（枚）

$a = 13$，$b = 15$ のとき，$m = 14$，$n = 16$ だから，

$S = (14-2) \times (16-2) = 168$（枚）

よって，4 が書かれた円盤の枚数は，$a = 13$，$b = 15$ のとき最も多くなり，その枚数は 168 枚。

6 (1) 216 匹 (2) 5 匹
(3) 16 通り

解説 ▼

(1) 室温 30℃ 未満の環境で n 時間増殖させると，微生物はもとの数の 2^n 倍，室温 30℃ 以上の環境で n 時間増殖させると，微生物はもとの数の 3^n 倍になる。
よって，$2 \times 2^2 \times 3^3 = 2 \times 4 \times 27 = 216$（匹）

(2) x 匹の微生物を 5 時間増殖させたあとの微生物の数は，
$x \times 2^m \times 3^n$（匹）　ただし，$m+n=5$
360 を素因数分解すると，$360=2^3 \times 3^2 \times 5$
よって，x 匹の微生物を 5 時間増殖させたあと 360 匹になるとき，$x=5$

(3) 微生物が 5 時間後にはじめて 50 匹を超えるということは，4 時間後に 50 匹以下で，5 時間後に 50 匹を超えるということである。1 匹の微生物の 4 時間後の数は，$1 \times 2^m \times 3^n$（匹）　ただし，$m+n=4$
4 時間後の微生物の数が 50 匹以下である m，n の値は，$1 \times 2^4=16$，$1 \times 2^3 \times 3^1=24$，$1 \times 2^2 \times 3^2=36$
このうち，5 時間後の微生物の数が 50 匹を超える室温の組み合わせを考える。5 時間の室温の設定を(1 時間，2 時間，3 時間，4 時間，5 時間)と表す。
$(1 \times 2^4) \times 3=48$ より，4 時間後までの室温がすべて 30℃ 未満のとき，微生物の数が 50 匹を超えない。
$(1 \times 2^3 \times 3^1) \times 3=72$ より，4 時間後までの室温が 30℃ 未満が 3 時間，30℃ 以上が 1 時間，5 時間後の室温が 30℃ 以上の場合だから，
$(2, 2, 2, 3, 3)$，$(2, 2, 3, 2, 3)$，$(2, 3, 2, 2, 3)$，$(3, 2, 2, 2, 3)$ の 4 通り。
$(1 \times 2^2 \times 3^2) \times 2=72$ より，4 時間後までの室温が 30℃ 未満が 2 時間，30℃ 以上が 2 時間，5 時間後の室温が 30℃ 未満の場合だから，
$(2, 2, 3, 3, 2)$，$(2, 3, 2, 3, 2)$，$(2, 3, 3, 2, 2)$，$(3, 2, 2, 3, 2)$，$(3, 2, 3, 2, 2)$，$(3, 3, 2, 2, 2)$ の 6 通り。
$(1 \times 2^2 \times 3^2) \times 3=108$ より，4 時間後までの室温が 30℃ 未満が 2 時間，30℃ 以上が 2 時間，5 時間後の室温が 30℃ 以上の場合だから，
$(2, 2, 3, 3, 3)$，$(2, 3, 2, 3, 3)$，$(2, 3, 3, 2, 3)$，$(3, 2, 2, 3, 3)$，$(3, 2, 3, 2, 3)$，$(3, 3, 2, 2, 3)$ の 6 通り。
よって，全部で，$4+6+6=16$（通り）

7 (1) $(1, 0)$　　　(2) $y=-\dfrac{2}{5}x+2$

(3) $P\left(\dfrac{14}{3}, 2\right)$，$Q\left(\dfrac{1}{3}, 0\right)$

解説 ▼

(1) $AP=AB=2$ より，$AQ=2 \times 2=4$
よって，点 Q は点 A$(5, 0)$ から x 軸上を左へ 4 進んだところにある点だから，$Q(1, 0)$

(2) 点 P が頂点 C と重なったとき，点 Q は点 P の 2 倍の距離を進むから，長方形の辺上を 1 周して頂点 A と重なる。直線 PQ の傾きは，$\dfrac{2-0}{0-5}=-\dfrac{2}{5}$
また，点 P$(0, 2)$ を通るから，切片は 2
よって，直線 PQ の方程式は，$y=-\dfrac{2}{5}x+2$

(3) 線分 PQ が長方形 OABC の面積を 2 等分するとき，

点 P は線分 BC 上，点 Q は線分 OA 上にある。このとき，下の図のように，長方形 OABC は線分 PQ によって，合同な 2 つの四角形 COQP と四角形 ABPQ に分けられる。
また，AQ＝CP より，
BP＋AQ＝BP＋CP＝CB
＝5 となる。

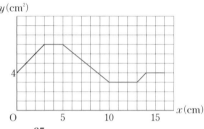

BP＝t とすると，点 P が進んだ距離は，AB＋BP＝$2+t$
このとき，点 Q が進んだ距離は点 P が進んだ距離の 2 倍だから，AQ＝$2(2+t)$
BP＋AQ＝5 より，$t+2(2+t)=5$，$3t=1$，$t=\dfrac{1}{3}$
よって，点 P の x 座標は，$5-\dfrac{1}{3}=\dfrac{14}{3}$ より，P$\left(\dfrac{14}{3}, 2\right)$
点 Q の x 座標は，$5-2\left(2+\dfrac{1}{3}\right)=\dfrac{1}{3}$ より，Q$\left(\dfrac{1}{3}, 0\right)$

8 (1) $y=7$　　　　　(2) $5 \leqq x \leqq 10$

(3)

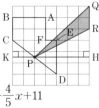

(4) $x=2$，$\dfrac{25}{4}$

解説 ▼

(1) 点 P は線分 BC の中点だから，$y=\dfrac{1}{2} \times 2 \times 7=7$

(2) 三平方の定理より，$CD=\sqrt{3^2+4^2}=5$
AB＋BC＝5 より，点 P が点 C 上にあるとき $x=5$，
AB＋BC＋CD＝10 より，点 D 上にあるとき $x=10$
よって，$5 \leqq x \leqq 10$

(3) $0 \leqq x \leqq 3$ のとき，点 P は線分 AB 上にある。
このとき，$y=\dfrac{1}{2} \times 2 \times (x+4)=x+4$
$3 \leqq x \leqq 5$ のとき，点 P は線分 BC 上にある。
このとき，$y=\dfrac{1}{2} \times 2 \times 7=7$
$5 \leqq x \leqq 10$ のとき，点 P は線分 CD 上にある。
右の図で，PC＝$x-5$（cm）
PC：PK＝CD：CE より，
$(x-5)$：PK＝5：4，
$4(x-5)=5PK$，
$PK=\dfrac{4}{5}(x-5)=\dfrac{4}{5}x-4$
よって，PH＝$7-\left(\dfrac{4}{5}x-4\right)=-\dfrac{4}{5}x+11$
このとき，$y=\dfrac{1}{2} \times 2 \times \left(-\dfrac{4}{5}x+11\right)=-\dfrac{4}{5}x+11$
$10 \leqq x \leqq 13$ のとき，点 P は線分 DE 上にある。
このとき，$y=\dfrac{1}{2} \times 2 \times 3=3$

$13≦x≦14$ のとき，点 P は線分 EF 上にある。

PE$=x-13$(cm)

このとき，$y=\dfrac{1}{2}×2×\{(x-13)+3\}=x-10$

$14≦x≦16$ のとき，点 P は線分 FA 上にある。

このとき，$y=\dfrac{1}{2}×2×4=4$

くわしく

x 軸に平行なグラフ

$y=p$ のグラフは，点$(0,\ p)$を通り，x 軸に平行な直線だから，$3≦x≦5$，$10≦x≦13$，$14≦x≦16$のとき，グラフは x 軸に平行な直線になる。

(4) △PQR の面積が 6cm^2 となるのは，(3)のグラフから，$0≦x≦3$ のときと，$5≦x≦10$ のときである。

$0≦x≦3$ のとき，$6=x+4$，$x=2$

$5≦x≦10$ のとき，$6=-\dfrac{4}{5}x+11$，$\dfrac{4}{5}x=5$，$x=\dfrac{25}{4}$

9 (1) 10 　　　　(2) $y=-\dfrac{4}{5}x+20$

(3) $10\sqrt{41}$

解説 ▼

(1) △DES と △ROS において，

∠DES＝∠ROS，∠DSE＝∠RSO

で，2 組の角がそれぞれ等しいから，△DES∽△ROS

よって，DE：RO＝ES：OS，DE：$15=(20-12):12$，

12DE$=120$，DE$=10$

(2) 直線 SD の傾きは，$\dfrac{20-12}{10-0}=\dfrac{8}{10}=\dfrac{4}{5}$

直線 RQ は直線 SD に平行だから，直線 RQ の式は，

$y=\dfrac{4}{5}x+b$ と表せる。点 R は直線 RQ 上の点だから，

$0=\dfrac{4}{5}×15+b$，$b=-12$

よって，直線 RQ の式は，$y=\dfrac{4}{5}x-12$

点 Q の y 座標は，$y=\dfrac{4}{5}×20-12=4$

よって，Q$(20,\ 4)$

直線 SR の傾きは，$\dfrac{0-12}{15-0}=-\dfrac{12}{15}=-\dfrac{4}{5}$

直線 PQ は直線 SR に平行だから，直線 PQ の式は，

$y=-\dfrac{4}{5}x+b'$ と表せる。点 Q は直線 PQ 上の点だから，

$4=-\dfrac{4}{5}×20+b'$，$b'=20$

したがって，直線 PQ の式は，$y=-\dfrac{4}{5}x+20$

参考

直線 SD と直線 SR は，点 S を通り x 軸に平行な直線について対称である。このような 2 つの直線の傾きは，絶対値が等しく，符号が反対になる。

(3) 右の図のように，点 Q と直線CB について対称な点を Q'，直線 OA について対称な点を Q'' とする。

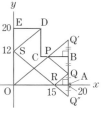

PQ＝PQ'，QR＝Q''R だから，点 P が O から D まで動いた距離は，OQ'＋SQ''＋SD となる。

△OAQ' において，

また，(1)より，DE＝BC＝CD＝AB＝10

OA＝20，AQ'＝AB＋BQ'＝10＋6＝16 だから，

OQ'$=\sqrt{20^2+16^2}=\sqrt{656}=4\sqrt{41}$

また，SQ''＝OQ'＝$4\sqrt{41}$

△DES において，DE＝10，ES＝8 だから，

SD$=\sqrt{10^2+8^2}=\sqrt{164}=2\sqrt{41}$

したがって，求める距離は，

OQ'＋SQ''＋SD$=4\sqrt{41}+4\sqrt{41}+2\sqrt{41}=10\sqrt{41}$

10 (1) ア…2　イ…4
あ…$y=x^2$　い…$y=4x-4$　う…$y=3x$

(2) $\dfrac{14}{3}$秒後

解説 ▼

(1) P と Q が重なる部分の図形を S とする。

$0≦x≦2$ のとき，S はCB$=x$cm，EC$=2x$cmの直角三角形になる。このとき，

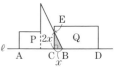

$y=\dfrac{1}{2}×x×2x=x^2$

$2≦x≦4$ のとき，S はCB$=x$cm，FG$=(x-2)$cm，FC$=4$cm の台形 FCBGになる。

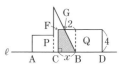

このとき，$y=\dfrac{1}{2}×\{(x-2)+x\}×4=4x-4$

$4≦x≦8$ のとき，S は台形FCBG から □ の長方形を取り除いた図形である。このとき，

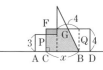

$y=(4x-4)-(x-4)=3x$

(2) 図形 P の面積は，

$3×4+\dfrac{1}{2}×(8-4)×(5+3)=12+16=28$(cm^2)

これより，図形 P の面積の半分は，$28÷2=14$(cm^2)

$0≦x≦2$ のとき，y は $x=2$ で，最大値 $y=2^2=4$(cm^2)をとる。

よって，$0≦x≦2$ のとき $y=14$ となることはない。

$2≦x≦4$ のとき，y は $x=4$ で，最大値 $4×4-4=12$(cm^2)をとる。

よって，$2≦x≦4$ のとき $y=14$ となることはない。

4≦x≦8のとき, 3x=14, $x=\dfrac{14}{3}$

これは答えとして適しているから, $\dfrac{14}{3}$秒後。

11 (1) ア…2 イ…3 ウ…4 エ…6 オ…1 カ…2
(2) キ…1 ク…2 ケ…3
(3) コ…3 サ…3 シ…8
(4) ス…3 セ…3 ソ…2 タ…1 チ…3 ツ…2

解説 ▼

(1) 点Aは関数$y=\dfrac{1}{6}x^2$のグラフ上の点だから,

$2=\dfrac{1}{6}x^2$, $x^2=12$, $x=\pm\sqrt{12}=\pm2\sqrt{3}$

$x>0$だから, $x=2\sqrt{3}$ よって, A$(2\sqrt{3},\ 2)$

OA$=\sqrt{(2\sqrt{3})^2+2^2}=\sqrt{12+4}=\sqrt{16}=4$

点Bのy座標は, 点Aのy座標より4大きいから,
B$(2\sqrt{3},\ 6)$

点Bは関数$y=ax^2$のグラフ上の点だから,

$6=a\times(2\sqrt{3})^2$, $6=12a$, $a=\dfrac{1}{2}$

(2) AB=4だから, OC=2AB=2×4=8
よって, 台形OABCの面積は,

$\dfrac{1}{2}\times(\text{AB}+\text{OC})\times(\text{点Aの}x\text{座標})$

$=\dfrac{1}{2}\times(4+8)\times2\sqrt{3}=12\sqrt{3}$

(3) 直線BCは, 点C$(0,\ 8)$を通るから, $y=mx+8$と
表せる。また, 直線BCは点Bを通るから,

$6=2\sqrt{3}\,m+8$, $2\sqrt{3}\,m=-2$, $m=-\dfrac{1}{\sqrt{3}}=-\dfrac{\sqrt{3}}{3}$

よって, 直線BCの式は, $y=-\dfrac{\sqrt{3}}{3}x+8$

(4) 直線ℓと線分BCの交点Fのx座標をtとすると,

$\triangle\text{OFC}=\dfrac{1}{2}\times\text{OC}\times(\text{点Fの}x\text{座標})=\dfrac{1}{2}\times8\times t=4t$

(2)より, 台形OABCの面積は$12\sqrt{3}$だから,

$4t=\dfrac{1}{2}\times12\sqrt{3}$, $4t=6\sqrt{3}$, $t=\dfrac{6\sqrt{3}}{4}=\dfrac{3\sqrt{3}}{2}$

点Fは直線BC上の点だから, y座標は,

$y=-\dfrac{\sqrt{3}}{3}\times\dfrac{3\sqrt{3}}{2}+8=-\dfrac{3}{2}+\dfrac{16}{2}=\dfrac{13}{2}$

よって, F$\left(\dfrac{3\sqrt{3}}{2},\ \dfrac{13}{2}\right)$

12 $\dfrac{4\sqrt{3}}{9}$

解説 ▼

点PからOAに垂線をひき,
その交点をHとする。
△APQは正三角形だから,
∠AQP=60°
よって, ∠POH=30°
これより, △POHは3辺の
長さが$2:1:\sqrt{3}$の直角三角形になる。

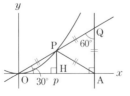

点Pのx座標をpとすると, 点Pは放物線$y=\dfrac{1}{2}x^2$上
の点だから, P$\left(p,\ \dfrac{1}{2}p^2\right)$

よって, PH:OH$=1:\sqrt{3}$, $\dfrac{1}{2}p^2:p=1:\sqrt{3}$, $\dfrac{\sqrt{3}}{2}p^2=p$,

$\dfrac{\sqrt{3}}{2}p\left(p-\dfrac{2}{\sqrt{3}}\right)=0$, $p=0$, $p=\dfrac{2}{\sqrt{3}}=\dfrac{2\sqrt{3}}{3}$

$p\neq0$だから, $p=\dfrac{2\sqrt{3}}{3}$

OP:OH$=2:\sqrt{3}$だから, OP:$\dfrac{2\sqrt{3}}{3}=2:\sqrt{3}$,

$\sqrt{3}\,\text{OP}=\dfrac{4\sqrt{3}}{3}$, OP$=\dfrac{4}{3}$

OP=PAだから, △APQは1辺が$\dfrac{4}{3}$の正三角形になる。

1辺が$\dfrac{4}{3}$の正三角形の高さは$\dfrac{2\sqrt{3}}{3}$だから,

$\triangle\text{APQ}=\dfrac{1}{2}\times\dfrac{4}{3}\times\dfrac{2\sqrt{3}}{3}=\dfrac{4\sqrt{3}}{9}$

13 (1) 直線の式…$y=x+5$, 線分の長さ…$5\sqrt{2}$
(2) 11
(3) $a=\dfrac{1\pm\sqrt{21}}{2}$
(4) $\dfrac{1-\sqrt{21}}{2}<a<\dfrac{-1+\sqrt{17}}{2}$

解説 ▼

(1) ①, ②を連立方程式として解くと,

$x^2=x+6$, $(x+2)(x-3)=0$, $x=-2$, 3

$x=-2$のとき$y=4$, $x=3$のとき$y=9$だから,

A$(-2,\ 4)$, B$(3,\ 9)$

点Qが動いてできる線分は,
右の図の線分QQ'である。
直線QQ'は, 直線①をy軸
の負の方向に1だけ平行移動
したものだから, $y=x+5$
また, 四角形AQQ'Bは平行
四辺形だから, 線分QQ'の長
さは線分ABの長さに等しい。線分ABは1辺が5の
正方形の対角線だから, AB$=5\sqrt{2}$ よって, QQ'$=5\sqrt{2}$

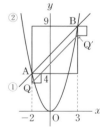

(2) 正方形PQRSが動いてできる
図形は, 右の図の░░░の六角
形になる。
この六角形は, 1辺が6の正方
形から, 合同な2つの直角二
等辺三角形を取り除いたもの
だから, その面積は,

$6\times6-\dfrac{1}{2}\times5\times5\times2=36-25=11$

(3) (1)より, 点Qは直線$y=x+5$上の点だから, y座標
は, $a+5$ よって, Q$(a,\ a+5)$
点Qが放物線②上にあることから, $a+5=a^2$
これを解くと, $a^2-a-5=0$

$a=\dfrac{-(-1)\pm\sqrt{(-1)^2-4\times1\times(-5)}}{2\times1}=\dfrac{1\pm\sqrt{21}}{2}$

(4) 正方形 PQRS が放物線②と交わらないのは，右の図のように，点 Q が放物線②上を離れてから，点 R が放物線②上に到着する前までである。

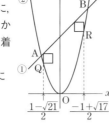

③より，点 Q が放物線②上にあるとき，$a=\dfrac{1\pm\sqrt{21}}{2}$

図から，$a<0$ だから，

$a=\dfrac{1-\sqrt{21}}{2}$

点 R の x 座標は点 Q の x 座標より1大きく，y 座標は点 Q の y 座標と等しいから，R$(a+1,\ a+5)$

点 R が放物線②上にあるとき，$a+5=(a+1)^2$

これを解くと，$a^2+a-4=0$

$a=\dfrac{-1\pm\sqrt{1^2-4\times1\times(-4)}}{2\times1}=\dfrac{-1\pm\sqrt{17}}{2}$

$-2\leqq a\leqq3$ だから，$a=\dfrac{-1+\sqrt{17}}{2}$

よって，$\dfrac{1-\sqrt{21}}{2}<a<\dfrac{-1+\sqrt{17}}{2}$

14 (1) $y=\dfrac{24}{5}$ 　　　　(2) $(x-10)$cm

(3) ① $y=\dfrac{3}{10}x^2$ 　② $y=5x-20$

(4) $x=\dfrac{38}{3},\ y=\dfrac{130}{3}$

解説 ▼

(1) PQ∥DB だから，AP：AD＝AQ：AB

AP＝4cm だから，4：10＝AQ：6，24＝10AQ，

AQ＝$\dfrac{24}{10}=\dfrac{12}{5}$(cm)

よって，$y=\dfrac{1}{2}\times$AP$\times$AQ$=\dfrac{1}{2}\times4\times\dfrac{12}{5}=\dfrac{24}{5}$

(2) DP＝(点 P の点 A からの道のり)－AD＝$x-10$(cm)

(3)① $0<x\leqq10$ のとき，点 P は辺 AD 上にあるから，y は △APQ の面積になる。

PQ∥DB だから，x：10＝AQ：6，6x＝10AQ，

AQ＝$\dfrac{6}{10}x=\dfrac{3}{5}x$(cm)

よって，$y=\dfrac{1}{2}\times x\times\dfrac{3}{5}x=\dfrac{3}{10}x^2$

② $10<x\leqq16$ のとき，点 P は辺 CD 上にあるから，y は台形 ABPD の面積になる。

よって，$y=\dfrac{1}{2}\times\{6+(x-10)\}\times10=5x-20$

参考

点 P が点 D 上にあるときの y の値は，$x=10$ を①，②で求めたどちらの式に代入しても求めることができる。

---

(4) △BEC と △CFP において，∠BEC＝∠CFP$(=90°)$

∠ECB＝$180°-90°-$∠PCF＝$90°-$∠PCF＝∠FPC

より，2組の角がそれぞれ等しいから，

△BEC∽△CFP

台形 ABPD≡台形 EBPF

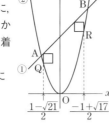

だから，

EB＝AB＝6cm，

EF＝AD＝10cm，

FP＝DP＝$(x-10)$cm

△BEC で，三平方の定理より，

EC＝$\sqrt{10^2-6^2}=\sqrt{64}=8$

FC＝$10-8=2$(cm)

△BEC∽△CFP だから，EB：FC＝EC：FP，

6：2＝8：$(x-10)$，$6(x-10)=16$，$6x-60=16$，

$6x=76$，$x=\dfrac{76}{6}=\dfrac{38}{3}$

(3)②より，$y=5\times\dfrac{38}{3}-20=\dfrac{190}{3}-\dfrac{60}{3}=\dfrac{130}{3}$

15 (1) (証明)△ADF と △BED において，

$\overset{\frown}{\text{DE}}$ に対する円周角だから，

∠DAF＝∠EBD 　　　　……①

四角形 ABCD は長方形だから，∠ADC＝90°

よって，∠ADF＝$180°-90°=90°$ ……②

また，∠BAD＝90° だから，BD は円 O の直径である。

よって，∠BED は半円の弧に対する円周角だから，∠BED＝90° ……③

②，③より，∠ADF＝∠BED ……④

①，④より，2組の角がそれぞれ等しいから，

△ADF∽△BED

(2) ア 円 O の半径…$\sqrt{3}$cm，

DE の長さ…$\dfrac{2\sqrt{3}}{3}$cm

イ $\dfrac{8\sqrt{2}}{3}$cm²

解説 ▼

(2)ア △BCD で，三平方の定理より，

BD＝$\sqrt{2^2+(2\sqrt{2})^2}=\sqrt{12}=2\sqrt{3}$(cm)

BD は円 O の直径だから，円 O の半径は，

$2\sqrt{3}\div2=\sqrt{3}$(cm)

△ADF で，三平方の定理より，

AF＝$\sqrt{1^2+(2\sqrt{2})^2}-\sqrt{9}=3$(cm)

(1)より，△ADF∽△BED だから，

FD：DE＝AF：BD，1：DE＝3：$2\sqrt{3}$，$2\sqrt{3}=3$DE，

DE＝$\dfrac{2\sqrt{3}}{3}$(cm)

イ 点 E から BC に垂線をひき，BC との交点を H とする。

△ADF と △CEF において，

AF＝CF$(=3$cm) ……①

∠AFD＝∠CFE ……②

$\overparen{DE}$ に対する円周角だから，

∠FAD＝∠FCE ……③

①，②，③より，1組の辺とその両端の角がそれぞれ等しいから，△ADF≡△CEF

よって，AD＝CE だから，CE＝$2\sqrt{2}$ cm

△EHC と △CEF において，

△ADF≡△CEF より，

∠ADF＝∠CEF＝90° ……④

EH⊥BC より，∠EHC＝90° ……⑤

④，⑤より，∠EHC＝∠CEF ……⑥

EH∥FC で，錯角は等しいから，

∠HEC＝∠ECF ……⑦

⑥，⑦より，2組の角がそれぞれ等しいから，

△EHC∽△CEF

よって，EH：CE＝CE：FC，EH：$2\sqrt{2}$＝$2\sqrt{2}$：3，

3EH＝8，EH＝$\dfrac{8}{3}$（cm）

したがって，△BCE＝$\dfrac{1}{2}\times 2\sqrt{2}\times\dfrac{8}{3}=\dfrac{8\sqrt{2}}{3}$（cm²）

16 (1) $x=4$ (2) $0<x\le 8$

(3) （証明）△PBC と △PCQ において，

共通な角だから，∠BPC＝∠CPQ ……①

四角形 ABCD は長方形だから，

∠BCP＝90° ……②

∠BQC は半円の弧に対する円周角だから，

∠BQC＝90°

よって，∠CQP＝180°−90°＝90° ……③

②，③より，∠BCP＝∠CQP ……④

①，④より，2組の角がそれぞれ等しいから，

△PBC∽△PCQ

解説 ▼

(1) AP＝$x$cm，DP＝$(8-x)$cm と表せる。

△ABP∽△DPC のとき，

AB：DP＝AP：DC，

4：$(8-x)$＝x：4，

16＝$x(8-x)$，$x^2-8x+16=0$，

$(x-4)^2=0$，$x=4$

(2) 点 P が辺 AD 上にある場合

（点 A 上は含まない）

四角形 ABCD は長方形だから，

∠PAB＝90°

∠BQC は半円の弧に対する円周角だから，

∠BQC＝90°

よって，∠PAB＝∠BQC ……①

また，

∠ABP＝∠ABC−∠QBC＝90°−∠QBC

∠QCB＝180°−90°−∠QBC＝90°−∠QBC

よって，∠ABP＝∠QCB ……②

①，②より，2組の角がそれぞれ等しいから，

△ABP∽△QCB

よって，点 P が辺 AD 上にあるとき，

△ABP∽△QCB

点 P が辺 DC 上にある場合

（点 D，C 上は含まない）

△QCB において，∠BQC＝90°

一方，△ABP は鋭角三角形で，

90° の角はないから，△ABP と △QCB は相似でない。

したがって，△ABP∽△QCB となる x の値の範囲は，

$0<x\le 8$

(3) $8\le x<12$ のとき，点 P が辺 DC 上にある。

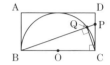

17 (1) 150π cm²

(2) ∠AOP＝60°，PB＝$5\sqrt{5}$ cm

(3) 9 秒後，18 秒後，27 秒後

(4) ⓐ 10 ⓘ $10\sqrt{2}$

解説 ▼

(1) 底面積は，$\pi\times 5^2=25\pi$（cm²）

側面積は，$10\times(2\pi\times 5)=100\pi$（cm²）

表面積は，$25\pi\times 2+100\pi=150\pi$（cm²）

(2) ∠AOP は 30 秒で 360° になるから，5 秒後には，

∠AOP＝$360°\times\dfrac{5}{30}=60°$

このとき，△AOP は正三角形になるから，AP＝5cm

△ABP で，三平方の定理より，

PB＝$\sqrt{10^2+5^2}=\sqrt{125}=5\sqrt{5}$（cm）

(3) 円 O の周上に，AB∥Q′Q となる点 Q′ をとると，

OP∥O′Q となるのは，∠POQ′＝180°，360° のときである。これより，点 P が A を出発して x 秒後に

∠POQ′＝180°，360° となる x の値を，$0<x\le 30$ の範囲で求める。

∠AOP は 1 秒間に，$360°\div 30=12°$，∠AOQ′ は 1 秒間に，$360°\div 45=8°$ ずつ大きくなるから，∠POQ′ は，1 秒間に，$12°+8°=20°$ ずつ大きくなる。

よって，x 秒後の ∠POQ′ の大きさは，

∠POQ′＝$20x°$

はじめに ∠POQ′＝180° になるのは，$20x°=180°$，

$x=9$（秒後）

そして，∠POQ′＝360° になるのは，$20x°=360°$，

$x=18$（秒後）

再び，∠POQ′＝180° になるのは，∠POQ′＝360° となったときから 9 秒後だから，$18+9=27$（秒後）

(4) (3)と同様に，AB∥Q′Q となる点 Q′ をとる。

線分 PQ の長さは，∠POQ′＝0° または 360° のとき最小値となる。このとき，PQ＝AB＝10（cm）

また，線分 PQ の長さは，
∠POQ'=180° のとき最大値となる。
このとき，1 辺が 10cm の正方形の
対角線の長さになるから，
PQ=$10\sqrt{2}$ (cm)

18 (1) ① $\sqrt{34}$ cm ② 14cm³

(2) **BQ=$x$cm とすると，AQ=PQ より，AP=$2x$cm**
と表せる。
$\triangle APQ = \frac{1}{2} \times 2x \times 3 = 3x$ (cm²)
QF=$(7-x)$cm だから，
$\triangle QFG = \frac{1}{2} \times 4 \times (7-x) = 14-2x$ (cm²)
$\triangle APQ = \triangle QFG$ だから，$3x=14-2x$，$x=\frac{14}{5}$
よって，PE=$7-2x=7-2 \times \frac{14}{5} = \frac{35}{5} - \frac{28}{5} = \frac{7}{5}$
$QF = 7-x = 7 - \frac{14}{5} = \frac{35}{5} - \frac{14}{5} = \frac{21}{5}$
よって，四角形 PEFQ の面積は，
$\frac{1}{2} \times \left(\frac{7}{5} + \frac{21}{5} \right) \times 3 = \frac{42}{5}$ (cm²)
$\triangle QBD = \frac{1}{2} \times 5 \times \frac{14}{5} = 7$ (cm²)
したがって，四角形 PEFQ の面積と $\triangle QBD$ の
面積の比は，$\frac{42}{5} : 7 = 42 : 35 = 6 : 5$

解説 ▼

(1) AQ+QG の長さが最も短くなると
き，点 Q は線分 AG と BF の交点
になる。

① BQ∥CG だから，
AB : AC=BQ : CG,3 : 7=BQ : 7,
BQ=3(cm)
$\triangle ABD$ で，三平方の定理より，
DB=$\sqrt{4^2+3^2}=\sqrt{25}=5$(cm)
$\triangle DQB$ で，三平方の定理より，
DQ=$\sqrt{5^2+3^2}=\sqrt{34}$(cm)

② 3 点 P，Q，G を通る平面
と辺 EH の交点を R とする。
また，直線 EF，PQ，RG
は 1 点で交わり，その交点
を S とする。

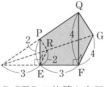

求める立体の体積は，三角錐 S-QFG の体積から三
角錐 S-PER の体積をひいたものである。
PE=7-5=2(cm)，QF=7-3=4(cm)，RE=2cm
だから，
$\frac{1}{3} \times \left(\frac{1}{2} \times 4 \times 4 \right) \times (3+3) - \frac{1}{3} \times \left(\frac{1}{2} \times 2 \times 2 \right) \times 3$
=16-2=14(cm³)

参考

平面 AEHD と平面 BFGC は平
行だから，PR∥QG になる。
すなわち，点 R は点 P を通り，
QG に平行な直線と辺 EH の交
点である。
よって，切り口は台形 PRGQ
になる。

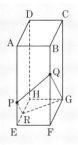

19 (1) $\frac{4}{5}\pi$cm² (2) $\frac{25}{72}$倍

解説 ▼

(1) BC=$\sqrt{3^2-2^2}=\sqrt{5}$(cm)
円外の 1 点からその円にひいた
接線の長さは等しいから，
AD=AB=2cm,
DC=3-2=1(cm)
$\triangle ABC$ と $\triangle ODC$ において，
共通な角だから，∠ACB=∠OCD ……①
円の接線は，その接点を通る半径に垂直だから，
∠ABC=∠ODC(=90°) ……②
①，②より，2 組の角がそれぞれ等しいから，
$\triangle ABC \sim \triangle ODC$
よって，AB : OD=BC : DC，2 : OD=$\sqrt{5}$: 1，
2=$\sqrt{5}$OD，OD=$\frac{2}{\sqrt{5}} = \frac{2\sqrt{5}}{5}$

したがって，円 O の面積は，$\pi \times \left(\frac{2}{\sqrt{5}} \right)^2 = \frac{4}{5}\pi$(cm²)

(2) 点 D から BC に垂線をひき，BC
との交点を H とする。
AB∥DH だから，
CD : CA=DH : AB，
1 : 3=DH : 2，2=3DH，
DH=$\frac{2}{3}$

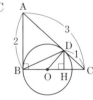

$\triangle DBC$ を辺 BC を回転の軸として
1 回転させてできる立体は，右の
図のように，2 つの円錐を底面で
合わせた立体だから，その体積は，

$\frac{1}{3} \times \left\{ \pi \times \left(\frac{2}{3} \right)^2 \right\} \times \sqrt{5} = \frac{4\sqrt{5}}{27}\pi$(cm³)
円 O を辺 BC を回転の軸として 1 回転させてできる
立体は球だから，その体積は，
$\frac{4}{3}\pi \times \left(\frac{2\sqrt{5}}{5} \right)^3 = \frac{4}{3}\pi \times \frac{8\sqrt{5}}{25} = \frac{32\sqrt{5}}{75}\pi$(cm³)
したがって，$\frac{4\sqrt{5}}{27} \div \frac{32\sqrt{5}}{75} = \frac{4\sqrt{5}}{27} \times \frac{75}{32\sqrt{5}} = \frac{25}{72}$(倍)

20 (1) 8 点 (2) 6 人
(3) ① 7 点 ② イ，エ

解説 ▼

(1) （範囲）＝10−2＝8（点）

(2) 1回でも5点の部分にボールが止まった生徒の得点は5点以上になるから，5点，6点，8点，10点のいずれかになる。

このうち，6点の生徒には，2回とも3点の部分にボールが止まった2人の生徒が含まれている。この2人の生徒以外の残りの生徒は，いずれも1回以上5点の部分にボールが止まったと考えられるから，その人数は，1+4+2+1−2＝6（人）

(3)① 5点の部分を1点，1点の部分を5点として得点を計算すると，下の表のようになる。例えば，もとの得点が4点のとき2回の点数は1点と3点なので，新しい得点では2回の点数は5点と3点となり，得点は8点になる。

もとの得点(点)	0	1	2	3	4	5	6	8	10
新しい得点(点)	0	5	10	3	8	1	6	4	2

新しい得点と人数の関係は，下の表のようになる。

新しい得点(点)	0	1	2	3	4	5	6	8	10
人数(人)	0	1	1	2	2	0	4	5	5

20人の得点の中央値は，10番目の得点と11番目の得点の平均値だから，$\dfrac{6+8}{2}=7$（点）

② ア 2ゲーム目の範囲はわからないから，1ゲーム目と2ゲーム目のそれぞれの得点の範囲が同じ値であるとはいえない。

イ 中央値が5.5点だから，得点が6点以上の生徒の人数は10人。得点が6点の生徒はBさん1人だから，残りの9人の生徒の得点は8点または10点である。得点が8点，10点の生徒は，5点の部分に1回はボールが止まっているので，5点の部分に1回でもボールが止まった生徒の人数は9人以上である。

よって，2ゲーム目のほうが多い。

ウ 2ゲーム目の中央値はわかっているが，最頻値はわからないので，最頻値は中央値より大きいとはいえない。

エ イから，得点が6点以上の生徒の人数は10人。また，中央値が5.5点で，得点が6点の生徒がいるから，得点が5点の生徒が1人以上いる。これより，得点が5点以上の生徒が11人以上いると考えられる。

よって，Aさんの得点4点を上回っている生徒は11人以上いる。

21 (1) $\dfrac{1}{10}$

(2) 赤球の出る確率は，$1-\dfrac{3}{10}=\dfrac{7}{10}$

赤球の出る確率と白球の出る確率の比は，

$\dfrac{7}{10}:\dfrac{3}{10}=7:3$

これより，Bの袋の中の赤球の個数と白球の個数の比が7:3になればよいから，

赤球の個数は，$20\times\dfrac{7}{7+3}=14$（個）

白球の個数は，$20\times\dfrac{3}{7+3}=6$（個）

よって，赤球の個数は14個，白球の個数は6個。

(3) Cの袋の中の白球の個数は$(20-m)$個，Dの袋の中の白球の個数は$(20-n)$個と表せる。

Cの袋から赤球の出る確率は，$\dfrac{m}{20}$

Dの袋から赤球の出る確率は，$\dfrac{n}{20}$

よって，$\dfrac{m}{20}=\dfrac{n}{20}+\dfrac{2}{5}$

これを整理すると，$m-n=8$ ……①

Cの袋から白球の出る確率は，$\dfrac{20-m}{20}$

Dの袋から白球の出る確率は，$\dfrac{20-n}{20}$

よって，$\dfrac{20-m}{20}+\dfrac{20-n}{20}=\dfrac{6}{5}$

これを整理すると，$m+n=16$ ……②

①，②を連立方程式として解くと，$m=12$，$n=4$

解説 ▼

(1) 赤球の個数は2個だから，$\dfrac{2}{20}=\dfrac{1}{10}$

22 (1) $\dfrac{5}{36}$ (2) $\dfrac{7}{36}$

解説 ▼

大小2個のさいころの目の出方は36通り。

(1) ①に$x=1$を代入しても成り立つから，

$1^2-a\times1+b=0$，$a-b=1$

この式を満たすa，bの値の組は，

$(a, b)=(2, 1), (3, 2), (4, 3), (5, 4), (6, 5)$

の5通り。

よって，求める確率は，$\dfrac{5}{36}$

(2) (1)より，$x=1$を解にもつとき，2次方程式①は，

$(a, b)=(2, 1)$のとき，

$x^2-2x+1=0$，$(x-1)^2=0$，$x=1$

$(a, b)=(3, 2)$のとき，

$x^2-3x+2=0$，$(x-1)(x-2)=0$，$x=1, x=2$

$(a, b)=(4, 3)$のとき，

$x^2-4x+3=0$，$(x-1)(x-3)=0$，$x=1, x=3$

$(a, b)=(5, 4)$のとき，

$x^2-5x+4=0$，$(x-1)(x-4)=0$，$x=1, x=4$

$(a, b)=(6, 5)$のとき，

$x^2-6x+5=0$，$(x-1)(x-5)=0$，$x=1, x=5$

よって，$x=1$を解にもつとき，①の解はすべて整数となるから，このときのa，bの値の組は5通り。

次に，①のすべての解が2以上の整数である場合について考える。

$x=2$ を解にもつとき,

$(x-2)^2=0$, $x^2-4x+4=0$ から, $(a, b)=(4, 4)$

$(x-2)(x-3)=0$, $x^2-5x+6=0$ から,

$(a, b)=(5, 6)$

このときの a, b の値の組は 2 通り。

①のすべて解が 3 以上の整数になる場合について考えると, このとき, b の値は必ず 6 よりも大きくなる。よって, ①の 2 つの解がどちらも 3 以上の整数になることはないから, ①は $x=1$ または $x=2$ を解にもつ。

以上から, ①の解がすべて整数となる a, b の値の組は 7 通り。

よって, 求める確率は, $\dfrac{7}{36}$

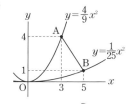

くわしく

2 次方程式の解の符号

①の 2 つの解が負の数のとき, x の係数の符号は $+$。すなわち, $a<0$

①の 2 つの解が正の数, 負の数のとき, 定数の符号は $-$。すなわち, $b<0$

$a<0$ または $b<0$ となることはないので, ①の解が負の整数であることはない。

23 (1) $\dfrac{1}{18}$　　　(2) $\dfrac{1}{6}$

解説 ▼

大小 2 つのさいころの目の出方は 36 通り。

p, q の値の組を (p, q) と表す。

(1) 直線 AB の傾きは, $\dfrac{1-4}{5-3}=-\dfrac{3}{2}$

直線 PQ と直線 AB の傾きは等しいから,

$\dfrac{q-0}{0-p}=-\dfrac{3}{2}$, $-\dfrac{q}{p}=-\dfrac{3}{2}$, $\dfrac{q}{p}=\dfrac{3}{2}$

この式を満たす p, q の値の組は,

$(p, q)=(2, 3)$, $(4, 6)$ の 2 通り。

よって, 求める確率は, $\dfrac{2}{36}=\dfrac{1}{18}$

(2) 放物線 $y=\dfrac{q}{p}x^2$ が点 A$(3, 4)$, B$(5, 1)$ を通るときの $\dfrac{q}{p}$ の値をそれぞれ求める。

点 A を通るとき,

$4=\dfrac{q}{p}\times 3^2$, $\dfrac{q}{p}=\dfrac{4}{9}$

点 B を通るとき,

$1=\dfrac{q}{p}\times 5^2$, $\dfrac{q}{p}=\dfrac{1}{25}$

よって, 放物線が線分 AB と交わるときの $\dfrac{q}{p}$ の値の範囲は, $\dfrac{1}{25}\leqq\dfrac{q}{p}\leqq\dfrac{4}{9}$

この不等式を満たす $\dfrac{q}{p}$ の値は,

$\dfrac{1}{3}$, $\dfrac{1}{4}$, $\dfrac{1}{5}$, $\dfrac{2}{5}$, $\dfrac{1}{6}$, $\dfrac{2}{6}$

すなわち, p, q の値の組は, $(p, q)=(3, 1)$, $(4, 1)$, $(5, 1)$, $(5, 2)$, $(6, 1)$, $(6, 2)$ の 6 通り。

よって, 求める確率は, $\dfrac{6}{36}=\dfrac{1}{6}$

24 (1) $\dfrac{3}{4}$　　　(2) $\dfrac{1}{3}$

　　(3) $\dfrac{7}{9}$

解説 ▼

大小 2 つのさいころの目の出方は 36 通り。

a, b の値の組を (a, b) と表す。

また, 直線 ℓ と m の交点を R とする。

(1) △OPQ が 3 つの図形に分けられるのは, 点 R が △OPQ の外部または辺上にあるときである。このような点 R は, 右の図のように 27 個ある。

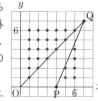

よって, 求める確率は, $\dfrac{27}{36}=\dfrac{3}{4}$

別解

△OPQ が 4 つの図形に分けられるのは, 点 R が △OPQ の内部にあるときである。ただし, △OPQ の辺上にある場合は含まない。

このような点 R は 9 個だから, 点 R が △OPQ の内部にある確率は, $\dfrac{9}{36}=\dfrac{1}{4}$

よって, 求める確率は, $1-\dfrac{1}{4}=\dfrac{3}{4}$

(2) S が台形になるのは, 点 R が右の図のような位置にあるときで, 12 個ある。

よって, 求める確率は, $\dfrac{12}{36}=\dfrac{1}{3}$

(3) 点 R$(4, 4)$ のとき, S の面積は 8cm^2

よって, $a=1$, 2, 3, 4 のとき, b はどの値でも S の面積は 8cm^2 以下である。

$a=5$ のとき, S の面積が 8cm^2 以下である b の値は, $b=1$, 2

$a=6$ のとき, S の面積が 8cm^2 以下である b の値は, $b=1$, 2

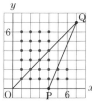

S の面積が 8cm^2 以下となる点 R は, 上の図のように 28 個ある。

よって, 求める確率は, $\dfrac{28}{36}=\dfrac{7}{9}$

入試予想問題　No.1

本冊176ページ

1 (1) $-\dfrac{1}{24}$　　(2) 15

(3) $-12x^3y$　　(4) $2a-b$

(5) $-\sqrt{7}$　　(6) $\sqrt{2}-3$

解説 ▼

(1) $\dfrac{5}{6}-\left(+\dfrac{7}{8}\right)=\dfrac{5}{6}-\dfrac{7}{8}=\dfrac{20}{24}-\dfrac{21}{24}=-\dfrac{1}{24}$

(2) $4^2+8\div(-2)^3=16+8\div(-8)=16+(-1)=15$

(3) $(-2xy)^3\div\dfrac{2}{3}y^2=(-8x^3y^3)\times\dfrac{3}{2y^2}=-\dfrac{8x^3y^3\times3}{2y^2}$
$=-12x^3y$

(4) $3(2a-7b)-4(a-5b)=6a-21b-4a+20b=2a-b$

(5) $\sqrt{28}-\sqrt{63}=\sqrt{2^2\times7}-\sqrt{3^2\times7}=2\sqrt{7}-3\sqrt{7}=-\sqrt{7}$

(6) $\dfrac{6}{\sqrt{2}}-(1+\sqrt{2})^2$
$=\dfrac{6\times\sqrt{2}}{\sqrt{2}\times\sqrt{2}}-\{1^2+2\times\sqrt{2}\times1+(\sqrt{2})^2\}$
$=\dfrac{6\sqrt{2}}{2}-(1+2\sqrt{2}+2)=3\sqrt{2}-3-2\sqrt{2}=\sqrt{2}-3$

2 (1) $(x+3)(x-7)$　　(2) 4個

(3) $x=\dfrac{3\pm3\sqrt{5}}{2}$　　(4) $b=\dfrac{a-c}{8}$

(5) $y=3$

解説 ▼

(1) $(x+2)(x-6)-9=x^2-4x-12-9=x^2-4x-21$
$=(x+3)(x-7)$

(2) それぞれの数を2乗しても大小関係は変わらないから，
$3^2<(\sqrt{a})^2<\left(\dfrac{11}{3}\right)^2$，$9<a<\dfrac{121}{9}$，$9<a<13.4\cdots$
a は正の整数だから，$a=10$，11，12，13 の4個。

(3) $(x+3)(x-5)=x-6$，$x^2-2x-15=x-6$，
$x^2-3x-9=0$　解の公式より，
$x=\dfrac{-(-3)\pm\sqrt{(-3)^2-4\times1\times(-9)}}{2\times1}=\dfrac{3\pm\sqrt{9+36}}{2}$
$=\dfrac{3\pm\sqrt{45}}{2}=\dfrac{3\pm3\sqrt{5}}{2}$

(4) (わられる数)＝(わる数)×(商)＋(余り)

$\quad\ \ \ a\ \ \ \ =\ \ \ \ b\ \ \ \times\ 8\ +\ \ c$

$a=8b+c$ を b について解くと，$8b=a-c$，$b=\dfrac{a-c}{8}$

(5) y は x に反比例するから，$y=\dfrac{a}{x}$ とおける。
$x=2$ のとき $y=-9$ だから，$-9=\dfrac{a}{2}$，$a=-18$
$y=-\dfrac{18}{x}$ に $x=-6$ を代入して，$y=-\dfrac{18}{-6}=3$

3 (1) 175人　　(2) ① $\dfrac{10}{3}$ cm　② $\dfrac{2}{3}$ cm

(3) **イ，オ**

解説 ▼

(1) 2年生の生徒の人数を x 人，9月に3冊以上借りた生徒の人数を y 人とする。
9月の調査の人数の関係から，$x\times\dfrac{60}{100}=50+35+y$，
これを整理すると，$0.6x=85+y$，
$3x-5y=425$　　……①
11月の調査の人数の関係から，
$x\times\dfrac{60}{100}+22=50\times\left(1-\dfrac{10}{100}\right)+35\times\left(1+\dfrac{20}{100}\right)+2y$
これを整理すると，$0.6x+22=45+42+2y$，
$3x-10y=325$　　……②
①，②を連立方程式として解くと，$x=175$，$y=20$
よって，2年生の生徒の人数は175人。

(2)① $AE=\dfrac{1}{2}\times6=3$(cm)
△ABE で，三平方の定理より，
$BE=\sqrt{4^2+3^2}=\sqrt{25}=5$(cm)
AE∥BC だから，EH：BH＝AE：BC，
(5−BH)：BH＝3：6，6(5−BH)＝3BH，30＝9BH，
$BH=\dfrac{30}{9}=\dfrac{10}{3}$(cm)

② $EH=BE-BH=5-\dfrac{10}{3}=\dfrac{5}{3}$(cm)
右の図のように，
直線 AF と直線 BC の交点を I とすると，
$BI=6\times2=12$(cm)
AE∥BC だから，

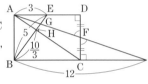

EG：GB＝AE：BI，EG：(5−EG)＝3：12，
12EG＝3(5−EG)，15EG＝15，EG＝1
よって，$GH=EH-EG=\dfrac{5}{3}-1=\dfrac{2}{3}$(cm)

(3)ア　1組，2組のどちらも最小値，最大値がわからないので，1組，2組のどちらも範囲はわからない。
イ　5分以上10分未満の階級の相対度数は，
1組…8÷40＝0.2，2組…7÷35＝0.2
よって，1組と2組の相対度数は等しい。
ウ　15分以上の生徒の学級全体に対する割合は，
1組…(10＋6＋3)÷40＝0.475，
2組…(6＋9＋4)÷35＝0.542…
よって，割合は2組のほうが大きい。
エ　1組の中央値は，20番目と21番目の時間の平均値である。20番目と21番目の時間を含む階級は，10分以上15分未満の階級だから，中央値を含む階級の階級値は12.5分。2組の中央値は，18番目の時間である。18番目の時間を含む階級は，15分以上20分未満の階級だから，中央値を含む階級の階級値は17.5分。
よって，1組のほうが2組より小さい。
オ　1組の最頻値は15分以上20分未満の階級の階級値だから，17.5分。2組の最頻値は20分以上25分未満の階級の階級値だから，22.5分。
よって，1組のほうが2組より小さい。

4 (1) $a=\dfrac{1}{2}$　　　　(2) $(-2,\ 2)$

　　(3) 48　　　　　　(4) $(8,\ 0)$

解説 ▼

(1) 点 A, B は関数 $y=ax^2$ のグラフ上の点だから,
A(6, 36a), B(4, 16a) と表せる。
直線 AB の傾きは 5 だから,
$\dfrac{36a-16a}{6-4}=5$, $10a=5$, $a=\dfrac{1}{2}$

(2) 点 A, B の x 座標の差は, $6-4=2$
四角形 ABCD は平行四辺形だから, 点 D, C の x 座標の差は, 点 A, B の x 座標の差と等しく 2
点 D の x 座標は 0 だから, 点 C の x 座標は -2
点 C は関数 $y=\dfrac{1}{2}x^2$ のグラフ上の点だから,y 座標は,
$y=\dfrac{1}{2}\times(-2)^2=2$
よって, C(-2, 2)

(3) 直線 BC の式を $y=ax+b$ とおく。
B(4, 8) だから, $8=4a+b$　　……①
C(-2, 2) だから, $2=-2a+b$　　……②
①, ②を連立方程式として解くと, $a=1$, $b=4$
よって, 直線 BC の式は, $y=x+4$
直線 BC と y 軸との交点を E とすると, E(0, 4)
点 A, B の y 座標の差は, $18-8=10$
点 D, C の y 座標の差は, 点 A, B の y 座標の差と等しく 10 だから, 点 D の y 座標は, $2+10=12$
よって, DE$=12-4=8$
$\triangle$CBD$=\triangle$DCE$+\triangle$DEB
$=\dfrac{1}{2}\times8\times2+\dfrac{1}{2}\times8\times4$
$=8+16=24$
$\triangle$CBD$\equiv\triangle$ADB より,
平行四辺形 ABCD
$=2\triangle$CBD$=2\times24=48$

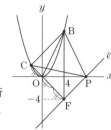

(4) 右の図のように, CO の延長上に, CF$=3$CO となる点 F をとると,
$\triangle$OBC : $\triangle$FBC$=1:3$
このような点 F の座標は,
F(4, -4)
点 F を通り, 直線 BC に平行な直線を ℓ とし, ℓ と x 軸との交点を P とすると,
$\triangle$FBC$=\triangle$PBC だから, 求める点 P は, 直線 ℓ と x 軸との交点となる。
直線 ℓ は直線 BC に平行だから, $y=x+c$ とおける。
点 F は直線 $y=x+c$ 上の点だから,
$-4=4+c$, $c=-8$　よって, $y=x-8$
この式に $y=0$ を代入して, $0=x-8$, $x=8$
したがって, P(8, 0)

5 (1) 0, 1, 4, 5, 6　　(2) $\dfrac{5}{36}$

　　(3) $\dfrac{5}{12}$

解説 ▼

(1) $a=4$ より, 左端から 4 番目のカードを取り除くと,
[0], [1], [2], [3], [4], [5], [6]
→[0], [1], [2], [4], [5], [6]
$b=4$ より, 右端から 4 番目のカードを取り除くと,
[0], [1], [2], [4], [5], [6]→[0], [1], [4], [5], [6]

(2) 大小 2 つのさいころの目の出方は 36 通り。
右端が [5] になるのは, ①の操作で, [0], [1], [2], [3], [4]のいずれかのカードを取り除き, ②の操作で, [6]のカードを取り除く場合である。
このような a, b の値の組は,
$(a, b)=(1, 1), (2, 1), (3, 1), (4, 1), (5, 1)$の 5 通り。
よって, 求める確率は, $\dfrac{5}{36}$

(3) 5 枚のカードの合計が奇数になるのは, 残りの 5 枚のカードの中に奇数のカードが奇数枚, すなわち, 1 枚または 3 枚になる場合である。
奇数のカードが 1 枚残るのは, 奇数のカードを 2 枚取り除く場合である。
例えば, [1], [3]のカードを取り除く a, b の値の組は,
$(a, b)=(2, 4), (4, 5)$の 2 通り。
同様に, 2 枚の奇数のカードの取り除き方は,
[1], [5]…2 通り, [3], [5]…2 通り
だから, 奇数のカードが 1 枚残るのは 6 通り。
奇数のカードが 3 枚残るのは, 偶数のカードを 2 枚取り除く場合である。
例えば, [0], [2]のカードを取り除く a, b の値の組は,
$(a, b)=(1, 5), (3, 6)$の 2 通り。
同様に, 2 枚の偶数のカードの取り除き方は,
[0], [4]…2 通り, [0], [6]…1 通り, [2], [4]…2 通り,
[2], [6]…1 通り, [4], [6]…1 通り
だから, 奇数のカードが 3 枚残るのは 9 通り。
以上から, 全部で 15 通り。
よって, 求める確率は, $\dfrac{15}{36}=\dfrac{5}{12}$

くわしく 🔍

[6]のカードを取り除く a, b の値の組
[6]のカードは左端から 7 番目にあるので, ①の操作で[6]のカードを取り除くことはできない。
よって, [6]のカードを取り除く場合は, ②の操作で取り除くので, $b=1$ になる。これより,
[0], [6]を取り除くとき, $(a, b)=(1, 1)$
[2], [6]を取り除くとき, $(a, b)=(3, 1)$
[4], [6]を取り除くとき, $(a, b)=(5, 1)$

6 (1) （証明）△AFC と △BED において，
仮定から，AC＝BD　　　……①
$\overset{\frown}{CE}$ に対する円周角だから，
∠CAF＝∠DBE　　　……②
半円の弧に対する円周角は 90° だから，
∠DEB＝90°　　　……③
CG∥EB で，錯角は等しいから，
∠DEB＝∠DFC　　　……④
③，④より，∠DFC＝90° だから，
∠CFA＝180°－∠DFC＝90°　　　……⑤
③，⑤より，∠CFA＝∠DEB＝90°　　　……⑥
①，②，⑥より，直角三角形の斜辺と 1 つの鋭
角がそれぞれ等しいから，△AFC≡△BED
(2) ① $\dfrac{16}{3}$cm　② $\dfrac{154}{3}$cm²

解説 ▼

(2)① △AFC で，三平方の定理より，
CF＝$\sqrt{5^2-3^2}$＝$\sqrt{16}$＝4(cm)
また，△AFC≡△BED だから，
DE＝CF＝4cm，BE＝AF＝3cm
CF∥EB だから，CF：EB＝FD：DE，4：3＝FD：4，
16＝3FD，FD＝$\dfrac{16}{3}$(cm)

② EF＝FD＋DE＝$\dfrac{16}{3}$＋4＝$\dfrac{28}{3}$(cm)
2 組の角がそれぞれ等しい
から，△AFC∽△GFE で，
相似比は，
CF：EF＝4：$\dfrac{28}{3}$＝3：7
これより，
GF＝$\dfrac{7}{3}$AF＝$\dfrac{7}{3}$×3＝7(cm)
よって，CG＝4＋7＝11(cm)
△CGE＝$\dfrac{1}{2}$×CG×EF＝$\dfrac{1}{2}$×11×$\dfrac{28}{3}$＝$\dfrac{154}{3}$(cm²)

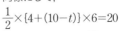

別解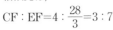

△AFC＝$\dfrac{1}{2}$×3×4＝6(cm²)
相似な図形の面積の比は，相似比の 2 乗だから，
△AFC：△GFE＝3²：7²＝9：49
よって，△GFE＝6×$\dfrac{49}{9}$＝$\dfrac{98}{3}$(cm²)
また，△CFE＝$\dfrac{1}{2}$×$\dfrac{28}{3}$×4＝$\dfrac{56}{3}$(cm²)
△CGE＝△GFE＋△CFE＝$\dfrac{98}{3}$＋$\dfrac{56}{3}$＝$\dfrac{154}{3}$(cm²)

7 (1) 7：2　　　(2) 4 秒後，$\dfrac{22}{3}$秒後
(3) $2\sqrt{39}$cm²

解説 ▼

(1) 底面の正三角形の面積は，
$\dfrac{1}{2}$×4×$2\sqrt{3}$＝$4\sqrt{3}$ (cm²)
三角柱 ABC－DEF の体積は，
$4\sqrt{3}$×6＝$24\sqrt{3}$ (cm³)
2 秒後の三角錐 PDEF の体積は，
$\dfrac{1}{3}$×$4\sqrt{3}$×(6－2)＝$\dfrac{16\sqrt{3}}{3}$ (cm³)
これより，2 秒後の立体 ABC－PEF の体積は，
$24\sqrt{3}$－$\dfrac{16\sqrt{3}}{3}$＝$\dfrac{72\sqrt{3}}{3}$－$\dfrac{16\sqrt{3}}{3}$＝$\dfrac{56\sqrt{3}}{3}$ (cm³)
よって，2 秒後の立体 ABC－PEF と立体 PDEF の
体積の比は，$\dfrac{56\sqrt{3}}{3}$：$\dfrac{16\sqrt{3}}{3}$＝7：2

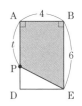

(2) 点 P が辺 AD 上にあるとき，t 秒後
に AP＝$t$cm より，四角形 APEB は
右の図のようになる。
四角形 APEB の面積が 20cm² にな
るから，
$\dfrac{1}{2}$×(t＋6)×4＝20
これを解くと，t＝4(秒後)
点 P が辺 DE 上にあるとき，t 秒後
に PE＝(10－t)cm より，四角形
APEB は右の図のようになる。
同様にして，
$\dfrac{1}{2}$×｛4＋(10－t)｝×6＝20
これを解くと，t＝$\dfrac{22}{3}$(秒後)

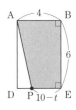

(3) 12 秒後に，点 P は辺 EF の中点になる。
DP＝$2\sqrt{3}$ cm だから，
AP＝$\sqrt{AD^2+DP^2}$＝$\sqrt{6^2+(2\sqrt{3})^2}$＝$\sqrt{48}$＝$4\sqrt{3}$ (cm)
FP＝2cm だから，
CP＝$\sqrt{CF^2+FP^2}$＝$\sqrt{6^2+2^2}$＝$\sqrt{40}$＝$2\sqrt{10}$(cm)
よって，△APC は右の図のよう
になる。点 P から辺 AC に垂線
をひき，AC との交点を H とする。
AH＝$x$cm とすると，
AP²－AH²＝PC²－CH²，
$(4\sqrt{3})^2$－x^2＝$(2\sqrt{10})^2$－$(4-x)^2$，
48－x^2＝40－(16－8x＋x^2)，8x＝24，x＝3
よって，PH＝$\sqrt{(4\sqrt{3})^2-3^2}$＝$\sqrt{39}$(cm)
したがって，△APC＝$\dfrac{1}{2}$×4×$\sqrt{39}$＝$2\sqrt{39}$(cm²)

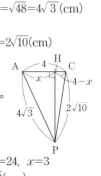

入試予想問題　No.2

本冊180ページ

1 (1) $-\dfrac{3}{10}$　　　　(2) -2

(3) $\dfrac{7a+7b}{12}$　　　　(4) $3x-19$

(5) $\sqrt{5}$　　　　(6) $-\sqrt{3}$

解説▼

(1) $\dfrac{4}{15}\div\left(-\dfrac{8}{9}\right)=\dfrac{4}{15}\times\left(-\dfrac{9}{8}\right)=-\left(\dfrac{\overset{1}{\cancel{4}}}{\underset{5}{\cancel{15}}}\times\dfrac{\overset{3}{\cancel{9}}}{\underset{2}{\cancel{8}}}\right)=-\dfrac{3}{10}$

(2) $1+2\times(-3^2)\div6=1+2\times(-9)\div6=1+(-18)\div6$
$=1+(-3)=-2$

(3) $\dfrac{3a-b}{4}-\dfrac{a-5b}{6}=\dfrac{3(3a-b)-2(a-5b)}{12}$
$=\dfrac{9a-3b-2a+10b}{12}=\dfrac{7a+7b}{12}$

(4) $(x+2)(x-5)-(x-3)^2$
$=x^2+(2-5)x+2\times(-5)-(x^2-2\times3\times x+3^2)$
$=x^2-3x-10-(x^2-6x+9)=x^2-3x-10-x^2+6x-9$
$=3x-19$

(5) $\sqrt{45}-\dfrac{10}{\sqrt{5}}=\sqrt{3^2\times5}-\dfrac{10\times\sqrt{5}}{\sqrt{5}\times\sqrt{5}}=3\sqrt{5}-\dfrac{10\sqrt{5}}{5}$
$=3\sqrt{5}-2\sqrt{5}=\sqrt{5}$

(6) $(\sqrt{2}+\sqrt{3})(\sqrt{6}-3)=\sqrt{12}-3\sqrt{2}+\sqrt{18}-3\sqrt{3}$
$=2\sqrt{3}-3\sqrt{2}+3\sqrt{2}-3\sqrt{3}=-\sqrt{3}$

別解 ➕

$(\sqrt{2}+\sqrt{3})(\sqrt{6}-3)=(\sqrt{2}+\sqrt{3})\times\sqrt{3}(\sqrt{2}-\sqrt{3})$
$=\sqrt{3}(\sqrt{2}+\sqrt{3})(\sqrt{2}-\sqrt{3})=\sqrt{3}\{(\sqrt{2})^2-(\sqrt{3})^2\}$
$=\sqrt{3}\times(2-3)=\sqrt{3}\times(-1)=-\sqrt{3}$

2 (1) 7　　　　(2) $x=3,\ y=-6$

(3) ウ　　　　(4) およそ700個

解説▼

(1) $x=-4+\sqrt{7}$ より，$x+4=\sqrt{7}$
$x^2+8x+16=(x+4)^2=(\sqrt{7})^2=7$

(2) $\begin{cases}5x+2y=3 & \cdots\cdots① \\ 4x-3y=30 & \cdots\cdots②\end{cases}$

①×3　$15x+6y=9$　　①に $x=3$ を代入して，
②×2 $\underline{+)\ 8x-6y=60}$　　$5\times3+2y=3$，$15+2y=3$，
$23x=69$　　　$2y=-12$，$y=-6$
$x=3$

(3) （払った金額）＞（ノートの代金）
$\vdots\vdots$
$1000>a\times5$
よって，$1000>5a$，$1000-5a>0$

(4) 無作為に抽出した60個の玉を標本とする。
60個の玉における赤玉と白玉の個数の割合は，
$4:(60-4)=4:56=1:14$

箱の中の玉における白玉の割合は，標本における白
玉の割合とほぼ等しいと考えられる。
箱の中の白玉の個数を x 個とすると，
$50:x=1:14$，$x=700$

別解 ➕

無作為に抽出した60個の玉に対する赤玉の割合は，
$\dfrac{4}{60}=\dfrac{1}{15}$
箱の中の白玉の個数を x 個とすると，
$(x+50)\times\dfrac{1}{15}=50$，$x+50=750$，$x=700$

3 (1) 75m　　　　(2) $\dfrac{1}{4}$

(3) ① 2cm　② 7cm

(4) ① 6cm　② $3\sqrt{13}\text{cm}^2$

解説▼

(1) 球を打ち上げてから x 秒後の球の高さは $(40x-5x^2)\text{m}$，
このとき，風船は放してから $(x+12)$ 秒たっているか
ら，その高さは $5(x+12)\text{m}$
球の高さと風船の高さが同じになるとき，球は風船
に当たるから，$40x-5x^2=5(x+12)$
これを解くと，$40x-5x^2=5x+60$，$5x^2-35x+60=0$，
$x^2-7x+12=0$，$(x-3)(x-4)=0$，$x=3$，$x=4$
よって，球を打ち上げてから3秒後に球は風船に当た
り，風船はわれる。
このときの高さは，$5\times(3+12)=75(\text{m})$

(2) 大小2つのさいころの目の出方は36通り。
点Pと点Qが同じ頂点上にあるのは，$a+b$ の値が
4の倍数になるときである。
$a,\ b$ の値の組を $(a,\ b)$ と表す。
$a+b=4$ のとき，$(a,\ b)=(1,\ 3),\ (2,\ 2),\ (3,\ 1)$
の3通り。
$a+b=8$ のとき，$(a,\ b)=(2,\ 6),\ (3,\ 5),\ (4,\ 4),$
$(5,\ 3),\ (6,\ 2)$ の5通り。
$a+b=12$ のとき，$(a,\ b)=(6,\ 6)$ の1通り。
よって，$3+5+1=9$(通り)
したがって，求める確率は，$\dfrac{9}{36}=\dfrac{1}{4}$

(3)① △ABE と △ACD において，
$AB=AC$……①，$\angle BAC=\angle CAD$……②
$\overparen{AD}$ に対する円周角だから，$\angle ABE=\angle ACD$……③
①，②，③より，1組の辺とその両端の角がそれぞ
れ等しいから，△ABE≡△ACD
よって，$AE=AD=6\text{cm}$
したがって，$EC=AC-AE=8-6=2(\text{cm})$

② △ABC と △AED において，$\angle BAC=\angle EAD$
$\overparen{AB}$ に対する円周角だから，$\angle ACB=\angle ADE$
より，2組の角がそれぞれ等しいから，
△ABC∽△AED

118

△AED と △BEC において，∠ADE＝∠ACB

$\overgroup{DC}$ に対する円周角だから，∠DAE＝∠CBE

より，2 組の角がそれぞれ等しいから，

△AED∽△BEC

よって，△ABC∽△BEC だから，

AC：BC＝BC：EC，8：BC＝BC：2，BC^2＝16，

BC＝±4，BC＞0 だから，BC＝4

これより，BE＝BC＝4cm

また，△ABC∽△AED だから，

AB：AE＝BC：ED，8：6＝4：ED，8ED＝24，

ED＝3

したがって，BD＝BE＋ED＝4＋3＝7(cm)

(4)① AE＝$x$cm とすると，AB＝2$x$cm と表せる。

$AD^2＋AB^2＋AE^2＝AG^2$ だから，

$2^2＋(2x)^2＋x^2＝7^2$，$4＋4x^2＋x^2＝49$，$5x^2＝45$，$x^2＝9$，

$x＝±3$，$x＞0$ だから，$x＝3$

よって，AB＝2×3＝6(cm)

② BC＝2cm，CG＝3cm だから，

BG＝$\sqrt{2^2＋3^2}＝\sqrt{13}$(cm)

AB⊥面 BFGC

BG は面 BFGC 上の直線だから，

∠ABG＝90°

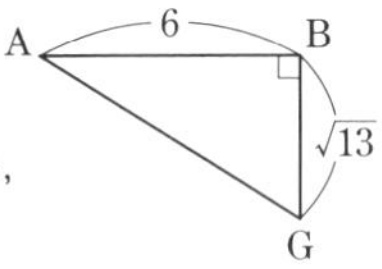

したがって，△ABG＝$\frac{1}{2}$×6×$\sqrt{13}＝3\sqrt{13}$(cm²)

4 (1) 15cm (2) 12 秒後

(3) ① 11 秒後 ② 13 秒後

解説 ▼

(1) 9 秒後の線分 AP，BQ の

長さは，

AP＝2×9＝18(cm)

BQ＝3×9＝27(cm)

これより，点 P，Q の位置

は右の図のようになる。

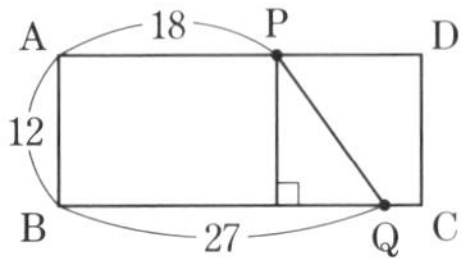

よって，PQ＝$\sqrt{12^2＋(27－18)^2}＝\sqrt{225}＝15$(cm)

(2) 点 P が A を出発してから x 秒後に四角形 ABQP が

長方形になるとする。

四角形 ABQP が長方形になるとき，AP＝BQ

AP＝BQ となるのは，点 P が A から D まで動き，点

Q が C から B まで動くときである。点 Q は 10 秒後

に C に到着し，点 P は 15 秒後に D に到着するから，

x の値の範囲は，10≦x≦15

このときの線分 AP，BQ

の長さは，

AP＝2x，BQ＝60－3x(cm)

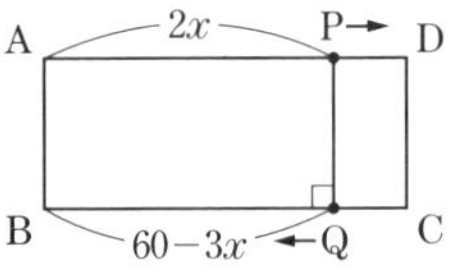

よって，

2x＝60－3x，5x＝60，x＝12(秒後)

(3) 5 秒後の点 P，Q の位置は

右の図のようになるから，

このときの a の値は，

$a＝\sqrt{12^2＋(15－10)^2}$

$＝\sqrt{169}＝13$(cm)

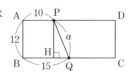

点 P から辺 BC に垂線 PH をひくと，a＝13cm とな

るとき，HQ＝5cm である。また，2 回目と 3 回目に

a＝13cm となるのは，点 P が A から D まで動き，

点 Q が C から B まで動くときである。

① s 秒後に 2 回目の PQ＝13 となるとする。

右の図のように，

2s＜60－3s のとき，

HQ＝5cm となる s の値

を求めると，

(60－3s)－2s＝5，－5s＝－55，s＝11(秒後)

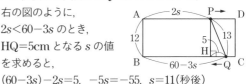

② t 秒後に 3 回目の PQ＝13 となるとする。

右の図のように，

2t＞60－3t のとき，

HQ＝5cm となる t の値

を求めると，

2t－(60－3t)＝5，5t＝65，t＝13(秒後)

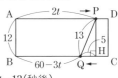

5 (1) 2a＋3b (2) －2

(3) 1 番目の数…－4，2 番目の数…3

解説 ▼

(1) 3 番目の数は $a＋b$，4 番目の数は，$b＋(a＋b)＝a＋2b$，

5 番目の数は，$(a＋b)＋(a＋2b)＝2a＋3b$

(2) 1 番目の数を x とすると，2 番目の数は $x＋1$ と表せる。

(1)より，4 番目の数は，$x＋2(x＋1)＝3x＋2$

5 番目の数は，$2x＋3(x＋1)＝5x＋3$

6 番目の数は，$(3x＋2)＋(5x＋3)＝8x＋5$

よって，$8x＋5＝－11$，$8x＝－16$，$x＝－2$

(3) 1 番目の数を a，2 番目の数を b とすると，(1)より，

6 番目の数は，$(a＋2b)＋(2a＋3b)＝3a＋5b$

7 番目の数は，$(2a＋3b)＋(3a＋5b)＝5a＋8b$

8 番目の数は，$(3a＋5b)＋(5a＋8b)＝8a＋13b$

9 番目の数は，$(5a＋8b)＋(8a＋13b)＝13a＋21b$

10 番目の数は，$(8a＋13b)＋(13a＋21b)＝21a＋34b$

よって，$3a＋5b＝3$……①，$21a＋34b＝18$……②

①，②を連立方程式として解くと，$a＝－4$，$b＝3$

6 (1) (証明)△EBF と △FHG において，

長方形の 4 つの角は 90° だから，

∠EBF＝∠FHG ……①

∠EFB＝180°－∠EFD－∠HFG

＝180°－90°－∠HFG＝90°－∠HFG ……②

∠FGH＝180°－∠FHG－∠HFG

＝180°－90°－∠HFG＝90°－∠HFG ……③

②，③より，∠EFB＝∠FGH ……④

①，④より，2組の角がそれぞれ等しいから，
△EBF∽△FHG

(2) $\dfrac{17}{4}$cm

解説 ▼

(1) ∠EFB＝∠FGH は，次のように求めることもできる。
EF⊥DF，HG⊥DF だから，EF∥HG
平行線の同位角は等しいから，∠EFB＝∠FGH

(2) DC＝AB＝15cm，DF＝DA＝17cm
△DFC で，三平方の定理より，
FC＝$\sqrt{17^2-15^2}$＝$\sqrt{64}$＝8(cm)
DH＝DC＝15cm だから，
HF＝DF－DH＝17－15＝2(cm)
また，GH＝GC＝FC－FG＝8－FG(cm)
△HFG で，三平方の定理より，HF²＋GH²＝FG²，
2²＋(8－FG)²＝FG²，4＋64－16FG＋FG²＝FG²，
16FG＝68，FG＝$\dfrac{17}{4}$(cm)

7 (1) $y=\dfrac{1}{4}x+5$ (2) $a=\dfrac{3}{4}$

    (3) $a=\dfrac{5}{8}$ (4) $a=\dfrac{1}{2}$

解説 ▼

(1) 点 B は関数 $y=\dfrac{3}{8}x^2$ のグラフ上の点だから，y 座標は，
$y=\dfrac{3}{8}\times4^2=6$
よって，B(4，6)
点 A と点 D は y 軸について対称だから，点 D の x
座標は －4
y 座標は，$y=\dfrac{1}{4}\times(-4)^2=4$
よって，D(－4，4)
直線 BD の式を $y=mx+n$ とおくと，
点 B を通るから，6＝4m＋n ……①
点 D を通るから，4＝－4m＋n ……②
①，②を連立方程式として解くと，$m=\dfrac{1}{4}$，n＝5
したがって，$y=\dfrac{1}{4}x+5$

(2) AD＝4－(－4)＝8
点 A は関数 $y=\dfrac{1}{4}x^2$ のグラフ上の点だから，y 座標は，
$y=\dfrac{1}{4}\times4^2=4$
点 B は関数 $y=ax^2$ のグラフ上の点だから，y 座標は，
$y=a\times4^2=16a$
よって，AB＝16a－4
四角形 ABCD が正方形になるとき，AB＝AD だから，
16a－4＝8，16a＝12，$a=\dfrac{3}{4}$

(3) △ABD で，三平方の定理より，
AB＝$\sqrt{BD^2-AD^2}$＝$\sqrt{10^2-8^2}$＝$\sqrt{36}$＝6

よって，点 B の y 座標は，4＋6＝10
点 B(4，10)は関数 $y=ax^2$ のグラフ上の点だから，
10＝a×4²，16a＝10，$a=\dfrac{5}{8}$

(4) 点 E から AD，AB に垂線 EH，EK をひく。
DE：EB＝1：7 より，
DE：DB＝1：(1＋7)
      ＝1：8
EH∥BA だから，
DH：DA＝DE：DB
      ＝1：8
よって，DH＝$\dfrac{1}{8}$DA＝$\dfrac{1}{8}\times8=1$
これより，点 E の x 座標は，－4＋1＝－3
EK∥DA だから，AK：AB＝1：8
よって，AK＝$\dfrac{1}{8}$AB＝$\dfrac{1}{8}\times(16a-4)=\dfrac{4a-1}{2}$
これより，点 E の y 座標は，4＋$\dfrac{4a-1}{2}=\dfrac{4a+7}{2}$
点 E は関数 $y=ax^2$ のグラフ上の点だから，
$\dfrac{4a+7}{2}=a\times(-3)^2$，$\dfrac{4a+7}{2}=9a$，14a＝7，$a=\dfrac{1}{2}$

GAKKEN

PERFECT

COURSE